国家自然科学基金资助项目（项目编号：51338006，51178292）
国家“十二五”科技支撑计划项目（项目编号：2012BAJ06B05）
高等学校学科创新引智计划（项目编号：B13011）

博士论丛

整合碳排放评价的中国绿色建筑评价体系研究

Studies on the China's Green Building Assessment System Integrated Assessment of Carbon Emissions

高源 著

中国建筑工业出版社

图书在版编目（CIP）数据

整合碳排放评价的中国绿色建筑评价体系研究 / 高源著. —北京：中国建筑工业出版社，2016.6
（博士论丛）
ISBN 978-7-112-19213-7

Ⅰ.①整… Ⅱ.①高… Ⅲ.①生态建筑 — 评价 — 研究—中国 Ⅳ.①TU18

中国版本图书馆CIP数据核字（2016）第042076号

责任编辑：李　鸽　陆新之
责任校对：陈晶晶　李美娜

博士论丛
整合碳排放评价的中国绿色建筑评价体系研究
Studies on the China's Green Building Assessment System Integrated Assessment of Carbon Emissions
高源　著
*
中国建筑工业出版社出版、发行（北京海淀三里河路9号）
各地新华书店、建筑书店经销
北京京点图文设计有限公司制版
北京云浩印刷有限责任公司印刷
*
开本：787×1092 毫米　1/16　印张：17　字数：310 千字
2017 年1月第一版　2017 年1月第一次印刷
定价：56.00元
ISBN 978-7-112-19213-7
(28447)

序

与节约矿化能源相比，当今世界气候变化、环境污染已经成为一个更加紧迫的难题。学界公认，减少温室气体排放是改善环境、延缓气候变化的有效途径，而建筑是 CO_2 等温室气体排放的主要来源之一，几乎占据全部碳排放量的 1/3。因此近年来，世界上不少国家都在原有的绿色建筑、可持续建筑评价体系中增加了建筑碳排放计算和评价的内容，如英国可持续住宅法案（CSH）、德国可持续建筑评价体系（DGNB）、日本的建筑综合环境性能评价体系（CASBEE）等。同时，我们国家也针对单位 GDP 减排和碳排放总量控制提出了明确的目标：哥本哈根会议上我国承诺到 2020 年，单位 GDP 的 CO_2 排放量比 2005 年减少 45%；在 2015 年的巴黎气候大会上进一步承诺中国碳排放总量到 2030 年达到峰值。因此，聚焦国家重大需求，研究我国建筑碳排放计算模型和减碳策略，实施建筑碳排放评价具有重要意义。

我国现行的《绿色建筑评价标准》中，尚没有碳排放评价的内容，但是在 2015 年开始执行的新版《绿色建筑评价标准》中将“建筑碳排放计算分析，采取措施降低单位建筑面积碳排放强度”列为创新项，表明国家对建筑碳排放计算和评价的重视和需求。近年来，本工作室针对绿色建筑相关的评价体系进行了研究，已经完成的博士论文包括《美国 LEED-NC 绿色建筑评价体系指标与权重研究》、《基于性能表现的中国绿色建筑评价体系研究》、《整合碳排放评价的中国绿色建筑评价体系研究》，各项研究之间彼此关联，具有一定的传承性。

高源博士的论文以我国减碳目标为基础，对国内外相关评价体系进行了研究，提出我国现有碳排放评估手册、地区性低碳建筑评价标准中存在的问题，有针对性地研究了建筑碳足迹、指标基准和评价体系权重系统，建立起建筑环境性能综合评价体系框架的理论模型。论文结合我国现行绿色建筑评价体系的基本架构和工作室前期研究成果，构建了整合碳排放评价的中国绿色建筑评价体系框架，并以寒冷地区新建办公建筑为例，开发了用户自评价软件及建筑碳排放 LCA 辅助工具，对建筑碳排放评价指标、基准、权重等给出了具体量化的内容，对评价结果表达给出了清晰明确的形式。目前，碳排放计算模型已经获得软件注册权，并在实际工程中得到验证。

高源的硕士论文《寒冷地区居住建筑全生命周期节能策略研究》也是在工作室完成的，期间深入研究了建筑全生命周期理论。在博士研究期间，她将这一理论成功应用于碳排放核算模型建构中，硕博论文之间具有很好的延续性。五年硕博连读的生涯，高源博士表现出良好的学术素养，为了完成博士论文，她阅读了大量国内外文献资料，甚至跨专业的文献，系统地梳理了关于碳排放计算和评价的脉络，同时根据我国的具体情况，通过问卷调查、层次分析、软件模拟、实地调研等方法，结合系统缜密的思考，形成最终的论文框架。她对待科研工作态度认真踏实、思维敏捷逻辑性强，是一个难得的研究型人才。

由于建筑碳排放计算和评价在我国起步时间不久，本书初步建构的碳排放计算模型和碳排放评价体系，是一个开放的、有待进一步发展完善的系统。评价体系的指标内容、基准、权重等科学问题还需要进一步研究工作的支持；碳排放计算模型中的相关因子将随着我国在该领域的研究进展而逐渐更新完善；既有建筑更新改造过程中的碳排放影响与评价也是后续研究工作内容。

作为高源的指导教师，祝贺她的博士论文正式出版，同时也感到由衷的欣慰。感谢国家自然科学基金、“十二五”科技支撑计划和教育部引智基地项目的支持，感谢中国建筑工业出版社提供了一个良好的学术交流平台。目前的研究成果希望得到同行的批评指正，在更多学者的共同努力下尽快建立基于中国国情的碳排放评价体系，有效控制温室气体排放和环境恶化。

刘丛红
2016 年 5 月
于天津大学建筑学院 506 工作室

前　言

自2009年哥本哈根会议上我国政府承诺到2020年单位GDP的CO_2排放量比2005年降低40%~45%以来，节能减排成为我国建筑业的“十二五”发展目标。目前我国低碳建筑的发展存在诸多问题，主要表现在国家政策、建筑碳排放核算方法和低碳建筑评价标准三个层面。低碳建筑概念不清，导致低碳建筑设计结果分散；政府管理者缺乏有效工具客观评估建筑的碳排放水平，无法实施财税奖励政策以及建立碳交易市场；投资者利益驱动不足，无法从低碳建筑投资中获得应有回报；业主对低碳建筑没有切身感受，无法通过权威的认证标签识别低碳建筑产品。因此，我国亟须建立科学合理的低碳建筑评价体系，为各方决策提供客观的依据。

文章系统梳理并比较了国内外六个典型低碳建筑评价体系的主要特征、评价对象、评价工具、指标体系、分值构成、权重系统、评估流程和评价结果，指出我国低碳建筑评价体系现存的共性问题：实施过程缺乏政府政策引导；评价对象范围有限；评价指标缺乏明确详细的核算方法；没有建立综合打分体系；没有建立独立权重系统；评价结果的输出形式过于抽象。继而，从现存问题的三个关键角度有针对性地研究了建筑碳足迹、指标基准和评价体系权重系统，提出了适合我国国情的确定方法与技术路线。在此基础上，建立起建筑环境性能综合评价体系框架的理论模型，明确了评价体系基本特征、系统规则、系统要素和评价工具群的内在逻辑结构。

本书在建筑环境性能综合评价体系框架理论模型的指导下，以我国《绿色建筑评价标准》为研究基础，以完善我国绿色建筑评价体系碳排放性能评价视域为目标，构建整合碳排放评价的中国绿色建筑评价体系框架，针对天津地区住宅、办公建筑特点，进行了评价子系统的开发；探讨了建筑碳排放评价指标项、数学模型、指标基准、权重因子、评级基准和评价结果表达方式，制定了天津地区新建办公建筑特征标签工具打分表，并开发了便于用户自评价的软件工具及建筑碳排放LCA辅助工具。最后，应用评价软件和建筑碳排放LCA工具对天津大学1895建筑创意大厦进行了试评估，验证了评价体系的科学性及实用价值。

本文提出的整合碳排放评价的中国绿色建筑评价体系框架和天津地区新建办公建筑特征标签工具，可以为我国现有绿色、低碳建筑评价体系的优化与完善提供理论与决策支持。

关键词：低碳建筑 碳排放 生命周期评价 评价体系

目 录

第一章 绪 论 1

1.1 研究缘起 1

1.2 研究现状 5

1.3 研究目的与意义 12

1.4 概念界定 13

1.5 研究方法与内容框架 16

第二章 国内外典型低碳建筑评价体系研究 19

2.1 《可持续住宅法案》 19

2.2 《可持续建筑认证标准》 35

2.3 《建筑物综合环境性能评价体系》 47

2.4 《中国绿色低碳住区技术评估手册》 68

2.5 重庆市《低碳建筑评价标准》 75

2.6 《万通低碳建筑标准》 82

2.7 低碳建筑评价体系综合比较 86

2.8 本章小结 90

第三章 建筑碳足迹核算方法 91

3.1 碳足迹概念 91

3.2 碳足迹分类 93

3.3 碳足迹核算方法 93

3.4 碳足迹核算标准 103

3.5 建筑碳足迹核算方法与标准的应用选取 114

3.6 建筑碳足迹核算 115

3.7 本章小结 136

第四章 指标基准 137
4.1 建筑指标基准与基准线 137
4.2 基准线确定方法 138
4.3 基于建筑碳排放评价指标项的基准比较 149
4.4 本章小结 149
第五章 权重系统 151
5.1 权重的形式 151
5.2 赋权方法 152
5.3 赋权实例 156
5.4 本章小结 168
第六章 综合评价体系理论模型 170
6.1 综合评价体系基本特征及理论模型 170
6.2 评价体系框架的系统规则 171
6.3 评价体系框架的系统要素 172
6.4 评价工具的系统开发 180
6.5 本章小结 189
第七章 整合碳排放评价的中国绿色建筑评价体系框架构建 191
7.1 《绿色建筑评价标准》2006 版 191
7.2 《绿色建筑评价标准》性能优化版 204
7.3 框架构建及工具开发 205
7.4 实证研究 228
7.5 本章小结 233
第八章 结语与展望 235
8.1 论文工作总结 235
8.2 创新点 236
8.3 后续工作展望 237
附录 A 239
附录 B 251
参考文献 255

第一章 绪论

1.1 研究缘起

1.1.1 气候危机

目前，全球变暖已成为人类面临的最为严峻的环境挑战。2007 年，联合国政府间气候变化专门委员会（Intergovernmental Panel on Climate Change，IPCC）第四次评估报告（AR4）指出：1906—2005 年，近 100 年间全球平均气温升高了 0.74℃；预估未来 20 年，全球气温仍将以每十年大约升高 0.2℃的速率变暖[1]。IPCC 报告认为全球变暖可以造成一系列极端恶劣的环境气候灾害，包括干旱、洪水、热带飓风、暴雪、冰川消融、海平面上升、动植物物种的灭绝等，这些都将对人类的生存和发展提出严峻挑战（图 1-1）。

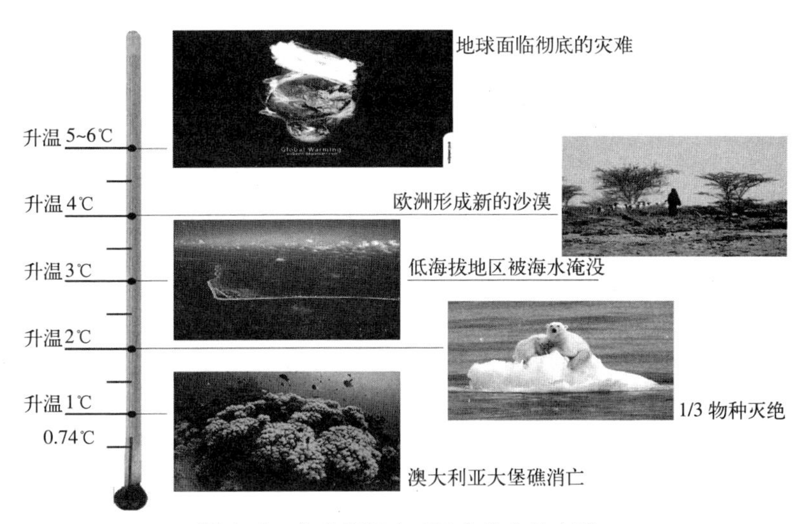

图 1-1 全球升温 1~6℃会发生的灾难

（资料来源：根据马克•林纳斯《改变世界的 6 度》绘制）

---

1 IPCC（Intergovernmental Panel on Climate Change，IPCC）报告是对全球气候变化研究成果的汇总和提炼。由于 IPCC 本身并不直接开展研究，也不资助任何相关研究，只是对公开发表的文献进行分析综述，因而可以确保其客观性和公正性。IPCC 报告是联合国气候变化框架公约（United Nations Framework Convention on Climate Change，UNFCCC）决策的科学基础，也是世界绝大部分国家制定气候变化国家方案和政策的核心科学依据。自 1988 年创立以来，IPCC 已经出版了 4 次报告。最近一次是 2007 年出版的 AR4，有 130 多个国家的 2500 多人参加了报告编写工作，其中 450 名主要作者都是相关领域的权威。

引起气候变化的原因大体可分为两类：一是自然因素的影响；二是人类活动的影响。自然因素主要是太阳辐射和火山活动；人为因素主要是温室气体和气溶胶。IPCC 报告通过归因模型[1]总结得出：20 世纪以来，全球温度的升高 90% 源于人为活动排放的温室气体，其中的 CO_2 对气候影响最大，其增温效应[2]占所有温室气体总增温效应的 63%，且在大气中的存留时间最长可达 200 年。1970—2013 年，CO_2 年排放增加了大约 80%；2013 年 11 月 19 日，全球碳计划（Global Carbon Project，GCP）发布的《2013 全球碳预算》报告指出，全球化石燃料燃烧产生的 CO_2 排放量在 2013 年再次上升，将达到创纪录的 360 亿吨[3]。

建筑活动是引起全球大气中 CO_2 浓度增加的主要人类活动之一。据 IPCC 报告计算，建筑行业消耗了全球 40% 的能源，并排放了 36% 的 CO_2[4]。在过去的几十年间，建筑业的 CO_2 排放（包括建筑中电力消耗产生的 CO_2 排放）平均以每年 2% 的速度增长，几乎和全球 CO_2 排放的增速一样，其中商业建筑的 CO_2 排放增速为 2.7%，居住建筑为 1.7%；在世界范围内，CO_2 排放增速最快的为发展中国家的商业建筑（约为 30%），其次是北美的商业建筑（29%）和亚太经合组织国家（18%）；居住建筑中 CO_2 排放增速最快的为发展中国家（42%），其次是东非（19%）[5]。国际能源机构预计，如果按照当前的世界经济形势发展，到 2050 年，全球建筑行业 CO_2 排放将会达到 152 亿吨，而发展低碳建筑则会将建筑行业的 CO_2 排放量降低至基准情景的 17%。其中，推广建筑业清洁能源利用将减少 CO_2 排放量 68 亿 t，发展低碳建筑技术将减少 CO_2 排放量 58 亿 t[6]。

1.1.2 减排承诺

2009 年，一场给“地球降温”的联合国气候变化会议在丹麦哥本哈根召开，为共同应对全球气候变化，世界各国政府在大会上做出减排承诺（表

---

1 IPCC 参考的模型集合了当前最成熟可靠的模型，主要采用基于印记法（Fingerprint）的大气环流模型（General Circulation Models，GCMs）。印记法分为两种：一是通过模型模拟仅考虑自然因素和同时考虑自然、人为两种因素的气候结果，对比分析两种结果；二是单独模拟人为因素的结果，相对于前一种方法可信度略低。

2 IPCC 以辐射强迫描述不同因素对气候变化的贡献度。辐射强迫是由于外部驱动因子的变化造成对流层顶净辐射照度发生变化，进而影响温度变化，参考状态是 1750 年。辐射强迫为正，表示为增温效应；反之为降温效应。CO_2 独立的辐射强迫为 1.66（1.49~1.83）W/m^2。

3 Carbon Budget 2013：http://www.globalcarbonproject.org

4 IPCC. Climate Change 2001: Mitigation，Contribution of Working Group III to the Third Assessment Report of the Intergovernmental Panel on Climate Change[M]. UK：Cambridge University Press，2001.

5 郝斌 . 建筑节能与清洁发展机制 [M]. 北京：中国建筑工业出版社，2010.

6 Energy Technology Perspectives 2006: Scenarios & Strategies to 2050: in Supoert of the G8 Plan of Action[M]. OECD/IEA, 2006.

1-1)。作为2006年之前世界上CO_2排放量最高的国家，美国政府承诺阶段减排，即：到2020年温室气体排放量在2005年的基础上减少17%，到2025年减排30%，到2030年减排42%和到2050年减排83%。中国2006年的CO_2排放量为59亿t，超过美国占据世界首位（图1-2）。作为负责任的发展中国家，中国政府承诺到2020年单位GDP的CO_2排放量比2005年减少40%~45%。同时，中国政府出台了一系列政策法规，积极推进节能减排工作，主要包括：2007年6月国家发改委出台的《中国应对气候变化国家方案》，这是发展中国家第一个应对气候变化的国家方案；2007年12月国家发改委制定《节能减排综合性工作方案》；2010年8月国家发改委发布《关于开展低碳省区和低碳城市试点工作的通知》，在广东、杭州等5省8市开展低碳试点工作。

各国政府减排承诺 **表1-1**

	国家	减排目标	基准年
发达国家	美国	2020年减排17%；2025年减排30%；2030年减排42%；2050年减排83%	2005年
	日本	2020年减排25%	1990年
	澳大利亚	2020年减排5%~25%	2000年
	新西兰	2020年减排10%~20%	1990年
	俄罗斯	2020年减排20%~25%	1990年
	加拿大	2020年减排20%	2006年
	德国	2020年减排20%以上	1990年
	挪威	2020年减排40%	1990年
发展中国家	中国	2020年减排40%~45%	2005年
	巴西	2020年减排20%	2005年
	印度	2020年减排20%~25%	2005年
	印度尼西亚	2020年减排26%	2005年
	韩国	2020年减排4%	2005年
	南非	2020年减排34%；2025年减排42%	2009年

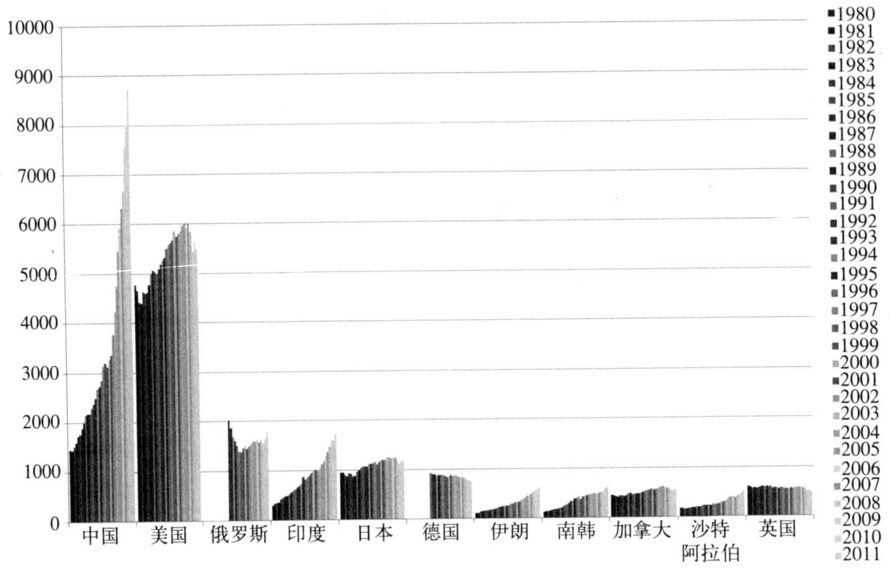

图 1-2　美国能源署公布的 1980~2011 年各主要国家 CO_2 排放量

（资料来源：根据 EIA 网站数据绘制）

1.1.3　问题的提出

随着我国城镇化进程的加快，我国已成为世界上新建建筑最多、建材产量最大的国家。据《中国统计年鉴》发布的数据，我国每年新建成的建筑面积在 16~19 亿 m^2 左右，这些建筑从设计、施工、运行、修缮到拆除各阶段所排放的 CO_2 位居我国国民经济各部门之首，且呈刚性增长。据麦肯锡估算，如不发展低碳建筑和节能建筑，到 2030 年中国建筑业能源消耗所产生的温室气体总排放将达到 51 亿 t，从而对空气质量、城市微气候产生极大的负面影响。为此，我国节能减排工作特别强调"突出抓好建筑等重点领域节能"，坚持绿色低碳的发展。可见，发展低碳建筑是解决我国建筑行业节能减排问题的重要途径，是低碳社会对建筑业发展的时代要求。

但经研究发现，随着"低碳"概念的提出，我国低碳建筑市场秩序混乱，问题诸多：建筑市场上出现了越来越多标榜"低碳"的建筑设计作品，设计者往往把"低碳建筑"的概念与"绿色建筑"或"可持续建筑"相混淆，设计目标的模糊必将导致设计结果的分散；政府管理者缺乏有效的工具客观评估建筑的低碳水平，也就无法实施财税奖励政策，无法推动碳交易市场的建立；对于建筑市场来说，投资和收益的不对称使得投资者的利益驱动不足，开发商无法从低碳建筑投资中获得应有的回报；对业主来说，开发商把低碳建筑当作地产开发和宣传的卖点，而业主对低碳建筑的认识没有切身感受，无法通过权威的认证标签来识别建筑产品，等等。故亟须建立科学合理的低碳建筑评价体系，以甄别何谓真正的低碳建筑。

目前，国内外对低碳建筑评价体系的研究取得了一些进展，一些发达国家纷纷在其原有的绿色建筑评价体系框架之上加入碳排放评价的量化指标，影响较大的评价体系有英国的《可持续住宅法案》、德国的DGNB、日本的CASBEE等。在气候危机和政府减排承诺的双重压力下，我国近年来也逐步开展低碳建筑评价的相关研究。2011年，中华全国工商联房地产商会联合清华大学等多家单位对《绿色生态住宅评估手册》进行了第五次修订，更名为《中国绿色低碳住区技术评估手册》，其中增加了“低碳住区减碳评价”的内容，这是我国第一个明确提出碳排放量化计算的评价体系；2012年，重庆提出了我国第一部评价低碳建筑的地方标准——重庆市《低碳建筑评价标准》，该标准参照《绿色建筑评价标准》的体系架构建立了重庆市低碳建筑评价标准。

《中国绿色低碳住区技术评估手册》和重庆《低碳建筑评价标准》这两个评价体系的建立，对我国低碳建筑评价的萌芽虽起到了积极的促进作用，但与发达国家的低碳建筑评价体系相比还存在诸多问题，特别是体系中没有建筑碳排放量化评价的具体要求和控制标准，使得用户无法根据现阶段的低碳建筑评价标准完成对建筑碳排放的量化评价与精确控制。因此，在我国《绿色建筑评价标准》的框架之下完善建筑碳排放的核算与控制标准，是我国低碳建筑市场发展亟待解决的重要问题。

1.2 研究现状

近年来，国内外对低碳建筑的研究和探索，大到宏观政策、法规标准的出台，小到低碳建筑的开发与实施，都取得了实质性的进展。下面，主要从宏观政策、碳排放量化和低碳建筑评价三个层面对国内外低碳建筑的研究现状进行梳理。

1.2.1 国外研究现状

1.2.1.1 低碳建筑发展政策

控制建筑碳排放需要社会各方面的努力与支持，作为最早的低碳建筑实践者，英国政府于2006年推行了《可持续住宅法案》，强制规定2016年起所有新建住宅必须满足6星级的零碳标准；在非住宅建筑方面，英国政府也于2008年3月制定了新目标，规定2019年起所有新建非住宅建筑均需达到零碳标准。这些政策反映了英国实现建筑节能减排的坚定决心和积极态度，从行业规范上对低碳建筑进行了约束。

2000 年，Lowe.R 指出，既有建筑的低碳改造与新建低碳建筑同等重要但实施难度更大，国家在制定财税、市场政策及具体标准时，应兼顾新建建筑和建筑存量的碳排放表现，仅依靠行业规范而缺乏碳税等明确价格调节的单一政策不能满足稳定大气环境的需要[1]。

2003 年，Steve Sorrell 通过探讨英国非住宅建筑的能效表现，指出能效表现的差强人意来源于建筑行业的组织问题，包括线性设计过程、成本竞争导向以及各方参与者的不同动机，而英国建筑行业规范的设计并没有触及这些问题根源。建筑行业的改革及政策制定必须以气候政策为目标，改变各方参与者之间的关系，从而提高建筑可持续性能及能效表现，只有这样才能促进英国建筑行业的低碳转变[2]。

2008 年，Stern 提出通过财税奖惩措施，将企业 CO_2 排放与成本挂钩，从而促进企业开发低碳建筑技术，改变传统高排放、高污染的建造方式[3]。

2008 年，美国国会预算办公室的研究报告中探讨了使用碳税、碳排放配额或贸易政策控制企业和家庭业主碳排放的可行性，对这些政策的比较基于其各自的减排效果、行政成本以及与其他国家减排激励措施的一致性三个方面[4]。

2008 年，Gill Seyfang 建立起一个新的分析框架，指出政府管理者需认识到基层创新在低碳建筑发展中扮演的重要地位，通过政策制定引导开发商吸收基层的经验与智慧[5]。

2009 年，Skea Jim 基于《建筑研究与信息》杂志 2008 年“舒适的低碳社会”专题内容，研究其在建筑领域和政策制定过程中的应用，强调了包括经济学在内的社会科学在环境政策中的重要性[6]。

2010 年，Moloney 指出住户行为在低碳住区建设中的杠杆作用，建立一个全面考虑个人心理因素、制度、标准和规范的社会——技术框架是低碳社区成功转型的基础[7]。

2011 年，Gomi 采用 BCM 方法建立起包含政策、技术和行为措施等

---

1 Lowe R. De Fining and Meeting the Carbon Constraints of the 21st Century[J]. Building Research and Information, 2000(3): 159-175.

2 Steve Sorrell. Making the Link: Clilnate Policy and the Reform of the UK Construction Industry[J]. Energy Policy, 2003(9): 865-878.

3 Stern N. The Economics of Climate Change[J]. The American Economic Review, 2008: 1-37.

4 Dinan T. Policy Options for Reducing CO_2 Emissions[J]. The Congress of the United States, Washington D.C.: Congressional Budget Office, 2008(l): 100-120.

5 Gill Seyfang. Grassroots Innovations in Low-Carbon Housing[J]. Centre for Social and Economic Research into the Global Environment, WP ECM, 2008: 08-05.

6 Skea Jim. Cold Comfort in a High Carbon Society[J]. Building Research and Information, 2009(l): 74-78.

7 Moloney S, Horne R E, Fien J. Transitioning to Low Carbon Communities—From Behaviour Change to Systemic Change: Lessons From Australia[J]. Energy Policy, 2010, 38(12): 7614-7623.

130余项影响因素的低碳社会定量模型，并以东京市为例给出了影响因子与温室气体排放的明细表。研究将复杂的政策因子以模型化的定量方式支持低碳社会发展的决策过程[1]。

1.2.1.2 建筑碳排放核算方法

由于建筑运行阶段的碳排放比重最大，狭义的“建筑碳排放核算”仅包括建筑建造、运行、维护修缮和拆除过程中由于能源消耗所产生的碳排放量。一些能源政策框架，例如英国的“零碳家园”仅对上述建筑生命周期阶段中的碳排放核算方法进行界定[2]。Hernandez指出这类能源政策框架很少关注材料和建造过程的能源消耗及其产生的碳排放，文章分析了“净零能耗建筑”的概念并提出建筑构件体现能耗的计算方法[3]。

Engin[4]和Lee[5]在文章中强调了建筑体现碳排放的重要性及其与生命周期碳排放的关系。英国贸易和工业部的报告进一步指出，体现碳排放占每年新建和改造建筑碳排放总量的10%，其中原材料的提取、生产与运输碳排放量各占约一半的比重[6]。

Dixit[7]、Chang[8]、Crawford[9]和Minx[10]等人将产品和服务的体现碳排放核算方法归纳为三类：投入产出生命周期评价法、过程生命周期评价法和混合生命周期评价法。

投入产出生命周期评价法是一种基于环境投入产出分析产品从摇篮到

---

1 Gomi K, Ochi Y, Matsuoka Y. A Systematic Quantitative Backcasting on Low-Carbon Society Policy in Case of Kyoto City[J]. Technological Forecasting and Social Change, 2011, 78(5): 852-871.

2 Department for Communities, Local Government, Building a Greener Future: Policy Statement for Target of Zero Carbon Homes by 2016, 2007.

3 Hernandez P, Kenny P. From Net Energy to Zero Energy Buildings: Defining Life Cycle Zero Energy Buildings (LC-ZEB)[J]. Energy and Buildings, 2010, 42(6): 815-821.

4 A. Engin, Y. Frances. Zero Carbon Isn’t Really Zero: Why Embodied Carbon in Materials Can’t be Ignored, 2010.

5 M.B. Lee, G. White. Embodied Energy LCA Assessment of Replacement Options for Windows and Traditional Buildings Crichton Carbon Centre, 2008.

6 Department of Trade and Industry, Meeting the Energy Challenge—A White Paper on Energy, 2007.

7 Dixit M K, Fernández-Solís J L, Lavy S, Culp C H. Identification of parameters for embodied energy measurement: A literature review[J]. Energy Buildings, 2010(42): 1238-1247.

8 Chang Y, Ries R J, Wang Y. The embodied energy and environmental emissions of construction projects in China: An economic input-output LCA model[J]. Energy Policy, 2010(38): 6597-6603.

9 Crawford R H, Treloar G J. Validation of the use of Australian input-output data for building embodied energy simulation[A]. In: Eighth international IBPSA conference. Netherlands: Eindhoven, 2003.

10 Minx J, Wiedmann T, Barrett J, Suh S. Methods review to support the PAS process for the calculation of the greenhouse gas emissions embodied in goods and services[R]. Report to the UK Department for Environment, Food and Rural Affairs by Stockholm Environment Institute at the University of York and Department for Biobased Products at the University of Minnesota. London: DEFRA, 2007.

坟墓对环境的影响，是一种自上而下的分析方法[1]。投入产出法是 Leontief 在 20 世纪 30 年代创立，最初用于分析国家或地区经济部门关系，近年来随着环境问题的加剧，被用于环境影响研究[2]。

过程生命周期评价法的基础为制定产品生命周期清单的过程数据，这些数据可以从清单数据库中提取或从特定过程中收集，Abanda 在其文章中总结了 9 种应用过程生命周期评价法的碳排放核算模型[3]。2009 年，Fabre 以 PAS2050 标准为基础，应用过程生命周期评价法建立了北美地区建筑碳排放核算模型及 LCB-Calculator[4]。

1.2.1.3 低碳建筑评价标准

20 世纪 90 年代开始，国际上许多国家相继开发出适合本国国情的绿色建筑评价体系，其中影响较大的有英国的 BREEAM、美国的 LEED、日本的 CASBEE、德国的 DGNB、澳大利亚的 NABERS、加拿大的 SBTool 等。总体看来，由于上述评价体系是在气候变化问题尚未达到目前的重视程度之时所提出的，碳减排并未成为各评价体系最重要的关注点。因此，建筑碳排放核算及其标准的制定在上述评价体系中并不居于核心地位。一部分绿色建筑评价体系，如 BREEAM、CASBEE 和 DGNB 等近年来已适应时代发展的需要，在评价体系中加入了建筑碳排放性能指标项，旨在评价建筑生命周期或某一阶段的碳足迹表现；还有一部分绿色建筑评价体系，如 LEED 等仅就节能技术可能带来的碳排放效果和能力进行评估，并没有将碳排放核算明确纳入评价体系。

学界方面，现有文献绝大多数仍将研究视角集中在评价体系中的碳排放核算方法，如 Zhu[5]、Li[6]、Tomas[7] 等人介绍了上述评价体系中采用的建筑碳排放核算范围和方法；2013 年，Motawa 建立运行阶段的 BIM 模型以检测建筑能耗和碳排放表现，评估其是否达到绿色建筑评价体系的能源设计指

---

1 Seo S, Hwang Y. Estimation of CO_2 emissions in life cycle of residential buildings[J]. Journal of Construction Engineering and Management, 2001, 127(5): 414-418.

2 Leontief W. Environmental repercussions and the economic structure: An input-output approach[J]. The review of economics and statistics, 1970, 52(3): 262-271.

3 Abanda F H, Tah J H M, Cheung F K T. Mathematical modelling of embodied energy, greenhouse gases, waste, time–cost parameters of building projects: A review[J]. Building and Environment, 2013(59): 23-37.

4 Fabre G. The Low-Carbon Buildings Standard 2010[M]. Guillaume FABRE, 2009.

5 Zhu X F, Lv D W. Discussion about Calculation Principle of Carbon Emission in Low-Carbon Architectures[J]. Advanced Materials Research, 2011, 213: 302-305.

6 Li B, Fu F F, Zhong H, et al. Research on the computational model for carbon emissions in building construction stage based on BIM[J]. Structural Survey, 2012, 30(5): 411-425.

7 Ng S T, Chen Y, Wong J M W. Variability of building environmental assessment tools on evaluating carbon emissions[J]. Environmental Impact Assessment Review, 2013, 38: 131-141.

标[1]。此外，还有极少的文献关注碳排放与评价体系构架的关系，如2014年，Seinre根据爱沙尼亚当地条件建立起可持续建筑评价框架并对五个指标大类赋权，通过与应用广泛的BREEAM、LEED评价体系的权重方案相比，指出建筑碳排放对指标大类权重分配的重要影响[2]。

1.2.2 国内研究现状

对比而言，我国低碳建筑研究工作起步较晚。最近几年，特别是2009年哥本哈根气候大会之后，低碳建筑才逐步进入国内学者的研究视线。现有研究成果主要集中在宏观政策、碳排放核算和低碳建筑评价标准三个层面。

1.2.2.1 低碳建筑发展政策

2009年，冯之浚指出必须加强建筑节能技术和标准的推广，从而进一步开发低碳建筑[3]；庄贵阳认为低碳经济顺应时代、有利于中国经济改革，在此过程中政府必须积极推进能源价格改革、帮助企业克服重重困难，发挥市场作用，从而建立我国发展低碳经济的长效机制[4]；姜连馥参照自然环境中的食物链构建了建筑业生态链，运用工业生态学理论分析了建筑业生态链的物质流动关系代谢图，为我国建筑业低碳发展提供了改进思路[5]；仇保兴回顾了我国建筑节能与绿色建筑的发展历程，在此基础上提出绿色建筑和低碳城镇建设两个层面的城市发展模式，明确了发展低碳城镇的总体思路和规划要求[6]。

2010年，张仕廉认为我国目前的低碳建筑市场缺乏政策、经济、技术的有效支撑，需要加快推进市场运行模式的构建与完善[7]；宋春华认为低碳建筑发展的重点在于开源、节流和循环模式的研究[8]；赵黛青通过对国外低碳建筑发展历史的研究，从宏观政策管理、技术路线图、服务机制等方面对我国低碳建筑发展进行了可行性分析[9]。

2012年，许珍指出我国城市低碳建筑之所以发展缓慢是由于相关法规

1 Motawa I, Carter K. Sustainable BIM-based Evaluation of Buildings[J]. Procedia-Social and Behavioral Sciences, 2013, 74: 116-125.

2 Seinre E, Kurnitski J, Voll H. Quantification of environmental and economic impacts for main categories of building labeling schemes[J]. Energy and Buildings, 2014, 70: 145-158.

3 冯之浚，周荣，张倩．低碳经济的若干思考[J]. 中国软科学，2009(12): 18-23.

4 庄贵阳．中国发展低碳经济的困难与障碍分析[J]. 江西社会科学，2009(7):20-26.

5 姜连馥，孙改涛．基于工业生态学的建筑业生态链构建及代谢分析研究[J]. 科技进步与对策，2009(21): 12-16.

6 仇保兴．从绿色建筑到低碳生态城[J]. 城市发展研究，2009(7): 1-10.

7 张仕廉，赵锋．我国低碳建筑市场运行模式研究[J]. 建筑经济，2010(2): 50-52.

8 宋春华．选择低碳模式，坚持可持续发展[J]. 建筑学报，2010(1): 2-5.

9 赵黛青，张哺，蔡国田．低碳建筑的发展路径研究[J]. 建筑经济，2010 (2): 47-49.

不完善，政策缺乏可操作性、落实不到位，执行人员存在认知偏差等原因，基于此提出了低碳建筑发展的对策建议[1]；沈满洪指出低碳建筑发展模式创新和政策框架设计是未来低碳建筑发展的重点研究方向[2]。

1.2.2.2 建筑碳排放核算方法

台湾学者林宪德及其指导的研究生在建筑碳排放核算方法领域进行系统研究，代表性成果有：张又升在其博士论文中分阶段整理了建筑全生命周期碳排放核算方法，同时提出了相应的减排政策[3]；曾正雄[4]、黄国仓[5]则在论文中分别以办公和住宅建筑为例，进行了设备管理的碳排放计算与分析。

大陆学者在建筑碳足迹领域的代表性研究成果有：

2004 年，张智慧基于生命周期评价（LCA）理论，建立了建筑环境影响数据库，涉及建材、设备及场地信息，并在此基础上开发了评价模型 BEPAS，从上述三方面研究建筑环境影响[6]。2004 年，龚志起运用 LCA 方法建立了建筑材料的生命周期评价模型，并选择建设领域用量较大的水泥、钢材和平板玻璃 3 种材料进行环境影响研究[7]。2009 年，李小冬以施工过程为研究对象，基于 LCA 理论，建立了施工过程单元清单，对施工过程的环境影响进行了定量评价[8]。2011 年，李小冬对 C30~C100 六种等级的预拌混凝土，基于 BEPAS 评价系统给出了环境影响评价结果和社会意愿支付值[9]。2009 年，李兴福基于生命周期评价方法，采用 GaBi4.3 软件分析了生产 1kg 普通钢材过程中的物料消耗、能源消耗以及对环境的排放，并利用软件提供的 CML2001 方法评价了生产过程中造成的环境影响[10]。2010 年，张智慧基于 LCA 理论，界定了建筑系统 LCA 边界，建立了建筑碳足迹 LCA 核算模型；并以北京一钢混住宅为例进行了实证研究，根据核算结果分析了建筑减排途径[11]。2011 年，蔡博峰建立狭义城市边界和城市碳排放

---

1 许珍 . 我国城市低碳建筑发展缓慢的原因分析 [J]. 城市问题 , 2012(5): 50-53.

2 沈满洪 , 王隆祥 . 低碳建筑研究综述与展望 [J]. 建筑经济 , 2013 (12): 67-70.

3 张又升 . 建筑物生命周期一体化碳减量评估 [D]. 台南 : 台湾成功大学 , 2002.

4 曾正雄 . 公寓住宅设备管线一体化碳排放量评估 [D]. 台南 : 台湾成功大学建筑研究所 , 2005.

5 黄国仓 . 办公建筑生命周期节能，一体化碳减量评估之研究 [D]. 台南 : 台湾成功大学 , 2006.

6 张智慧 , 吴星 . 基于生命周期评价理论的建筑物环境影响评价系统 [J]. 城市环境与城市生态 , 2004,17(5): 27-29.

7 龚志起 , 张智慧 . 建筑材料物化环境状况的定量评价 [J]. 清华大学学报 : 自然科学版 , 2005, 44(9): 1209-1213.

8 李小冬 , 王帅 , 张智慧 , 等 . 施工阶段环境影响的定量评价 [J]. 清华大学学报 : 自然科学版 , 2009, 5(9): 1484-1487.

9 李小冬 , 王帅 , 孔祥勤 , 等 . 预拌混凝土生命周期环境影响评价 [J]. 土木工程学报 , 2011, 44(1): 132-138.

10 李兴福 , 徐鹤 . 基于 GaBi 软件的钢材生命周期评价 [J]. 环境保护与循环经济 , 2009, 29(6): 15-18.

11 尚春静 , 张智慧 . 建筑生命周期碳排放核算 [J]. 工程管理学报 , 2010(24): 7-12.

范围，并基于 GIS 模型，初步核算了 2005 年中国地级市 CO_2 直接排放和 CO_2 总排放[1]。

2011 年，计军平基于《中国经济投入产出表（2007）》，建立了部门温室气体排放对角矩阵，从生产、需求两个方面分别研究了温室气体排放在国民经济各部门中的分布情况[2]。2013 年，唐建荣采用类似方法，从直接排放和隐性排放两个视角，研究了江、浙、沪三地 2007 年温室气体排放在国民经济各部门中的分布情况[3]。

2012 年，黄一如在住宅生命周期碳排放评价中引入延迟排放加权平均时间的计算，讨论了物化阶段对总体碳排放的重要性，并对产业化住宅物化阶段减碳效能进行分析，提出采用具有碳储存能力的生物质建材、建设现代竹木结构体系住宅等是实现低碳居住的有效途径[4]。

1.2.2.3 低碳建筑评价标准

从 2006 年我国出台《绿色建筑评价标准》起，国内关于建筑环境性能综合评价体系的研究一直围绕绿色节能展开。从 2010 年开始，低碳经济、低碳社会以及低碳建筑的概念被逐步加入到建筑环境性能综合评价体系的架构中来，早期阶段多是对指标层面的探讨。如 2010 年，龙惟定在文章中指出，建筑碳排放本质上是由于建筑满足人类需求消耗能源，因此建筑碳排放评价应使用人均强度指标，而非面积强度指标[5]。

2010 年，刘军明以崇明东滩农业园内的低碳建筑评价导则为研究对象，探索崇明低碳建筑的评价体系，在规划设计、施工建造、后期使用三方面提出相应的对策，以期对崇明农村地区的房屋建设提供参考和指导[6]。

2011 年，我国出台了《中国绿色低碳住区技术评估手册》，该手册是《生态住宅技术评估手册》的升级版，《手册》第二篇增加了建筑节能、绿化系统、节水、交通、建材共 5 个减碳量化评价指标。

2012 年，曹馨匀将重庆市《低碳建筑评价标准》和《绿色建筑评价标准（2006）》版进行了对比，指出绿色建筑评价指标体系侧重于建筑资源、能源消耗的基本情况以及营造的环境水平；而重庆《低碳建筑评价标准》

---

1 蔡博峰．中国城市二氧化碳排放研究 [J]. 中国能源，2011, 33(6): 28-32.

2 计军平，刘磊，马晓明．基于 EIO-LCA 模型的中国部门温室气体排放结构研究 [J]. 北京大学学报：自然科学版，2011, 47(4): 741-749.

3 唐建荣，李烨啸．基于 EIO-LCA 的隐性碳排放估算及地区差异化研究——江、浙、沪地区隐含碳排放构成与差异 [J]. 工业技术经济，2013 (4): 125-135.

4 黄一如，张磊．产业化住宅物化阶段碳排放研究 [J]. 建筑学报，2012 (8): 100-103.

5 龙惟定，张改景，梁浩，等．低碳建筑的评价指标初探 [J]. 暖通空调，2010, 40(3): 6-11.

6 刘军明，陈易．崇明东滩农业园低碳建筑评价体系初探 [J]. 住宅科技，2010, 30(9): 9-12.

侧重于建筑资源、能源消耗的详细情况及碳排放性能[1]。

2012 年，姚德利针对天津中新生态城的地域特征，构建了较为全面有效的基于生态城市理念的低碳建筑评价指标体系，并采用层次模糊综合评价法对其进行综合评价[2]。

2012 年，郑俊巍采用网络层次分析法和多级模糊综合评价法构建低碳建筑综合评价指标体系[3]。

2013 年，陈小龙运用价值工程原理对低碳居住建筑进行价值评价，一方面考虑建筑低碳、节能性能等成本方面；同时也兼顾建筑安全性、舒适性等功能因素，构建了住宅建筑的评价体系，运用层次分析法和专家打分法确定建筑的功能系数，将建筑碳排量作为成本系数，根据价值工程的原理得出建筑的价值系数，以价值系数的高低来评价居住建筑的低碳性，并给出应用案例[4]。

1.2.3 文献综述

综上所述，国际上对于建筑碳排放核算方法、低碳建筑发展的激励政策和控制标准都较为成熟完备。值得借鉴的是，目前国外较为成熟的低碳建筑评价体系在其发展阶段上，存在着明显的共性，即基于既有绿色建筑评价体系框架，完善其碳排放评价视域。这种方式既有助于提高市场对“低碳建筑”概念的接受度，也避免了单一目标下对建筑环境综合性能的忽视。相比之下，我国低碳建筑起步较晚，相关支持制度仍不完善，如针对低碳建筑评价市场的财税奖励政策和评价标准等。然而，目前我国还没有统一完善的建筑碳排放核算方法，绝大多数关于低碳建筑评价体系的研究多为定性，定量研究不充分，这在根本上制约着我国低碳建筑评价体系的构建与实施。只有将建筑碳排放问题纳入客观的量化平台，才能与货币挂钩，为碳税、碳交易市场的建立做好准备。因此，在现有的《绿色建筑评价标准》框架下，建立起适合我国国情的、定量化的整合碳排放评价的中国绿色建筑评价体系，是发展我国建筑业低碳发展亟待解决的重要问题。

1.3 研究目的与意义

1.3.1 研究目的

整合碳排放评价的中国绿色建筑评价体系的研究目的在于：

---

1 曹馨匀，刘猛，黄春雨．低碳建筑评价指标体系 [J]. 土木建筑与环境工程，2012, 34: 26-28.

2 姚德利，陈通．生态城市理念下低碳建筑评价指标体系的构建 [J]. 中国人口．资源与环境，2012, 22(5)：268-271.

3 郑俊巍．低碳建筑评价指标体系分析研究 [D]. 成都：西南石油大学，2012.

4 陈小龙，刘小兵，武涌．低碳建筑的价值评价方法与实证研究 [J]. 建筑经济，2013 (6): 74-77.

1）理清“低碳建筑”的概念；

2）构建适应我国国情、公开透明的建筑生命周期碳排放核算方法；

3）对现有的国内外低碳建筑评价体系进行系统研究及对比分析，找出优缺点，为碳评价视域下我国《绿色建筑评价标准》的优化再开发提供参考；

4）为《绿色建筑评价标准》加入以性能为导向的低碳建筑评价内容，完善《绿色建筑评价标准》的评价视域，优化《绿色建筑评价标准》的体系框架；

5）构建适合我国国情的整合碳排放评价的中国绿色建筑评价体系，并在体系框架下“开发天津地区新建办公建筑特征标签工具”及其辅助工具——碳排放 LCA 工具。

1.3.2 研究意义

整合碳排放评价的中国绿色建筑评价体系的研究意义在于：为定量研究低碳建筑提供了科学的评价方法；为我国低碳建筑评价提供了全国范围内统一的评价体系框架；为政府、开发商、业主、设计人员提供低碳建筑设计、评价及决策依据；为政府管理者制定财税激励政策提供技术支持；对低碳建筑市场发展具有重要的引导作用。

1.4 概念界定

整合碳排放评价的中国绿色建筑评价体系是本文的研究核心，其中有四个关键词：低碳建筑、碳足迹、生命周期评价（LCA）和评价体系。下面分别对这四个概念进行界定：

（1）低碳建筑

目前，对“低碳建筑”并没有明确的概念界定，现有文献多是参照“低碳经济”进行类似定义；同时与之配套的低碳建筑评价标准也相对空白。目前社会上所谓的“低碳建筑”很大程度还停留在口号层面，各地纷纷涌现的“零碳建筑”、“低碳馆”、“低碳社区”，其本质往往还是传统“节能建筑”或“绿色建筑”的概念更新，无论是在碳足迹核算还是低碳建筑标准的落实上都难以提供具有说服力的证据。

文献中出现的“低碳建筑”概念主要有：

1）低碳建筑就是二氧化碳排放量低的建筑[1]。

2）在建筑生命周期内，以低能耗、低污染、低排放为基础，最大限度地减少 GHG 排放，为人们提供合理舒适度使用空间的建筑模式[2]。

1 龙惟定，张改景，梁浩，等．低碳建筑的评价指标初探 [J]. 暖通空调，2010, 40(3): 6-11.

2 李启明，欧晓星．低碳建筑概念及其发展分析 [J]. 建筑经济，2010 (2): 41-43.

3）低碳建筑是指在建筑建造、使用过程中，以人类健康舒适为基础，以保护全球气候为目标，有效地利用自然、回归自然、保护自然，提倡重复循环利用，努力减少污染，保持能源消耗和控制 CO_2 排放处于较低水平，追求人与自然环境和谐共生，建筑永续发展，以创造一个绿色健康的生活环境[1]。

4）低碳建筑是指在建筑材料与设备制造、施工建造和建筑物使用的整个生命周期内，减少化石能源的使用，提高能效，降低二氧化碳排放量[2]。

5）低碳建筑是指在建筑设计阶段有着明确而详细的减少 GHG 排放的方案，在建筑生命周期内建筑材料与设备制造、建造、使用和拆除处置各阶段温室气体少排放甚至是零排放的建筑，其目标是在建筑全生命周期内尽量减少温室气体的排放，减少对气候变化的影响[3]。

本研究选用上述第二种概念，即：在建筑生命周期内，以低能耗、低污染、低排放为基础，最大限度地减少 GHG 排放，为人们提供合理舒适度使用空间的建筑模式。

（2）碳足迹

“碳足迹”的概念源于“生态足迹”，最早出现在英国，其含义为：考虑了全球变暖潜值的温室气体排放量的一种表征[4]。关于“碳足迹”的概念，目前学界存在两个争议：一是碳足迹的研究对象是 CO_2 排放还是以 CO_{2eq} 表示的温室气体排放；二是核算采用重量单位还是沿用生态足迹的面积单位。

文献中出现的“碳足迹”概念主要有：

1）碳足迹是对一项活动直接和间接产生的 CO_2 排放量，或一个产品在生命周期各阶段 CO_2 排放量的核算[5]。

2）一个产品或服务的全生命周期内 CO_2 和其他温室气体的总排放量[6]。

3）碳足迹是指人类日常活动过程中所排放的 CO_2 总量[7]。

4）碳足迹是将人类活动过程中排放的温室气体转化为 CO_2 当量，以衡量人类对地球环境的影响[8]。

---

1 张晓清，朱跃钊，陈红喜，等．基于解释结构模型 (ISM) 的低碳建筑指标体系分析 [J]. 商业时代，2011 (12): 120-121.

2 张健．打造低碳建筑的几点建议 [J]. 价值工程，2010, 29(4): 220.

3 张智慧，尚春静，钱坤．建筑生命周期碳排放评价 [J]. 建筑经济，2010 (2): 44-46.

4 Finkbeiner M. Carbon Footprinting-Opportunities and Threats [J]. International Journal of Life Cycle Assessment, 2009, 14 (2): 91-94.

5 Thomas Wiedmann, Jan Minx. A definition of Carbon Footprint [R]. ISA Research Report, 2007: 1-4.

6 European Commission. "Carbon footprint: What it is and how to measure it." Accessed on April 15 (2007): 2009.

7 BP. What is a carbon footprint? British Petroleum. http://www.bp.com/liveassets/bp_globalbp/2007.

8 ETAP. The carbon trust helps UK businesses reduce their environmental impact[R]. 2007.

5）碳足迹是衡量某一产品在其全生命周期中所排放的 CO_2 以及其他温室气体转化的 CO_2 当量[1]。

6）碳足迹是指某一产品或过程在全生命周期内所排放的 CO_2 和其他温室气体的总量，后者用每千瓦时所产生的 CO_2 等价物（gCO_{2eq}/kWh）来表示[2]。

从上述概念可以发现，以 CO_2 或温室气体作为碳足迹研究对象的学者均不少，而核算单位却一致采用重量单位表征。因此，本研究综合现有概念，将碳足迹定义为：一项活动直接和间接产生的温室气体排放量，或者一个产品生命周期各阶段产生的温室气体排放量总和，以 CO_{2eq} 表示。

（3）生命周期评价

"生命周期评价"（Life Cycle Assessment，LCA）的概念主要有由国际环境毒理学和化学学会（Society of Environmental Toxicology and Chemistry，SETAC）和国际标准化组织（International Organization for Standards，ISO）定义的两个版本：

1990 年，SETAC 首次将"生命周期评价"定义为：一种通过对产品、生产工艺及活动的物质、能量的利用及造成的环境排放进行量化和识别而进行环境负荷评价的过程；是对评价对象能量和物质消耗及环境排放进行环境影响评价的过程；也是对评价对象改善其环境影响的机会进行识别和评估的过程。

1997 年，ISO 在 SETAC 的基础上将"生命周期评价"定义为：对产品系统整个生命周期的输入、输出及潜在环境影响的汇集和评价。

SETAC 和 ISO 的 LCA 框架是当前影响最广的 LCA 理论框架。这两个框架都把生命周期评价分成了 4 个部分，且前 3 个部分基本一致。本文采用 ISO 的 LCA 概念与框架作为研究基础。

（4）评价体系

《韦氏词典》中对"评价"（assessment）的定义为："确定某事物重要性、尺度或者价值的行为或实例[3]。"最初，人类对评价的认识为实物评价，即采用事物实际的数量来衡量其发展情况，如粮食亩产、牲畜头数等；进而为了体现数量背后的质量，引入了"价格"这个度量单位解决不同实物无法横向比较和加和的问题，即产生了价值评价；随着社会经济的发展，人们开始关注效益，即以尽量小的投入获得尽可能多的产出，此时单纯的价值评价已经无法满足需要，为了从多角度对一个事物进行综合评价，产生

---

1 Carbon Trust. Carbon Footprint Meeasurement Methodology[R]. version1.1, 2007.

2 POST. Carbon Footprint of Electricity Generation[R]. Parliamentary Office of Science and Technology, 2006: POST-note268.

3 《韦氏词典（2005）》assessment: The action or an instance of determining the importance, size or value of something.

了指标综合评价；指标综合评价虽然能够较为真实的反映一个事物的全貌，但无法在不同事物之间进行比较，因为可能出现甲事物在A指标上优于乙事物但是在B、C指标上劣于乙事物的情况，为了解决不同事物之间的多角度评价问题，发展出多指标综合评价，即根据研究目的、借助一定的统计方法，将不能直接加和的研究对象综合为一个统一量纲的评价值，从而反映事物本质的数理方法[1]。

本文的研究对象即为多指标综合评价体系，其定义为：根据特定的评价目的，将某一评价对象性质不同、无法简单加和的评价参数，通过科学的评价方法和集结方式，得到一个综合评价值以反映评价对象本质，以便对评价对象进行排序的系统。

1.5 研究方法与内容框架

1.5.1 研究方法

本文采用的研究方法主要有：

1）文献研究

通过对我国低碳建筑市场发展现状的数据收集与分析，深入了解低碳建筑评价的相关背景，在大量文献研究的基础上对国内外低碳建筑评价体系进行系统的纵向梳理与比较，对建筑碳足迹核算方法、评价基准、权重系统三个评价体系关键问题进行横向研究和总结，最终提出整合碳排放评价的中国绿色建筑评价体系框架。

2）定性与定量相结合的方法

定性分析与定量分析是互为补充的统一体，只有将二者结合才能深刻认识客观事物的本质，使评价结果更加准确。本研究在定性分析的基础上提出建筑碳足迹LCA方法学框架，然后通过建立数学模型对该方法学框架进行定量化研究。

3）问卷调查法和层次分析法

本文针对整合碳排放评价的中国绿色建筑评价体系框架下，“天津地区新建办公建筑特征标签工具”的权重系统，对具有丰富低碳或绿色建筑研究经验的专家学者进行了问卷调查，对专家调查结果应用层次分析法建立起天津地区新建办公建筑特征标签工具的独立权重系统。

4）实地调研

对天津大学1895建筑创意产业大厦进行详细的实地调研，收集建筑设计图纸、节能计算书、工程量预算清单等数据，为建筑碳足迹核算和整

1 王青华，向蓉美．几种常规综合评价方法的比较[J]．统计与信息论坛，2003, 18(2): 30-33.

合碳排放评价的中国绿色建筑评价体系实证研究提供依据。

1.5.2 研究内容与框架

全文共 8 章，分为四部分（图 1-3）。

第一部分：提出问题（包括第一章）。第一章为绪论，介绍了研究缘起、国内外现状、研究目的、研究意义和研究方法等，提出了我国低碳建筑评价中存在的问题，明确了本文的三个核心概念。

第二部分：理论分析（包括第二、三、四、五章）。第二章对国内外典型低碳建筑评价体系进行系统的分析与比较，提出目前我国低碳建筑评价体系的典型问题；第三、四、五章分别从典型问题的三个关键角度——建筑碳排放量化方法、评价基准和权重系统——进行深入探讨。

第三部分：解决问题（包括第六、七章）。第六章建立起综合评价体系框架的理论模型，明确体系基本特征、系统规则、系统要素和评价工具开发路线；第七章在第六章的理论模型基础上，建立起整合碳排放评价的中国绿色建筑评价体系框架，并以天津地区新建办公建筑为评价对象开发了特征标签工具。为方便体系推广与用户使用，本研究基于 Excel 平台开发了评价体系软件及其辅助工具——建筑碳排放 LCA 工具。最后，以天津大学 1895 建筑创意大厦为例，应用评价软件，对整合碳排放评价的中国绿色建筑评价体系进行了实证研究。

第四部分：结论与展望（包括第八章）。第八章为结论，对本论文研究工作和创新点进行了总结，并对整合碳排放评价的中国绿色建筑评价体系未来的进一步开发和完善进行了展望。

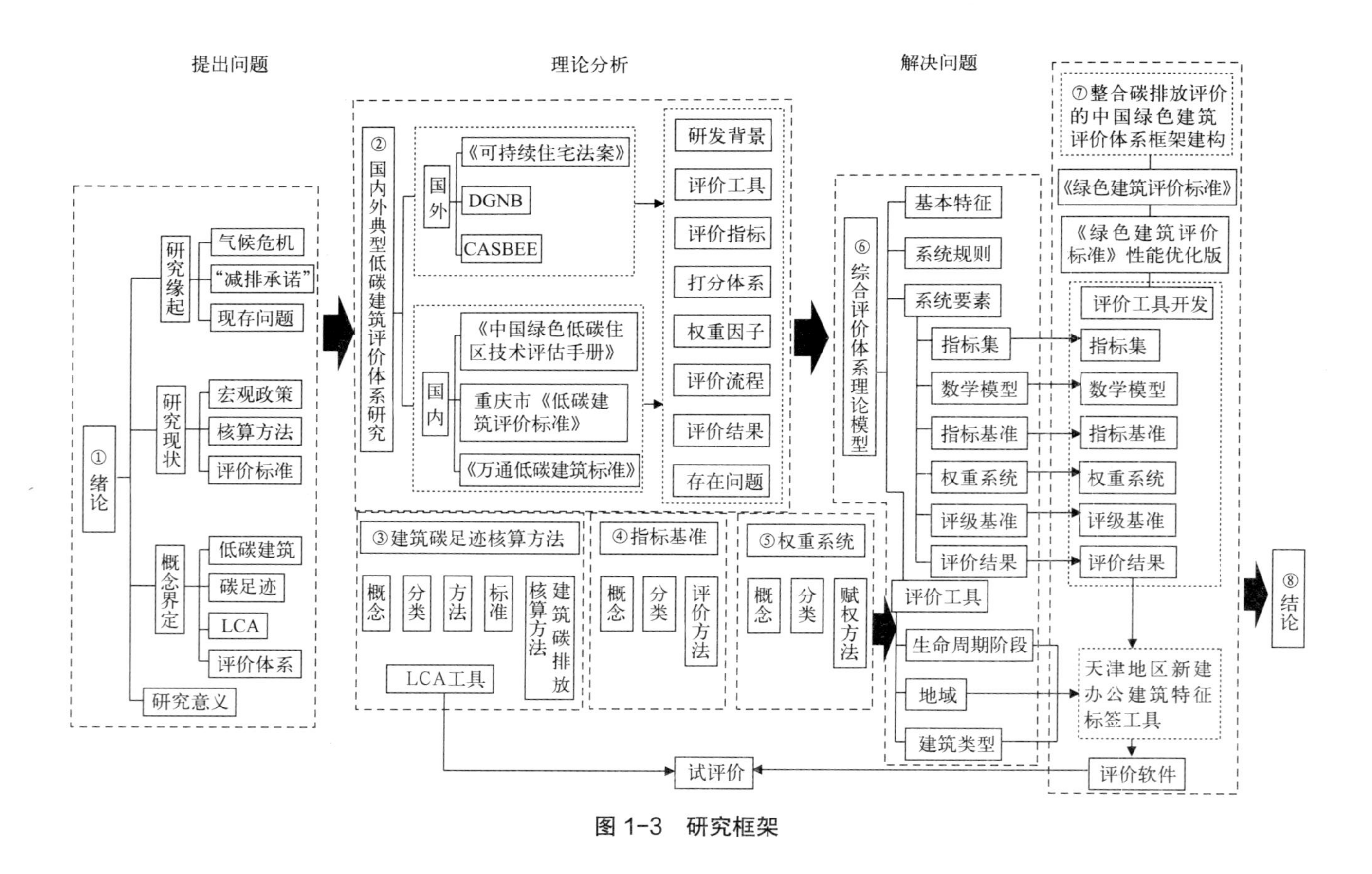
提出问题
理论分析
解决问题
①绪论
研究缘起
气候危机
“减排承诺”
现存问题
研究现状
宏观政策
核算方法
评价标准
概念界定
低碳建筑
碳足迹
LCA
评价体系
研究意义
②国内外典型低碳建筑评价体系研究
国外
《可持续住宅法案》
DGNB
CASBEE
国内
《中国绿色低碳住区技术评估手册》
重庆市《低碳建筑评价标准》
《万通低碳建筑标准》
研发背景
评价工具
评价指标
打分体系
权重因子
评价流程
评价结果
存在问题
③建筑碳足迹核算方法
概念
分类
方法
标准
建筑碳排放核算方法
LCA工具
④指标基准
概念
分类
评价方法
⑤权重系统
概念
分类
赋权方法
试评价
⑥综合评价体系理论模型
基本特征
系统规则
系统要素
指标集
数学模型
指标基准
权重系统
评级基准
评价结果
评价工具
生命周期阶段
地域
建筑类型
⑦整合碳排放评价的中国绿色建筑评价体系框架建构
《绿色建筑评价标准》
《绿色建筑评价标准》性能优化版
评价工具开发
指标集
数学模型
指标基准
权重系统
评级基准
评价结果
天津地区新建办公建筑特征标签工具
评价软件
⑧结论

图 1-3 研究框架

第二章 国内外典型低碳建筑评价体系研究

对于建立新的低碳建筑评价体系或在现有绿色建筑评价体系基础上完善建筑碳排放评价视域来说，国内外典型低碳建筑评价体系的调查和分析是一项非常重要的文献基础研究工作。低碳建筑评价体系之间具有一些相同的规律，然而各国的低碳建筑评价体系在制定的背景、出发点、体系框架及相关因素等方面具有各自的特征、优点和不足，特别是建筑碳排放量化涉及国家政策、当地规范、技术水平和基础研究等各方面。因此，本章对国内外 6 个典型低碳建筑评价体系的研发背景、评价工具、指标构成、建筑碳排放评价指标项、权重系统、评估流程以及评价结果与表达进行系统梳理与分析，以期为我国低碳建筑评价研究提供参考与借鉴。

2.1 《可持续住宅法案》

《可持续住宅法案》（Code for Sustainable Homes，简称：CSH）是一部用于英国新建住宅可持续性能评级和认证的国家标准。其前身为英国绿色建筑评价体系（BREEAM）的住宅版本——Ecohome。2006 年 12 月，"《可持续住宅法案》：一个逐步向可持续住宅发展的建设实践"由社区和地方政府正式颁布。2007 年 4 月，CSH 首先在英格兰地区取代 Ecohome 作为当地生态住宅新的评价标准。2008 年 5 月，经过一年的试运行和局部修改完善，CSH 开始对英格兰地区所有新建住宅项目进行带有政策性和强制性的可持续发展评估。CSH 强调的"强制性"并非指必须进行该标准评估，而是开发商必须明确向业主告知住宅项目的可持续性能，即：若建筑按照 CSH 设计建造并通过评估，则获得一份一～六星的等级认证证书（Level1~6）；若不参与评估，则获得一份无效评级认证（Null rating Certificate）。截至目前，CSH 的最新版本为 2010 年 11 月（Code for sustainable homes: November 2010）版[1]，按英国政府的计划，到 2016 年，英国所有新建住宅必须达到 CSH 最高等级（Level6）的零碳标准。

2.1.1 评价指标及分值构成

CSH 将建筑性能表现分为 9 个指标大类，满分 107 分（表 2-1）。CSH

1 http://www.communities.gov.uk/thecode.

对每一个指标项制定了详细的评分标准和性能要求，一旦达标则赋予相应的指标项得分。各指标项得分总和为该指标大类得分。

CSH指标项一览表　　表2-1

代码	指标项	分值	强制	代码	指标项	分值	强制
Ene	能源与CO_2排放	31		Was	废弃物	8	
Ene1	住宅排放率（DER）	10	M	Was1	不可回收和可回收废弃物的存储空间	4	M
Ene2	围护结构热工性能	9	M	Was2	建设场地废弃物管理	3	
Ene3	能耗显示装置	2		Was3	堆肥处理	1	
Ene4	干燥空间	1		Pol	污染	4	
Ene5	能源标识白色家电	2		Pol1	保温材料的GWP	3	
Ene6	外部照明	2		Pol2	NO_x排放	1	
Ene7	低碳和零碳技术	2		Hea	健康与舒适性	12	
Ene8	车库	2		Hea1	采光	3	
Ene9	家庭办公	1		Hea2	隔声	4	
Wat	水	6		Hea3	私密空间	1	
Wat1	室内用水	5	M	Hea4	终身家园	4	M
Wat2	室外水利用	1		Man	管理	9	
Mat	材料	24		Man1	用户指南	3	
Mat1	材料的环境影响	15	M	Man2	详细的建造计划	2	
Mat2	建筑主体结构建材来源	6		Man3	建设场地影响	2	
Mat3	建筑装饰构件建材来源	3		Man4	安全	2	
Sur	地表径流	4		Eco	生态	9	
Sur1	开发场地的地表径流管理	2	M	Eco1	场地生态价值评估	1	
Sur2	洪水风险	2		Eco2	生态价值增强	1	
				Eco3	原有生态特征保护	1	
				Eco4	改变场地生态价值	4	
				Eco5	建筑足迹	2	
总分						107	

（资料来源：CSH Technical Guide 2010）

CSH 虽然以整体总得分评定最终等级结果，但一些指标项作为强制性要求（Mandatory issues）必须达标。这些强制性指标项包括 3 个低限指标和 4 个预设指标。

2.1.1.1 低限指标

低限指标是指在 CSH 分项认证之初，必须首先进行评估的指标项，它们代表了住宅在当地各种环境下必须达到的最低环保要求。这三个低限指标是 CSH 评价体系的门槛条件，其中有一项或一项以上未达到，无论其余指标项的完成情况，参评建筑都无法获得 CSH 星级认证。此外，通过低限指标的最低要求是没有得分奖励的，只有在完成该指标项评分标准中更高的性能要求时才能获得相应的得分奖励。三个低限指标分别是：

1）材料的环境影响（Mat1.）

英国规范将住宅围护结构分为屋顶、外墙、内墙、楼板和窗五个基本组成部分。“材料的环境影响”指标项要求这五个部分中至少有三个必须使用获得 2008 版《绿色指南》A+~D 认证的建筑材料。

2）开发场地的地表径流管理（Sur1.）

该指标项应满足如下要求：

（1）径流峰值：①如果新建项目没有增加不透水地面面积，此指标项不适用；②如果新建项目增加了不透水地面面积，确保整个开发期场地的径流峰值（考虑到气候变化）不大于开发前，应符合一年一遇和百年一遇的标准；③开发后场地径流率不高于 5L/s，以减少堵塞风险。

（2）径流量：①如果新建项目没有增加不透水地面面积，此指标项不适用；②如果开发后场地百年一遇 6h 雨水径流量（考虑开发期气候变化）比开发前大，适用标准 2A[1]，否则适用标准 2B[2]；③应对当地排水系统故障的设计，确保无论由于极端降水或缺乏维护导致的当地排水系统故障时，均不会发生水灾。

3）不可回收和可回收废弃物的存储空间（Was1.）

保证每户有足够的废弃物存放空间，空间容量应该达到下列两条规定中的上限：①依照《英国国家标准》（BS 5906-2005）建议，以每周最高废弃物回收频率为前提的空间最小体积，最低标准是一居室不少于 100L，每增加 1 个卧室需增加 70L 废弃物存放空间；②当局规定的室外废弃物总存储体积。

2.1.1.2 预设指标

参评建筑满足 3 个低限指标的门槛要求后，则进一步对 4 个预设指标

1 标准 2A：确保开发后场地径流量（考虑开发期气候变化）不大于开发前。

2 标准 2B：如果不满足 2A 标准，则开发后径流峰值需小于极限量。极限量是指开发前场地年流速峰值，即年洪水流量（连续不断的快速流出）或 2L/（s• ha），以最大值为准。通常情况下，标准 2B 比标准 2A 更为严格。

进行评估。与低限指标一样，预设指标也是对生态环境和可持续发展具有重要影响意义的强制性指标。不同的是，预设指标按照星级评价等级的高低规定强制性要求，并且参评建筑可以根据达标程度获得相应得分奖励。4 个预设指标项分别是：

1）住宅排放率（Ene1.）

该预设指标旨在最大限度地控制因住宅和设备运行而产生的 CO_2 排放量，其评估参数为“住宅排放改善率”（% Improvement 2010 DER/TER），指标项评分标准如表 2-2 所示。在进行星级评定时，不同星级需要达到不同的住宅排放改善率要求，等级越高，要求越高。如 Level1~3 的住宅排放改善率最低为 0，Level4 的最低性能要求为 25%，Level5 的最低性能要求为 100%，Level6 则要求 CO_2 净排放量必须为零。CSH 中的“CO_2 净排放量”是指来自于住宅采暖、制冷、热水、通风、照明、烹饪以及其他家用电器所产生的年 CO_2 排放量，核算单位为 $kgCO_2/(m^2 \cdot yr)$。“Ene1. 住宅排放率”指标项的奖励分值共有 9 分，平均分布在 8%~100% 的住宅排放改善率上，在赋予该项得分时，按照表中的百分比线性插值，最小得分单位为 0.1 分。

“Ene1.住宅排放率”指标项评分标准 表2-2

住宅排放改善率（% Improvement 2010 DER/TER）	得分	强制要求
≥8%	1	
≥16%	2	
≥25%	3	Level 4
≥36%	4	
≥47%	5	
≥59%	6	
≥72%	7	
≥85%	8	
≥100%	9	Level 5
CO_2净零排放	10	Level 6

（资料来源：CSH Technical Guide 2010）

住宅排放改善率的计算公式为：

$$\% \text{ Improvement } 2010 \frac{DER}{TER} = 100 \times \left(1 - \frac{DER}{TER}\right) \qquad \text{公式 2-1}$$

详细计算步骤如下（表 2-3）：

住宅排放改善率计算过程　　表2-3

计算步骤		数据来源	单位	数值
Levels 1~5				
1	*DER*	SAP工作表[第273格]	$kgCO_2/(m^2\cdot yr)$	+/–
2	*TER*	建筑规章AD L1A	$kgCO_2/(m^2\cdot yr)$	+
3	基地内风电、光伏发电、水电和生物质热电联产系统减少的CO_2排放	SAP2009第16节 SAP工作表[第 ZC7格] SAP工作表[第 ZC5格]	$kgCO_2/(m^2\cdot yr)$	–
4	在DER值中减去第3步的计算结果	计算步骤1+计算步骤3	$kgCO_2/(m^2\cdot yr)$	+/–
5	住宅排放改善率	公式2-1	%	+
Level 6 Only				
6	净零碳	SAP2009第16节SAP工作表[第 ZC8格]	$kgCO_2/(m^2\cdot yr)$	+/–

（资料来源：CSH Technical Guide 2010）

对于 Level1~5 的认证等级，住宅排放改善率的计算步骤分为以下 4 步：

（1）计算 DER 值。住宅排放率（Dwelling CO_2 Emission Rate，DER）是对参评住宅（Actual Dwelling）年 CO_2 排放量的核算值，单位为 $kgCO_2/(m^2\cdot yr)$，涵盖住宅采暖、制冷、热水和照明用能产生的 CO_2 排放。英国建筑规章 Approued Document LIA（AD LIA）[1]的 C1 节中详细介绍了 DER，并规定其算法和边界限定参照配套文件 SAP2009[2]。用于该指标项评估的 DER 值须由获得资质的第三方能源评估机构运用 SAP 认证软件[3]计算得出，核算结果以 SAP 工作表（SAP worksheet）的形式输出，并直接用于计算住宅排放改善率。图 2-1 是 SAP 工作表的一部分，完整版详见本书附录 A。

1 The Building Regulations 2010：Conservation of fuel and power in new dwellings.

2 The Government's Standard Assessment Procedure for Energy Rating of Dwellings：2009 Edition.

3 SAP2009（V9.90）自 2010 年 10 月 1 日起在英格兰、威尔士和苏格兰地区配合建筑规章（*Building Regulations*）使用，2012 年 10 月 31 日起在北爱尔兰地区启用。经过认证的 SAP2009 软件目前共有 8 种，详细信息参见 http://www.bre.co.uk/sap2009。目前 SAP 的最新版本为 SAP2012，该版本将于 2014 年 4 月起在英格兰地区配合建筑规章新建住宅部分（*Building Regulation* PartL）使用。

Space and water heating	(261) + (262) + (263) + (264) =					(265)
Space cooling	(221)	×		=		(266)
Electricity for pumps, fans and electric keep-hot	(231)	×		=		(267)
Electricity for lighting	(232)	×		=		(268)
Energy saving/generation technologies	(233) to (235) as applicable, repeat line (269) as needed					
<description>	one of (233) to (235)	×		=		(269)
Appendix Q items repeat lines (270) and (271) as needed						
<description>, energy saved	one of (237a) etc	×		=		(270)
<description>, energy used	one of (237a) etc	×		=		(271)
Total CO_2, kg/year	sum of (265)...(271) =					(272)
Dwelling CO_2 Emission Rate	(272) ÷ (4) =					(273)
EI rating (section 14)						(274)

图 2-1 SAP 工作表 Version 9.90（部分）

（资料来源：SAP2009）

（2）计算 TER 值。目标排放率（Target CO_2 Emission Rate，TER）是住宅采暖、制冷、热水和照明用能所允许产生的最大 CO_2 排放量，也就是该指标项的指标基准，单位为 $kgCO_2/(m^2 \cdot yr)$。其计算方法如下：

首先，采用 SAP2009 认证软件计算“参照建筑”年 CO_2 排放量。参照建筑（Notional Dwelling）是与参评建筑（Actual Dwelling）具有相同尺寸、形状，并满足“SAP2009 附录 R”参数设定的虚拟建筑模型（表 2-4）。SAP2009 认证软件采用 SAP2005 规定的 CO_2 排放因子，参照建筑年 CO_2 排放量的输出结果包括“采暖和热水 C_H”以及“室内照明 C_L”两部分用能产生的年 CO_2 排放量。

其次，依照 AD L1A 2010 中的公式与规定计算 TER：

$$TER_{2010}=(C_H \times FF \times EFA_H+C_L \times EFA_L) \times (1-0.2) \times (1-0.25) \quad \text{公式 2-2}$$

“SAP2009附录R”中对参照建筑的参数设定　　表2-4

参数或设备系统	数值
尺寸、形状	与参评建筑相同
洞口面积（窗户和门）	总建筑面积的25%（或者，如果总表面积小于总建筑面积的25%，则是总表面积的25%）
外墙	$U=0.35W/(m^2 \cdot K)$
内隔墙	U=0
地板	$U=0.25W/(m^2 \cdot K)$
屋顶	$U=0.16W/(m^2 \cdot K)$
门	$U=2.0W/(m^2 \cdot K)$
窗和玻璃门	$U=2.0W/(m^2 \cdot K)$；双玻Low-E硬涂膜玻璃；太阳能透射率0.72；透光率0.80
热质量	中等（$TMP=250kJ/(m^2 \cdot K)$）

续表

参数或设备系统	数值
居住空间	与参评建筑相同
遮阳和朝向	所有玻璃朝向东/西；普通遮阳
被遮挡方向	2
热桥	0.11 × 总表面积 (W/K)
通风系统	自然通风加间断性排风扇
空气渗透率	$10\ m^3/(h \cdot m^2)$，50 Pa
烟囱	无
开放烟道	无
抽气扇	建筑面积超过$80m^2$的设3个，否则设2个
主要热源（空间和水）	管道燃气
供热系统	锅炉、散热器、水泵
锅炉	SEDBUK (2009) 78%；房间密闭；风扇排烟；开/关控制燃烧
供热系统控制	程序，室内温控器和TRVs；锅炉连锁
热水器	150L，35mm厚工业泡沫绝缘
热水热能损耗	主水管无绝缘层；缸内温度采用温控器控制
每人每天用水不超过125L	无
辅助供热	10%电力（嵌入式暖炉）
节能灯比例	30%

（资料来源：SAP2009）

公式 2-2 中 FF：由于参照建筑以管道燃气作为主要热源，而参评建筑可能会使用碳含量更高的燃料，如电网电能，因此应引入燃料因子（Fuel Factor，FF）对 C_H 进行修正。FF 是参评建筑热源燃料 CO_2 排放因子与管道燃气 CO_2 排放因子比值的平方根，四舍五入到小数点后两位，数值大于 1.0（表 2-5）。

ADL1A2010中规定的燃料因子（FF）　　表2-5

热源	燃料因子（FF）
管道燃气	1.00
液化石油气	1.10
燃油	1.17
B30K	1.00
直接利用和用于存储的网电	1.47
用于热泵的网电	1.47
固体矿物燃料	1.28
CO_2排放因子小于管道燃气的任何能源	1.00
复合固体燃料	1.00

（资料来源：ADL1A2010）

公式 2-2 中 *EFA*：用以调整供热和照明用能排放因子之间的比例关系。ADL1A2010 规定 EFA 为参评建筑所用燃料 CO_2 排放因子 2009 版与 2005 版的比值（表 2-6）：

ADL1A2010规定的燃料排放因子（EFA）取值　　表2-6

能源类型	SAP2005	SAP2009
天然气		
Mains gas	0.194	0.198
Bulk LPG	0.234	0.245
Bottled LPG	0.234	0.245
燃油		
Heating oil	0.265	0.274
固体燃料		
House coal	0.291	0.301
Anthracite	0.317	0.318
Manufactured smokeless fuel	0.392	0.347
Wood logs	0.025	0.008
Wood pellets (in bags, for secondary heating)	0.025	0.028
Woods pellets (bulk supply in bags, for main heating)	0.025	0.028
Woods chips	0.025	0.009
Dual fuel appliance(mineral and woods)	0.187	0.206
电力		
Standard tariff	0.422	0.517
7-hour tariff (on-peak)	0.422	0.517
7-hour tariff (off-peak)	0.422	0.517
10-hour tariff (on-peak)	0.422	0.517
10-hour tariff (off-peak)	0.422	0.517
24-hour heating tariff	0.422	0.517
Electricity displaced from grid	0.568	0.529
社区供暖方案		
Heat from boilers-waste combustion	0.057	0.040
Heat from boilers-biomass	0.025	0.013
Heat from boilers-biogas	0.025	0.018
Waste heat from power stations	0.018	0.058
Geothermal heat source	0.018	0.036
Electricity generated by CHP	0.568	0.529

（资料来源：SAP2009、SAP2005）

（3）基地内风电、光伏发电、水电和生物质热电联产系统是CSH认可的4种清洁能源类型，用以减少住宅的CO_2排放，从而达到预设指标Ene1.对不同星级建筑的规定。然而，上述*DER*计算中并未考虑这四种额外的发电方式，因此应在*DER*的计算值中减去。这四种发电方式的计算过程详见“SAP2009第16节”，具体参数设置详见“SAP2009附录M”。此外需要注意的是，如果该指标项的计算中考虑了风电、光伏发电、水电和生物质热电联产，参评建筑还需要同时达到预设指标“Ene2.围护结构热工性能”评分标准中的5分水平。

（4）将前3步计算结果代入公式2-1，计算得到参评建筑的住宅排放改善率。住宅排放改善率的计算结果四舍五入到小数点后一位，该近似值用于预设指标Ene1.的评分。

对于Level 6认证等级，则需要在*DER*减去风电、光伏发电、水电和生物质热电联产减碳效果的基础上，增加家用电器和烹饪带来的CO_2排放量，计算步骤详见“SAP2006第16节”，同时预设指标“Ene2.围护结构热工性能”至少达到评分标准的7分水平。

2）围护结构热工性能（Ene2.）

该预设指标项目的是通过改善住宅围护结构热工性能降低住宅生命周期CO_2排放量，评估参数为“围护结构热工性能”（Fabric Energy Efficiency，FEE）。FEE是指每建筑平方米的供热、制冷需求量，其计算过程详见“SAP2009 Worksheet [109]，参数设置详见“SAP2009第11节”。预设指标项Ene2.的评分标准如表2-7所示。在进行星级评定时，不同星级、不同建筑类型[1]需要达到不同的围护结构热工性能，如评估等级为Level 5或6的公寓楼FEE值最高不超过39kWh/（m^2·yr）。该指标的奖励分值最高为9分，平均分布在表中FEE的基准数值上，在赋予该项得分时，线性插值的最小得分单位为0.1分。

“Ene2.围护结构热工性能”指标项评分标准　　表2-7

建筑类型		得分	强制要求
公寓楼 联排别墅中户	联排别墅端户、双拼别墅、独栋别墅		
FEE[kWh/（m^2·yr）]			
≤48	≤60	3	
≤45	≤55	4	
≤43	≤52	5	
≤41	≤49	6	

1　建筑类型的确定参照指南Defining A Fabric Energy Efficiency Standard for Zero Carbon Homes中的定义。网址：www.zerocarbonhub.org

续表

建筑类型		得分	强制要求
公寓楼 联排别墅中户	联排别墅端户、双拼别墅、独栋别墅		
FEE[kWh/ (m^2 · yr)]			
≤39	≤46	7	Level 5 & 6
≤35	≤42	8	
≤32	≤38	9	

（资料来源：CSH Technical Guide2010）

3）室内用水（Wat1.）

该预设指标目的是通过采用节水配件、设备和水循环系统，减少包括井水在内的室内饮用水消耗量，评估参数为“用水量”（Water Consumption），使用新建住宅水效计算器（The Water Efficiency Calculator for New Dwellings）进行核算。新建住宅水效计算器是一个评估新建住宅用水效率、以支撑《建筑规章》和《可持续住宅法案》的官方计算方法。它用来评估正常用水情况下，建筑内每个水件（微型元件）对住宅节水的贡献，单位为L/（p·day)。在英国政府网站[1]上提供了该计算器的指南和免费软件（图 2-2）。

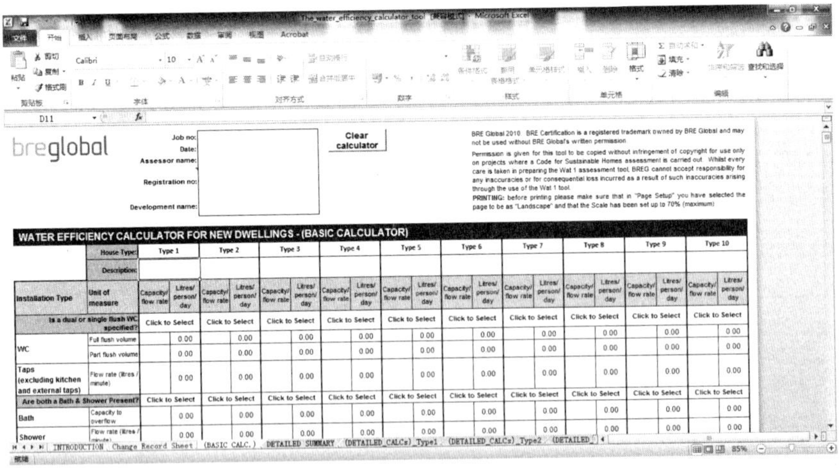

图 2-2　新建住宅水效计算器

（资料来源：The Water Efficiency Calculator Tool）

该指标有 5 分的得分奖励，对应每人每天用水量 120L~80L，分别赋予 1~5 分的得分奖励。同时，作为一项预设指标，不同评估等级的建筑需

1　https://www.gov.uk/government/publications/the-water-efficiency-calculator-for-new-dwellings.

满足不同的用水限量，如评估等级为 Level1 或 2 时，建筑用水量不得大于 120L/（p·day），根据具体用水量数值，该项得到 1 或 2 分。

"Wat1.室内用水"指标项评分标准　　表2-8

用水量 (liters/person/day)	得分	强制要求
≤120 L/p/day	1	Level 1 and 2
≤110 L/p/day	2	
≤105 L/p/day	3	Level 3 and 4
≤90 L/p/day	4	
≤80 L/p/day	5	Level 5 and 6

（资料来源：CSH Technical Guide2010）

4）终身家园（Hea4.）

该预设指标仅用于评估 CSH 最高等级 Level6，目的是为了使住房能够更好适应当前和未来使用者的需求变化。

终身家园（Lifetime Homes）是由 Habinteg 房屋协会、Helen Hamlyn 基金会和 Joseph Rowntree 基金会在 1990 年代初开发的。该项目共有 16 个评判原则，涵盖建筑内外和集合住宅的外部公共区域。终身家园没有评级之说，满足全部 16 条原则才能达到终身家园标准，同时在 CSH Level6 认证中获得指标项"Hea4. 终身家园"的 4 分奖励（表 2-9）。

终身家园的 16 个评判原则[1]包括①停车泊位宽度；②停车场可达性；③坡道；④入口；⑤公共楼梯和电梯；⑥门廊和走廊宽度；⑦无障碍设计；⑧客厅；⑨首层预留床位空间；⑩首层设残疾人卫生间和淋浴排水系统；⑪浴室及卫生间墙壁；⑫室内电梯；⑬预设电梯路线；⑭浴室布局；⑮窗台高度和窗户易开启性；⑯开关、插座等固定装置高度。

"Hea4.终身家园"指标项评分标准　　表2-9

标准	得分	强制要求
满足"终身家园"的所有原则	4	Level 6
或者：由于地形原因无法满足"终身家园"原则2和/或3，但满足余下所有原则	3	

（资料来源：CSH Technical Guide2010）

1 http://codeassessors.lifetimehomes.org.uk/pages/lth_criteria.html.

2.1.2 权重系统

CSH 采用了一套复杂的二级权重系统，即赋予指标项不同分值的隐含权重和指标大类层面的独立权重。CSH 通过邀请英国相关领域专家、国际专家及行业代表，对评价标准各指标项的相对重要性做了广泛的权重调查。最终确定的权重体系综合考虑了各类指标的环境影响程度，以及英国新建住宅在设计和建造阶段降低环境影响的潜力。

在各大类分值权重的基础上，CSH 叠加了一套总和为 100% 的独立权重因子，每一指标大类的权重因子表示其对建筑总体性能的影响大小（表 2-10）。例如，能源和 CO_2 排放指标大类最高得分为 31 分，权重因子为 36.4%，将 36.4% 的影响率划分到 31 个得分点上，意味着该指标大类中每得 1 分的实际价值是 1.17；而在污染指标大类中，2.8% 的影响率划分到 4 个得分点上，每得 1 分的近似加权值为 0.70。值得注意的是，为了避免误差过大，一级独立权重系统仅适用于指标大类层面，不能对单一得分点进行加权。例如，对于能源和 CO_2 排放指标大类，36.4% 的加权贡献到 31 个得分点，精确到小数点后七位是 1.1741935，但若以 1.17 计算，则误差过大。

CSH二级权重系统 **表2-10**

指标大类	大类总分	大类权重	每个得分点的近似权重值
能源与CO_2排放	31	36.4%	1.17
水	6	9.0%	1.50
材料	24	7.2%	0.30
地表径流	4	2.2%	0.55
废弃物	8	6.4%	0.80
污染	4	2.8%	0.70
健康与舒适性	12	14.0%	1.17
管理	9	10.0%	1.11
生态	9	12.0%	1.33
总和	107	100.0%	—

（资料来源：CSH Technical Guide2010）

2.1.3 评价流程

CSH 的评估是由官方机构监管，开发商和业主首先在其官网[1]上注册，并挑选具有资质的评估机构以指导其达到预设的可持续性能水平。CSH 的评估过程大致分为两个阶段：第一个阶段是设计中期（Design Stage，DS）的预认证，主要是根据设计方案、施工图纸和使用设备的介绍文件等对住宅建成后的环境性能进行预测评估；第二个阶段是建成后（Post Construction Stage, PCS）的正式认证，主要包括检查施工期间对预认证承诺的履行情况，设备及设计措施在运行阶段的实际效果是否符合预期等。CSH 中每个指标项都详细说明了在这两个阶段认证中各自的目标、任务和得分标准，评估者根据提交的文件和实地监测进行评估认证。CSH 的评估过程主要分为 4 个步骤：前期决策、强制性指标评估、可选项指标评估、等级认证。

1）前期决策

设计前期，业主和开发商可以共同商议建设项目是否进行 CSH 评估，以及在哪个阶段或全阶段进行项目认证，即预认证申请或正式认证申请。如果开发商经业主同意不进行可持续住宅法案的评估，需要填写“无等级认证”申请表提交政府管理部门，表示该开发项目未经过 CSH 认证。如果业主决定进行 CSH 评估，则在第三方评估机构的帮助下，对建设项目进行网上注册，开始评估流程。

2）强制性指标评估

如前文所述，CSH 评价体系包含 3 个作为评估门槛的低限指标和 4 个根据不同认证等级要求而不同的预设指标。参评建筑首先要满足低限指标的要求，这代表了当地环境下的最低环保要求。在达到所有低限指标的基础上，参评建筑需要进一步对 4 个预设指标进行评价。这 4 个预设指标也属于强制性指标项，与低限指标一样，二者都是对生态环境和可持续发展具有重要影响的指标项。不同的是，预设指标针对每一个认证等级设定一个最低值，参评建筑要通过某个等级的认证必须达到该等级所对应的每个预设指标的最低值要求。各预设指标的等级认证最低值详见前文 2.1.1.2 节。

3）可选项指标评估

当参评建筑满足所有的强制性指标向后，进入可选项指标评估阶段。参评建筑每满足一个可选项指标要求或达到该指标项的更高标准，则获得一定的奖励分值。所有的指标项按其性质被分为能源和 CO_2 排放、水、材料、地表径流、废弃物、污染、健康与舒适性、管理、生态 9 个指标大类，每个指标大类有自己的权重因子。各指标得分的加权和即为参评建筑的最终

---

1 http://www.communities.gov.uk/thecode.

得分（图 2-3）。

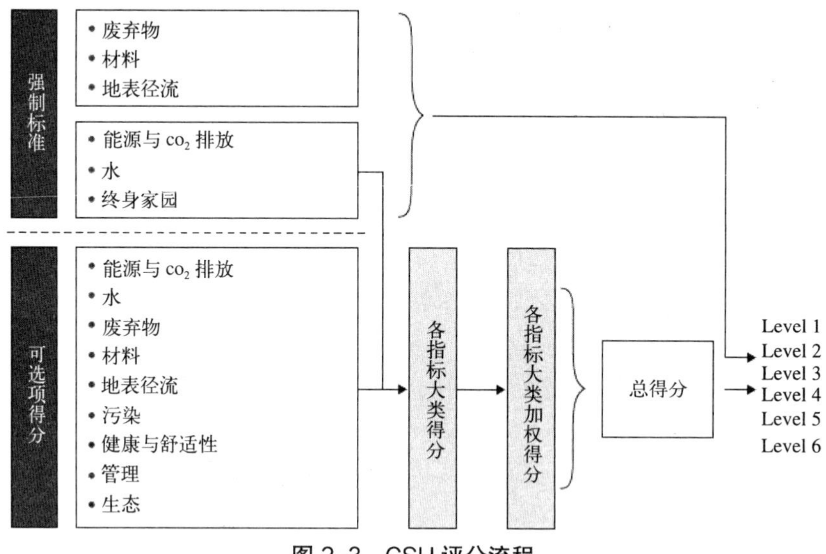

图 2-3　CSH 评分流程

4）等级认证

最后，参评建筑按照加权得分进行星级评定。星级表示参评建筑在环保、生态、可持续发展等方面的总体性能。CSH 的评价结果一共有 6 个星级，获得的最终得分越高，星级越高。图 2-4 和图 2-5 分别是 CSH 预认证和正式认证的评估流程图。

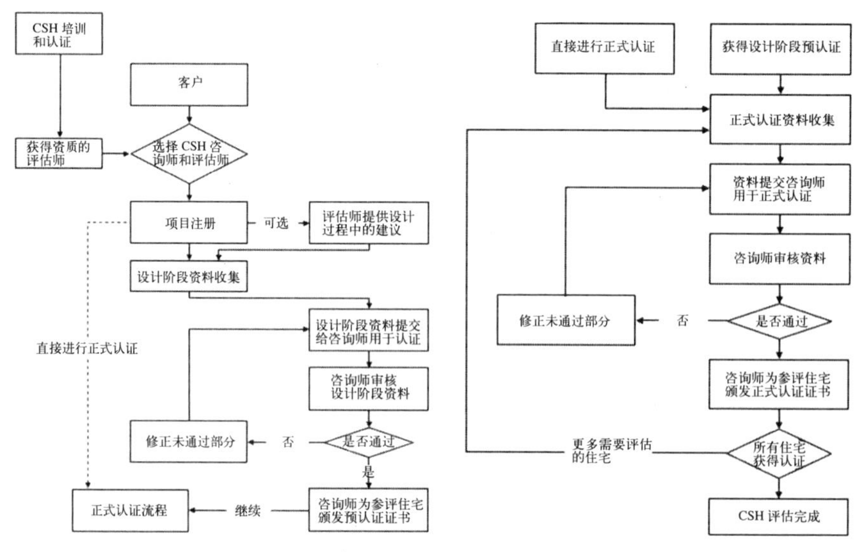

图 2-4　CSH 预认证流程　　图 2-5　CSH 正式认证流程

2.1.4 评价结果

CSH 评价体系将建筑的最终性能水平划分为 1~6 星共 6 个认证等级，参评建筑根据强制项和可选项指标的加权总得分确定相应的评价等级（表 2-11）：36 分以上为 1 星，48 分以上为 2 星，57 分以上为 3 星，68 分以上为 4 星，84 分以上为 5 星，90 分以上为 6 星“净零碳等级”。同时，参评建筑九个大类的指标得分率以及 CO_2 排放率被着重强调在认证证书上（图 2-6）。

CSH评级标准　　表2-11

总得分要求	CSH认证等级
≥36	Level 1 (★)
≥48	Level 2 (★★)
≥57	Level 3 (★★★)
≥68	Level 4 (★★★★)
≥84	Level 5 (★★★★★)
≥90	Level 6 (★★★★★★)

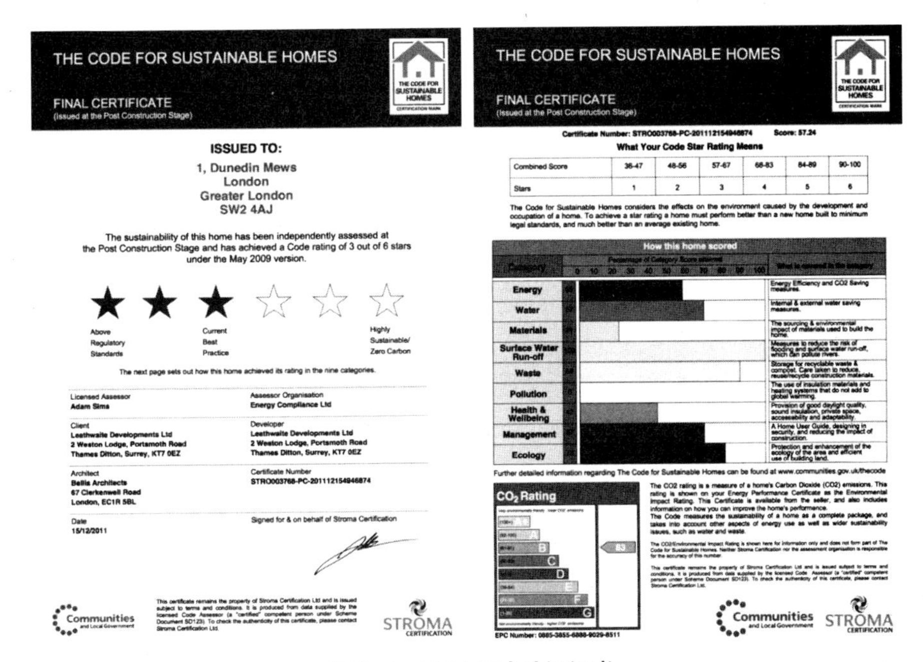

图 2-6　CSH 正式认证证书

（资料来源：CSH2010）

2.1.5 CSH 的启示

作为目前国际上住宅领域最为成熟的低碳建筑评价体系，CSH 对我国低碳建筑评价研究具有重要的借鉴意义。

1）评价视域全面

CSH 对住宅建筑的要求涉及 9 大类 34 个指标项，与中国绿色建筑评价体系相比，两者共同关注的领域包括能源利用、水资源利用、节材与材料资源利用、室内环境质量和运营管理 5 个方面。除了上述传统意义上对建筑本身环保性能的关注之外，CSH 还同时兼顾了对建筑使用者生活习惯等节能素养的考察指标，以及全球变暖潜值和建筑 NO_x 排放的评价。特别是在全球气候变暖的背景下，CSH 专门设置了 29 个分值和 36.4% 的权重来评估碳排放问题，目前我国绿色建筑评价体系并未对此明确考核依据和评分标准。

2）评价系统整合

一个成熟完善的绿色建筑评价体系不仅是一部关于建筑性能表现的评价标准，还应该是各种行业标准、绿色设计指南、绿色设计工具的有机整合。很多情况下，使用者不能通过简单的标准阅读获取得到评分的方法，必须参考或借助其他一些标准、规范和工具。这样，绿色建筑评价标准就不会与原有较为成熟的专业标准相冲突，同时能够处于统领地位将绿色设计思想和措施融入整个体系之中。CSH 在评价体系整合方面相对比较完善，通过与建筑规章、SAP、“终身家园”和水效评价等原有规范、工具的配合，共同支撑起基于性能评价的英国可持续住宅评价体系。这也是 CSH 在英国全面实施时，具有很高市场接受度和权威性的重要原因。目前，我国绿色建筑评价体系的研究还处于起步阶段，各类规范标准尚不完全统一，而且多为定性式条款，难以进行定量的明确评价，亟须基于绿色建筑评价体系的平台，完善各规范、工具的针对性与协调性。

3）强制政策

CSH 采取政府强制与市场激励的双重手段，建立明确时间表，逐步推进英国国内可持续住宅的发展。

然而，CSH 作为英国可持续住宅的实施标准，只符合英国国内的特点，我国住宅主要以多、高层为主，地域、气候特征也与英国有很大的不同，在进行绿色住宅评价标准的开发时，应对具体问题做具体分析。

2.2 《可持续建筑认证标准》

2008 年，德国交通、建设与城市规划部联合德国绿色建筑协会共同制定、推出了德国《可持续建筑认证标准》(Deutsche Gutesiegel fur Nachhaltiges Bauen，DGNB)。

DGNB 是德国政府组织相关机构和专家，在研究分析 BREEAM、LEED 等第一代绿色建筑评价体系优缺点的基础之上，提出的第二代可持续建筑评价体系。DGNB 基于德国完善严格的工业标准和相对成熟的可持续实践技术，避免了第一代绿色建筑评价体系片面强调单项技术、忽视建筑的综合使用要求与性能重要性等问题，整体性较强。例如，在 DGNB 评价过程中，采用中水系统的参评建筑可获得水系统指标项的加分，但在涉及节约能源、建设及运营成本等方面的指标项上则予以减分。DGNB 将评价对象分为办公、工业、住宅等 15 类新建或既有建筑类型，表 2-12 列出了目前德国境内已开发完成或正处于开发阶段的评价工具。对于性能表现优异的参评建筑，DGNB 颁发铜级、银级或金级认证。截至 2013 年 6 月，已有超过 500 座建筑通过了 DGNB 等级认证（图 2-7）。

DGNB按建筑类型开发的评价工具群　　表2-12

既有建筑	新建建筑	街区
工业建筑	装配建筑	商务区
办公及行政建筑	教育机构	工业区
零售建筑	医院	市区
居住建筑	工业建筑	
	实验楼	
	混合功能	
	办公及行政建筑	
	办公及行政建筑（现代化措施）	
	居住建筑	
	小型居住建筑	
	租户装修	

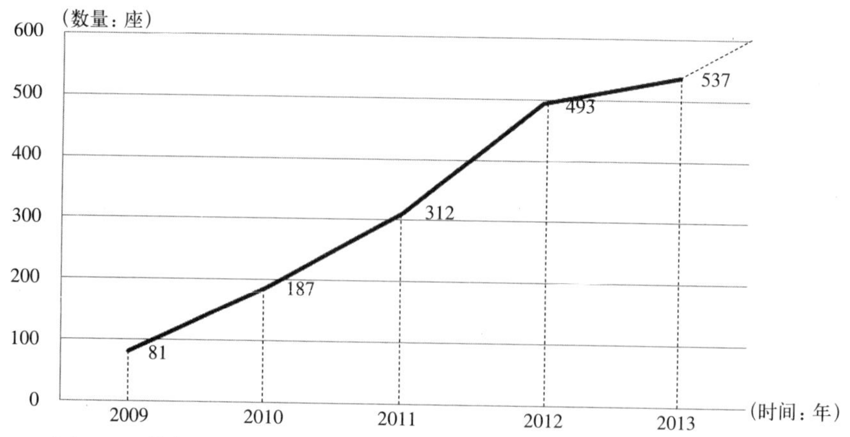

图 2-7 获得 DGNB 预认证和正式认证的建筑数量（截至 2013 年 6 月）

（资料来源：作者根据 DGNB 官网 www.dgnb.de/en 数据绘制）

DGNB 根据可持续发展的三个维度（环境、经济、社会）将地球需要保护的群体进行分类，以生态质量（保护环境）、经济质量（降低生命周期资源、能源等成本消耗）、社会文化及功能质量（保护健康）为目标，制定一系列有针对性的评价指标来衡量上述三方面特性。同时，为确保设计、建造直至后期运营管理建筑全生命周期的"绿色质量"，DGNB 还设置了技术质量和过程质量两个指标大类来评价这一过程。至此，DGNB 形成了覆盖建筑全产业链的六个指标大类：生态质量、经济质量、社会文化及功能质量、技术质量、过程质量和基地质量。其中，由于某些情况下，参评建筑对基地质量的控制能力有限，因此该指标大类独立于建筑性能评价之外，单独进行评价（图 2-8）。

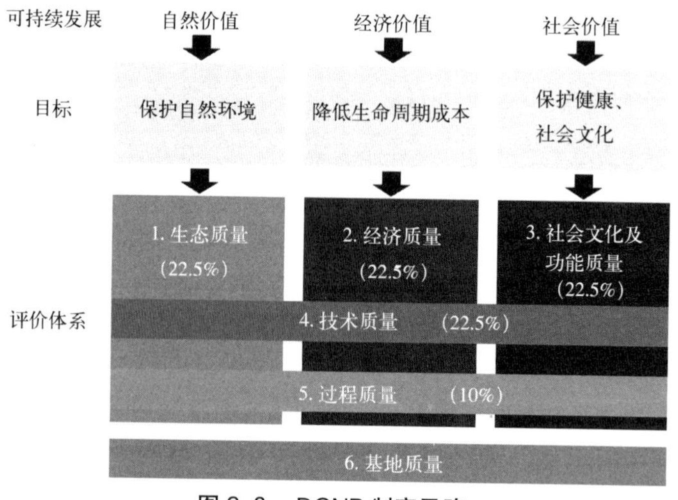

图 2-8 DGNB 制定思路

DGNB 评价体系始于“新建办公和行政建筑”，其他建筑类型的评估版本均以此基础进行调整。作为第二代可持续建筑评价体系，DGNB 的评估框架具有很高的灵活性，不同建筑类型的评估版本具有不同的权重体系。下面以“新建办公和行政建筑 2008 版”为例介绍 DGNB 的评估模型。

2.2.1 评价指标及分值构成

DGNB 的评价指标分为三个层次，包括 6 个指标大类、11 个指标群和 63 个指标项，每个指标项内又包含 1~n 个评分点（图 2-9）。在测试版中，有 14 个指标项的开发被推迟了，因此“新建办公和行政建筑 2008 版”内含 6 大类共 49 个指标。其中除基地质量之外的五大类共 43 个指标项计入最终的评分等级，基地质量大类所包含的 6 个指标项独立评估，不计在建筑质量的总体评价之内。

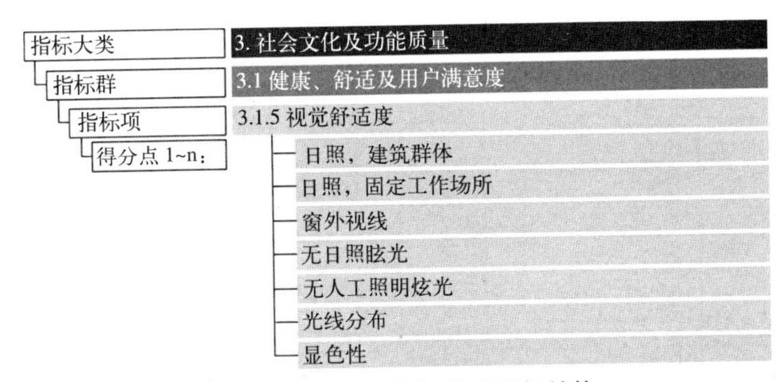

图 2-9 DGNB 指标体系层级结构

DGNB 对每一个指标项给出明确的目标值和测定方法，基于强大的数据库和计算机软件支持，评估模型根据建筑的监测数据或核算值进行打分，每个指标项的最高得分为 10 分，同时，各指标项根据相关性的大小被赋予 1~3 倍的二级权重因子。指标项得分与二级权重因子的乘积作为各指标项的最终得分计入该指标大类得分。各指标大类得分与相应一级权重因子的乘积之和为最终的建筑性能达标率。图 2-10 是一个获得 DGNB 金奖认证的办公建筑实例的评分表，详细展示了 DGNB 的评分结构。其中，黄色栏为参评建筑对应指标项的得分；蓝色栏显示的是最高分值、权重因子等内置参数，为固定值；白色栏为 DGNB 评价体系自动计算的各层级加权得分及评价结果。

在 DGNB 评价体系第一个指标大类“生态质量”中的第一个指标项“全球变暖潜值”，控制的就是建筑全生命周期的 CO_2 排放量。DGNB 是世界上第一个提出完整建筑生命周期碳排放核算方法的评价体系。其使用的

CCM 算法[1]（Common Carbon Metrics）以建筑生命周期一次能源消耗产生的温室气体排放为研究对象，核算单位为 $kgCO_{2eq}$/（$m^2 \cdot yr$），目前已获得联合国环境规划署等多家国际机构的认可。DGNB 将建筑生命周期分为建材生产与建造、运行、维护与更新、拆除与重新利用 4 个阶段，分别计算各阶段的温室气体排放量。

Main Criteria Group	Criteria Group	No.	Criterion	Criterion Points		Weighting	Weighted Points		Fulfilment	Points Group		Fulfilment (Group)	Weighting (Group)	Total Fulfilment
				Achieved	Max. Possible		Achieved	Max. Possible		Achieved	Max. Possible			
Ecological Quality	Impacts on global and local environment	1	Global warming potential	10,0	10	3	30	30	100%	173,5	195	89%	22,5%	86,4 % Gold
		2	Ozone depletion potential	10,0	10	0,5	5	5	100%					
		3	Photochemical ozone creation potential	10,0	10	0,5	5	5	100%					
		4	Acidification potential	10,0	10	1	10	10	100%					
		5	Eutrophication potential	7,1	10	1	7,1	10	71%					
		6	Risks to the regional environment	8,2	10	3	24,6	30	82%					
		8	Other impacts on the global environment	10,0	10	1	10	10	100%					
		9	Microclimate	10,0	10	0,5	5	5	100%					
	Utilization of resources and waste arising	10	Non-renewable primary energy demands	10,0	10	3	30	30	100%					
		11	Total primary energy demands and proportion of renewable primary energy	8,4	10	2	17	20	84%					
		14	Potable water consumption and sewage generation	5,0	10	2	10	20	50%					
		15	Surface area usage	10,0	10	2	20	20	100%					
Economical Quality	Life cycle costs	16	Building-related life cycle costs	9,0	10	3	27	30	90%	47	50	94%	22,5%	
		17	Value stability	10,0	10	2	20	20	100%					
Socio-cultural and Functional Quality	Performance Health, comfort and user satisfaction	18	Thermal comfort in the winter	10,0	10	2	20	20	100%	251,1	280	90%	22,5%	
		19	Thermal comfort in the summer	10,0	10	3	30	30	100%					
		20	Indoor Hygiene	10,0	10	3	30	30	100%					
		21	Acoustical comfort	10,0	10	1	10	10	100%					
		22	Visual comfort	8,5	10	3	26	30	85%					
		23	Influences by users	6,7	10	2	13	20	67%					
		24	Roof design	9,0	10	1	9	10	90%					
		25	Safety and risks of failure	8,0	10	1	8	10	80%					
	Functionality	26	Barrier free accessibility	8,0	10	2	16	20	80%					
		27	Area efficiency	5,0	10	1	5	10	50%					
		28	Feasibility of conversion	7,1	10	2	14	20	71%					
		29	Accessibility	10,0	10	2	20	20	100%					
		30	Bicycle comfort	10,0	10	1	10	10	100%					
		31	Assurance of the quality of the design and for urban development for competition	10,0	10	3	30	30	100%					
		32	Art within Architecture	10,0	10	1	10	10	100%					
Technical Quality	Quality of the technical implementation	33	Fire protection	8,0	10	2	16	20	80%	74	100	74%	22,5%	
		34	Noise protection	5,0	10	2	10	20	50%					
		35	Energetic and moisture proofing quality of the building's Shell	7,7	10	2	15	20	77%					
		40	Ease of Cleaning and Maintenance of the Structure	7,1	10	2	14	20	71%					
		42	Ease of deconstruction, recycling and dismantling	9,2	10	2	18	20	92%					
Quality of the Process	Quality of the planning	43	Quality of the project's preparation	8,3	10	3	25	30	83%	188,6	230	82%	10,0%	
		44	Integrated planning	10,0	10	3	30	30	100%					
		45	Optimization and complexity of the approach to planning	8,6	10	3	26	30	86%					
		46	Evidence of sustainability considerations during bid invitation and awarding	10,0	10	2	20	20	100%					
		47	Establishment of preconditions for optimized use and operation	5,0	10	2	10	20	50%					
		48	Construction site, construction phase	7,7	10	2	15	20	77%					
		49	Quality of executing companies, pre-qualifications	5,0	10	2	10	20	50%					
	Quality of the construction activities	50	Quality assurance of the construction activities	10,0	10	3	30	30	100%					
		51	Systematic commissioning	7,5	10	3	23	30	75%					

Location: is presented separately, and is not included in the overall grade of the object

Main Criteria Group	Criteria Group	No.	Criterion	Achieved	Max. Possible	Weighting	Achieved	Max. Possible	Fulfilment	Achieved	Max. Possible	Fulfilment (Group)
Quality of the Location		56	Risks at the microlocation	7,0	10	2	14	20	70%	93,3	130	72%
		57	Circumstances at the microlocation	7,1	10	2	14,2	20	71%			
		58	Image and condition of the location and neighbourhood	1,0	10	2	2	20	10%			
		59	Connection to transportation	8,3	10	3	24,9	30	83%			
		60	Vicinity to usage-specific facilities	9,7	10	2	19,4	20	97%			
		61	Adjoining media, infrastructure development	9,4	10	2	18,8	20	94%			

图 2-10　DGNB“新建办公建筑 2008 版”评分表

（资料来源：*German Sustainable Building Certificate*）

1　SBCI U. Common carbon metric for measuring energy use and reporting greenhouse gas emissions from building operations[J]. United Nations Environment Programme, Sustainable Buildings and Climate Initiative, Paris. Available at: http://www. unep. org/sbci/pdfs/UNEPSBCICarbonMetric. pdf, 2009.

1）建材生产与建筑施工：涵盖原材料开采、建材生产与运输、建筑施工等过程中的碳排放。首先，根据德国工业标准DIN276将建筑物分解为主体结构、构件和装修等单元，统计各部分建材（KG300）及设备（KG400）数量清单[1]，基于环境影响数据库[2]，综合考虑建材损耗及运输等因素对碳排放的影响，计算各种建材、设备在其生产过程中的CO_{2eq}排放量（表2-13）。DGNB假定该阶段温室气体排放量的累积时间为100年，因此纳入最终生命周期碳排放结果的建材碳排放量为核算值的1/100。

德国工业标准DIN276-1施工部分中对建筑构成的分类　　表2-13

KG300	KG310	挖掘
	KG320	基础
	KG330	外墙
	KG340	内墙
	KG350	叠瓦屋顶
	KG360	屋顶
	KG370	建筑内部构件
	KG390	建筑施工、其他
KG400	KG410	污水、自来水和天然气系统
	KG420	供热系统
	KG430	通风系统
	KG440	高压电系统
	KG450	远程控制系统
	KG460	输送系统
	KG470	使用特定设备
	KG480	楼宇自动化
	KG490	其他技术设备

（资料来源：德国《可持续建筑导则》Leitfaden Nachhaltiges Bauen）

2）运行阶段：涵盖建筑采暖、制冷、通风和照明等建筑运行阶段能耗，运行参数依据德国规范EnEV2007（Energieeinsparverordnung 2007）。该阶段能耗核算过程中，应注意区分不同能源种类的碳排放影响，通过分别核

1　http://www.nachhaltigesbauen.de:> Baustoff- und Gebäudedaten >Nutzungsdauern von Bauteilen.

2　WECOBIS（Web-based Ecological Building Material Information System）数据库在线提供建筑产品健康和生态方面的信息，包括原材料选择、生产、加工、使用和再利用全生命周期的相关信息。Ökobau.dat是德国第一个针对建筑生态评价而开发的建材全球生态影响数据库。作为Zukunft Bau project 19项目的一部分，在德国建材工业的支持下，研究者已经收集了大量以XML格式存储的数据供生命周期核算工具调用。样式表（XML格式）目前大约记录有650种建材或生产运输过程的生态影响信息，每一个数据的录入还需注明数据源，例如参照单位、有效期和数据质量等。

算石油、煤、电、天然气和可再生能源的消耗量，根据各类能源相应的碳排放因子折算出运行阶段的碳排放水平。

3）维护与修缮：建筑运行期内，为保证正常使用功能而进行的必要维护、修缮与设备更换等过程。建材和设备的使用寿命和维护频率依据德国规范 VDI2067 和可持续建筑导则 LNB 的相关规定。通过对建材及设备更新数量的统计，对比相关碳排放因子数据库，可得到运行期内因建筑维护与修缮而产生的 CO_{2eq} 排放。

4）拆除与回收利用：当建筑寿命终止时，DGNB 对所有建材和设备分为回收利用和垃圾处理两类，通过与相应碳排放数据库的对比，可得到该阶段的 CO_{2eq} 排放数据。

2.2.2 权重系统

DGNB 采用了具有较高灵活性的两级权重系统：

一级权重：指标大类的权重因子根据不同的评价版本，即不同建筑类型而有所不同。以最早开发的评价标准——新建办公和行政建筑 2008 版——为例，除去单独评价的"基地质量"，其余 5 个指标大类的权重因子分别是 22.5%、22.5%、22.5%、22.5%、10%。

二级权重：DGNB 的每一个指标项都有自己独立的权重因子，1~3 倍。二级权重因子的设立表现出不同指标项之间的相对关系。例如，办公建筑"一次能源需求"的权重因子为 3，"声环境舒适度"的权重因子为 1，说明在对办公建筑可持续性的评估中，DGNB 认为建筑能耗表现比声环境舒适度更为重要。有时候根据具体参评项目，指标项的权重因子也可以设为 0。例如，在高速路桥梁的评估中，指标项"室内空气质量"的二级权重因子就为 0。

DGNB评价体系权重系统　　表2-14

指标项	指标总权重	指标二级权重	大类一级权重
生态质量			
1.1 全球和当地环境影响			22.5%
1.1.1 全球变暖潜值（GWP）	3.375%	3	
1.1.2 臭氧破坏潜值（ODP）	1.125%	1	
1.1.3 光化学反应潜值（POCP）	1.125%	1	
1.1.4 酸化潜值（AP）	1.125%	1	
1.1.5 富营养化潜值（EP）	1.125%	1	
1.1.6 当地环境风险	3.375%	3	
1.1.7 可持续木材	1.125%	1	

续表

指标项	指标总权重	指标二级权重	大类一级权重
1.2 资源需求			22.5%
1.2.1 一次能源需求（PEDNR）	3.375%	3	
1.2.2 可再生能源比重（PEtot）	2.250%	2	
1.2.3 水需求和废水处理	2.225%	2	
1.2.4 空间需求	2.225%	2	
经济质量			
2.1 生命周期成本			22.5%
2.1.1 建筑生命周期成本	13.500%	3	
2.2 性能			
2.2.1 价值稳定性	9.000%	2	
社会文化及功能质量			
3.1 建筑、舒适及用户满意度			22.5%
3.1.1 冬季热舒适度	1.607%	2	
3.1.2 夏季热舒适度	2.411%	3	
3.1.3 室内空气质量	2.411%	3	
3.1.4 声音舒适度	0.804%	1	
3.1.5 视觉舒适度	2.411%	3	
3.1.6 用户影响	1.607%	2	
3.1.7 屋面设计	0.804%	1	
3.1.8 安全和故障稳定性	0.804%	1	
3.2 功能			
3.2.1 无障碍设计	1.607%	2	
3.2.2 空间效率	0.804%	1	
3.2.3 功能可变性、适用性	1.607%	2	
3.2.4 公共可达性	1.607%	2	
3.2.5 使用自行车舒适性	0.804%	1	
3.3 确保设计质量			
3.3.1 设计与城市质量	2.411%	3	
3.3.2 建筑艺术	0.804%	1	
技术质量			
4.1 技术执行			22.5%
4.1.1 隔声	5.625%	2	
4.1.2 隔热和防止冷凝	5.625%	2	
4.1.3 清洁和维护	5.625%	2	
4.1.4 拆解、分离和再利用	5.625%	2	

续表

指标项	指标总权重	指标二级权重	大类一级权重
过程质量			
5.1管理与设计			10.0%
5.1.1 项目准备	1.429%	3	
5.1.2 整合设计	1.429%	3	
5.1.3 优化和复杂规划	1.429%	3	
5.1.4 投标中考虑可持续因素	0.952%	2	
5.1.5 最有使用和管理要求	0.952%	2	
5.2 建造			
5.2.1 建筑场地与建造过程	0.952%	2	
5.2.2 建造质量保证	1.429%	3	
5.3.3 控制调试	1.429%	3	
场地质量			
6.1 场地质量			0.0%
6.1.1 微环境风险	—	2	
6.1.2 微环境条件	—	2	
6.1.3 场地形象和特征	—	2	
6.1.4 公共交通联系	—	3	
6.1.5 附近市政服务设施	—	2	
6.1.6 城市基础设施	—	2	

（资料来源：FMT，BUD，Assessment System for Sustainable Building Administration Buildings）

独立权重系统使得DGNB既能够轻松满足不同建筑类型的个性化要求，也可以根据区域或社会的发展需要，灵活调整评价体系中各指标项的相对重要性。

2.2.3 评价流程

DGNB评价分为设计阶段预认证和施工完成后的正式认证两部分，专业评估师[1]需要协助业主完成从最初方案到施工建成的全评价流程。

首先，项目委托DGNB的评估师进行技术咨询，评估师根据项目特点，为业主、工程师、建筑师提供可持续建筑的相关建议，并明确列出设计目标。

其次，在DGNB官网上完成项目注册，网址：www.dgnb.de.

注册完成后，根据项目所在地选择不同的评估版本，如果没有项目所

1 要想成为DGNB的注册评估师，需参加DGNB或经DGNB认证的大学、商会等教育机构数周的培训课程。课程包括可持续建筑的介绍和完成DGNB评估的相关内容。DGNB官网提供“搜索”功能为业主找到合适的评估师。

在地的评估版本，则在国际版的基础上增加具有针对性的指标项。评估师向 DGNB 提交项目列表（Specification sheet）。项目列表包括与评价体系指标相关的所有数据，同时也是一份业主希望实现建筑性能目标的书面声明。DGNB 对提交的文件进行审核，符合认证要求的建筑获得预认证标识，同时应落实预认证的指标要求。

然后，在此基础上开始建筑设计及施工。评估师根据 DGNB 文档指南建立建筑规划及施工文档（表 2-15）。

指标项评价方法与文档编制时间　　表2-15

指标项	评价方法	文档编制时间
生态质量		
1.1 全球和当地环境影响		
1.1.1 全球变暖潜值（GWP）	连续评价	设计
1.1.2 臭氧破坏潜值（ODP）	连续评价	设计
1.1.3 光化学反应潜值（POCP）	连续评价	设计
1.1.4 酸化潜值（AP）	连续评价	设计
1.1.5 富营养化潜值（EP）	连续评价	设计
1.1.6 当地环境风险	阶段水平	招投标
1.1.7 可持续木材	阶段水平	招投标
1.2 资源需求		
1.2.1 一次能源需求（PE_{DNR}）	连续评价	设计
1.2.2 可再生能源比重（PEtot）	连续评价	设计
1.2.3 水需求和废水处理	连续评价	设计
1.2.4 空间需求	清单列表	项目开发
经济质量		
2.1 生命周期成本		
2.1.1 建筑生命周期成本	连续评价	设计
2.2 性能		
2.2.1 价值稳定性	连续评价	设计
社会文化及功能质量		
3.1 建筑、舒适及用户满意度		
3.1.1 冬季热舒适度	清单列表	设计
3.1.2 夏季热舒适度	清单列表	设计
3.1.3 室内空气质量	阶段水平	交付使用
3.1.4 声音舒适度	清单列表	设计

续表

指标项	评价方法	文档编制时间
3.1.5 视觉舒适度	清单列表	设计
3.1.6 用户影响	清单列表	设计
3.1.7 屋面设计	清单列表	设计
3.1.8 安全和故障稳定性	阶段水平	设计
	3.2 功能	
3.2.1 无障碍设计	阶段水平	设计
3.2.2 空间效率	清单列表	设计
3.2.3 功能可变性、适用性	清单列表	设计
3.2.4 公共可达性	清单列表	设计
3.2.5 使用自行车舒适性	清单列表	设计
	3.3 确保设计质量	
3.3.1 设计与城市质量	清单列表	设计
3.3.2 建筑艺术	清单列表	设计
	技术质量	
	4.1 技术执行	
4.1.1 隔声	阶段水平	设计
4.1.2 隔热和防止冷凝	清单列表	设计
4.1.3 清洁和维护	清单列表	设计
4.1.4 拆解、分离和再利用	连续评价	设计
	过程质量	
	5.1管理与设计	
5.1.1 项目准备	阶段水平	项目开发
5.1.2 整合设计	清单列表	设计
5.1.3 优化和复杂规划	清单列表	设计
5.1.4 投标中考虑可持续因素	清单列表	招投标
5.1.5 最有使用和管理要求	清单列表	竣工
	5.2 建造	
5.2.1 建筑场地与建造过程	清单列表	竣工
5.2.2 建造质量保证	清单列表	竣工
5.2.3 控制调试	阶段水平	交付使用
	基地质量	
	6.1 基地质量	
6.1.1 微环境风险	清单列表	项目开发

续表

指标项	评价方法	文档编制时间
6.1.2 微环境条件	清单列表	项目开发
6.1.3 场地形象和特征	清单列表	项目开发
6.1.4 公共交通联系	清单列表	项目开发
6.1.5 附近市政服务设施	清单列表	项目开发
6.1.6 城市基础设施	清单列表	项目开发

（资料来源：FMT，BUD，Assessment System for Sustainable Building Administration Buildings）

建筑建成后，审查人员评估建筑是否达到预认证要求，根据 DGNB 文档指南评估建筑完成度、数据真实性并采样。

最后，认证过程完整并满足认证要求的建筑根据指标完成度获得 DGNB 和 BMVBS 颁发的正式认证等级——金级、银级或铜级证书和徽章（图 2-11）。

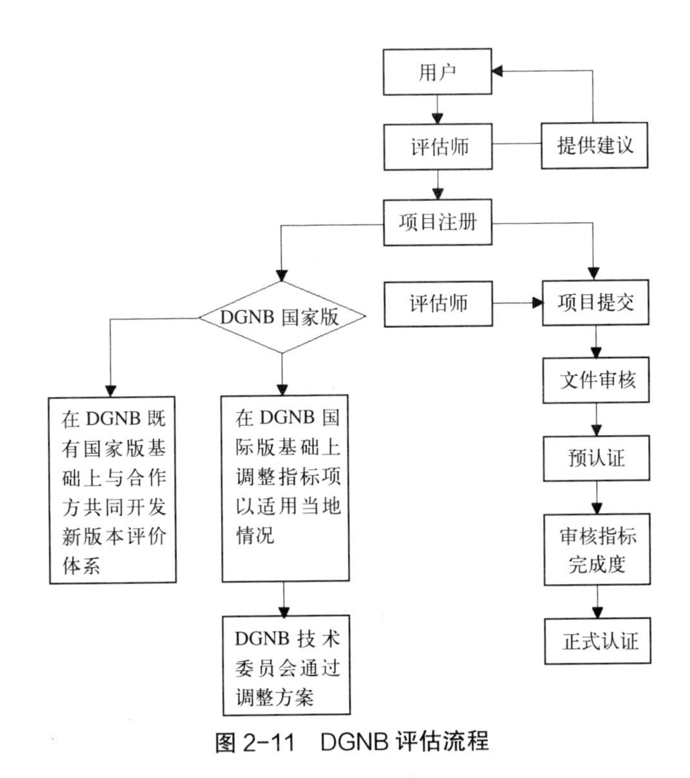

图 2-11　DGNB 评估流程

2.2.4　评价结果

DGNB 评价体系将建筑最终的性能水平划分为金、银、铜三个认证等级，评估指标得分率在 50% 以上的建筑获得铜级认证，65% 以上获得银级认证，89% 以上获得金级认证。同时，DGNB 还将指标得分率划分为五级：95% 为 1.0 级，80% 为 1.5 级，65% 为 2.0 级，50% 为 3.0 级，35% 为 4.0 级，20% 为 5.0 级（表 2-16）。建筑的评价结果通过 DGNB 评价软件自动生成，各指标大类和指标项得分情况通过罗盘图形式直观表达（图 2-12）。图中最外圈数字代表指标项编号，靠近圆心的绿色格子代表该指标项通过评估，靠近外圈的红色格子则表示没有通过。

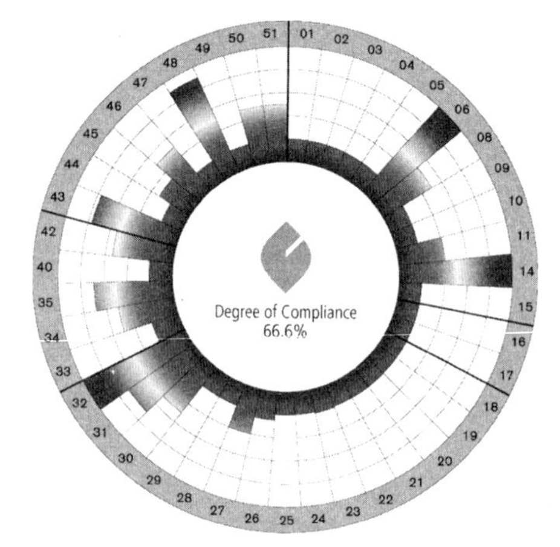

图 2-12　DGNB 评价结果输出（罗盘图）
（资料来源：FMT，BUD，Assessment System for Sustainable Building Administration Buildings）

DGNB评级标准　　表2-16

指标得分率	评级	认证等级
≥20%	5.0	
≥35%	4.0	
≥50%	3.0	铜级
≥65%		银级
≥80%	1.5	
≥89%		金级
≥95%	1.0	

（资料来源：FMT，BUD，Assessment System for Sustainable Building Administration Buildings）

2.2.5　DGNB 的启示

DGNB 是第二代可持续建筑评价体系，其评价视域超越常规的绿色建筑范畴，涵盖经济、生态、社会三个方面。DGNB 对我国低碳建筑评价今后的研究方向具有重要的借鉴意义。

1）建筑生命周期成本核算

DGNB 评价体系提出了建筑生命周期成本（Life Cycle Cost，LCC）

的动态核算方法，包括建造、运营和回收成本三部分。在评价初始阶段，DGNB 就可为参评建筑提供准确可靠的建造和运行成本分析，业主可直观了解如何通过提高建筑可持续性能而获得更多的经济回报。反观我国绿色建筑评价体系，标准中与经济效益相关的条款不足 6%，而且没有定量的数据分析。相比之下，我国绿色建筑评价体系本身缺乏对开发商的经济利益驱动，开发商难以单纯从提高建筑可持续性能角度出发参与绿色建筑市场的转型。

2）以性能评价为导向

DGNB 以业主和用户最为关注的建筑性能表现为核心，为评价体系中所有评价指标建立起明确的目标值和测算方法，通过庞大的数据库和软件支持，对建筑信息或计算结果进行认证评分。这种抛开简单措施判断的性能评价法，为设计师和业主达到性能目标提供了更广泛的途径。DGNB 这些性能导向的评价环节均是建立在德国和欧洲其他各国高水平、严格的工业质量评价体系基础之上，凭借完善的相关数据库和技术配套文件的支持完成的，我国绿色建筑评价研究的基础现状，还难以完全达到性能评价的要求。

3）建筑碳排放量化评价

DGNB 评价体系在世界上首次提出了可核算建筑全生命周期碳排放水平的 CCM 算法，并获得了广泛的国际认可。由于我国目前还没有统一的建筑碳排放核算方法及可靠的建筑环境影响数据库，因此，现阶段的《绿色建筑评价标准》还难以做到对建筑碳排放性能的全生命周期核算与评价。

4）提倡社会文化与健康

DGNB 评价体系专设“社会文化及功能质量”指标大类，将使用者的绿色行为与生活理念提升到与建筑绿色质量重要性相同的地位，以评价参评建筑对舒适、健康和社会文化的呼应。而我国绿色建筑评价体系的指标设置缺乏对这类问题的关注。

2.3 《建筑物综合环境性能评价体系》

2002 年，在日本国土交通省住宅局的支持下，由产、政、学人士组成的日本可持续建筑协会（Japan Sustainable Building Consortium，JSBC）研究开发了《建筑物综合环境性能评价体系》（Comprehensive Assessment System for Built Environmental Efficiency，CASBEE）。

自 2002 年发布第一个评价工具“办公建筑版本”至今，CASBEE 已建立起包括新建建筑、既有建筑在内 13 个版本的评价工具群（图 2-13）。

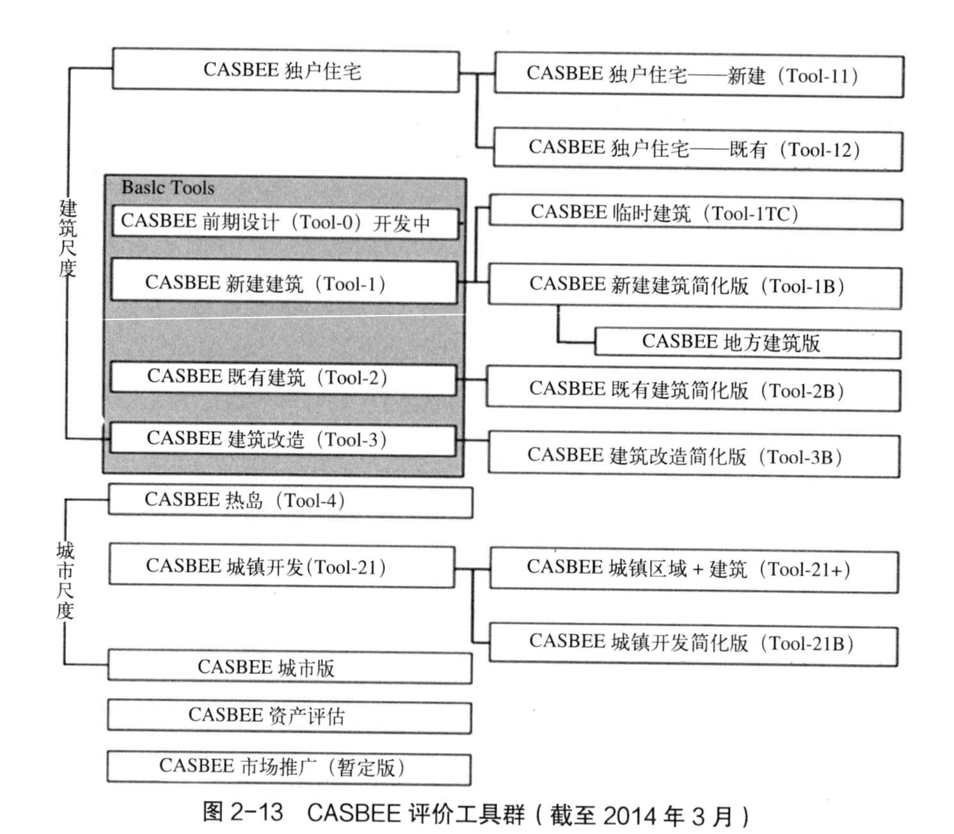

图 2-13　CASBEE 评价工具群（截至 2014 年 3 月）

CASBEE 评价工具群以前期设计（开发中）、新建建筑、既有建筑和建筑改造 4 个版本为核心，覆盖了前期、中期和后期的设计全流程以及规划、新建、运行和维护修缮的建筑生命周期阶段（图 2-14）。

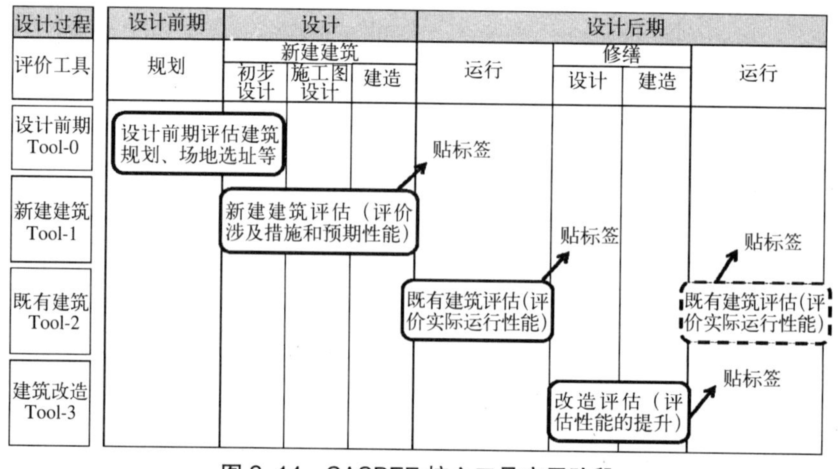

图 2-14　CASBEE 核心工具应用阶段

（资料来源：CASBEE for New Construction Technical Manual 2010）

作为第三代绿色建筑评价体系，CASBEE 最大的创新之处在于引入了“建筑环境效率”（Building Environment Efficiency，BEE）概念，即通过一个假想边界将内外空间相互关联的各个因素划分为“对假想边界外部公共区域的负面环境影响——建筑环境负荷”和“对假想边界内部建筑使用者生活舒适性的改善——建筑环境质量”两个方面，并对两者分别评价。

1）假想边界：建筑用地边界、建筑物最高点和建筑基础之间划定的空间（图 2-15）。

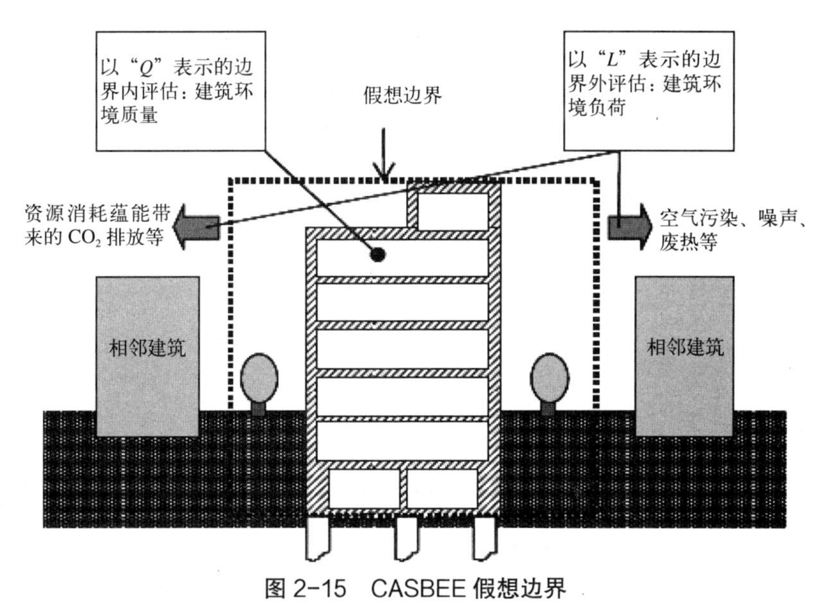

图 2-15 CASBEE 假想边界

（资料来源：CASBEE for New Construction Technical Manual 2010）

2）建筑环境质量（Building Environment Quality，Q）：评价假想边界内部私人空间使用者舒适性的改善。

3）建筑环境负荷（Building Environment Load，L）：评价建筑对假想边界外部公共空间的负面环境影响。

4）建筑环境效率（Building Environment Efficiency，BEE）：建筑环境质量和建筑环境负荷的比值，反映建筑环境输入和产出之间关系的计算指标。

$$\text{Built Environment Efficiency (BEE)} = \frac{Q\ \text{(Built Environment Quality)}}{L\ \text{(Built Environment Load)}} \quad \text{公式 2-3}$$

CASBEE 的评价视域涵盖能源效率、资源效率、当地环境和室内环境四个方面共 90 个指标项（新建建筑版本），归纳为分属环境质量和环境负荷的室内环境、服务质量、基地环境、能源、资源和材料、基地外环境 6 个指标大类。室内环境（Q1）、服务质量（Q2）、基地环境（Q3）属于建筑环境质量（BEE 分子 Q）；能源（L1）、资源和材料（L2）、基地外环境（L3）

属于建筑环境负荷（BEE分母L）。因此，通过CASBEE认证的“好建筑”可以描述为：具备舒适（Q1）、健康且能长期持续使用（Q2）的性能，珍惜能源与资源（L1、L2），努力减少建筑垃圾（L2），在地域环境中发挥良好作用的建筑（Q3、L3）（图2-16）。

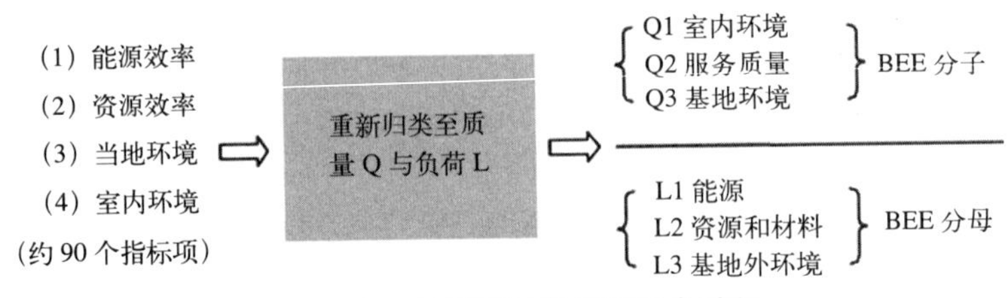

图2-16 CASBEE指标项归类过程

（资料来源：CASBEE for New Construction Technical Manual 2010）

采用BEE指标，使建筑环境效率的评价结果更为简洁。Q得分高、L得分低，则BEE值越大，表示该建筑的绿色性能水平越高。CASBEE根据参评建筑BEE值将认证分为C（Poor）、B^-（Slightly Poor）、B^+（Good）、A（Very Good）和S（Superior）5个等级。下面以“新建建筑2010版”为例介绍CASBEE的评估模型。

2.3.1 评价指标及分值构成

CASBEE的评价指标分为三个层次：6个指标大类、21个指标群和49个指标项（表2-17）。

CASBEE评价视域 **表2-17**

指标大类	指标群	指标项
Q1.室内环境	1.声环境	1.1 噪声
		1.2 隔声
		1.3 吸声
	2.热环境	2.1 室温控制
		2.2 湿度控制
		2.3 空调类型
	3.光环境	3.1 采光
		3.2 眩光
		3.3 照度
		3.4 照明控制
	4.空气质量	4.1 污染源控制
		4.2 通风
		4.3 运行管理

续表

指标大类	指标群	指标项
Q2.服务质量	1.功能性	1.1 功能性与可操作性
		1.2 舒适度
		1.3 维护管理
	2.耐用性与安全性	2.1 抗震性
		2.2 构件寿命
		2.3 安全性
	3.适应性与可更新能力	3.1 空间裕度
		3.2 荷载裕度
		3.3 设备可更新能力
Q3.基地环境	1.保护与营造生物环境	
	2.城镇景观	
	3.地域特征与室外舒适度	3.1 关注地域和性能改善
		3.2 改善基地热环境
LR1.能源	1.建筑热负荷	
	2.自然能源利用	
	3.建筑设备系统能效	
	4.运行效率	4.1 监测
		4.2 运行和管理系统
LR2.资源和材料	1.水资源	1.1 节水
		1.2 雨水和污水
	2.节约不可再生资源	2.1 节材
		2.2 现有主体结构再利用
		2.3 使用循环材料作为结构主体
		2.4 使用循环材料作为非结构主体
		2.5 可持续森林木材
		2.6 努力提高构件和材料的再利用率
	3.避免使用有害材料	3.1 使用无害材料
		3.2 避免使用氯氟烃和哈龙
LR3.基地外环境	1.全球变暖	
	2.地域环境	2.1 大气污染
		2.2 热岛效应
		2.3 当地基础设施负荷
	3.建筑周边环境	3.1 噪声、震动与恶臭
		3.2 风、沙与日照
		3.3 光污染

（资料来源：CASBEE for New Construction Technical Manual 2010）

CASBEE 新建建筑版本的评价对象包括除独户住宅以外的所有建筑类型。根据日本节能法，建筑被划分为住宅及其余八种建筑类型，大致可分为非居住和居住两类（表 2-18）。

CASBEE建筑类型　　表2-18

分类	建筑类型	包括的典型建筑
非居住	办公	办公建筑、政府建筑、图书馆、博物馆、邮局等
	学校	小学、初中、高中、大学、技校、高职和其他学校类型
	商业	独立商店、超市等
	餐饮	饭店、餐厅、咖啡馆等
	集会场所	礼堂、大厅、保龄球馆、体育馆、剧院、电影院等
	工厂	工厂、车库、仓库、看台、批发市场、电脑机房等
居住	医院	医院、老人院、残障人士收养中心
	旅馆	旅馆、客栈
	公寓	公寓（不包括独户住宅）

（资料来源：CASBEE for New Construction Technical Manual 2010）

CASBEE 对每个指标项采用 1~5 的强制打分，Level 3 为基准分，代表达到当时当地社会与技术条件的一般水平；Level 1 代表满足日本法律法规的最低要求；Level5 则代表最佳水平。建筑类型中属于居住建筑的医院、酒店和公寓建筑按使用方式包括居住和公共两种空间，CASBEE 在评价这 3 类建筑时，会给出两种评分标准，参评建筑对两种空间独立打分，最终结果根据面积比加权平均获得。

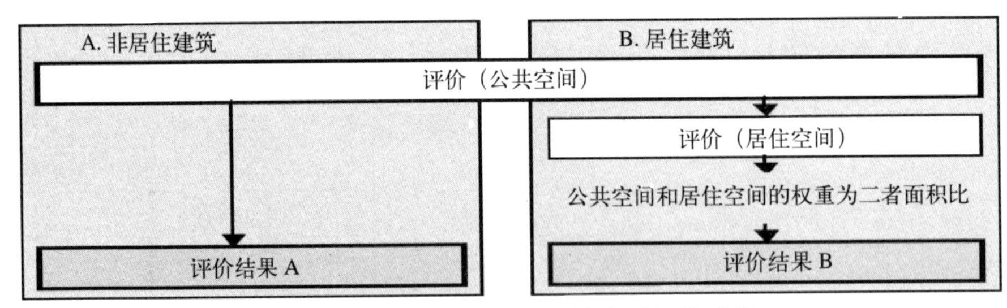

图 2-17　居住和非居住建筑类型评价过程

（资料来源：CASBEE for New Construction Technical Manual 2010）

最后，CASBEE 将各指标项得分加权求和得到 Q 和 LR 的分值[1]，通过公式 2-4 得到该参评建筑的 BEE 值。

1　为便于理解，建筑环境负荷 L 各指标项采用 LR（Built environment load reduction, LR.）的概念进行评分，即改善建筑环境负荷的程度。

$$\text{BEE}=\frac{Q\text{:Built environment quality}}{L\text{:Built environment load}}=\frac{25(SQ-1)}{25(5-SLR)}$$ 公式 2-4

2.3.2 $LCCO_2$ 评价

CASBEE 对于 $LCCO_2$（建筑生命周期 CO_2 排放量）的评价始于 CASBEE2008 版，核算建筑建造、运行、拆除和处置全生命周期的碳排放。2009 年，日本政府承诺到 2020 年比 1990 年 CO_2 减排 25% 的目标。至此，建筑领域的节能减排变得十分迫切。到了 2010 版（最新版），CASBEE 在其标准中提高了 $LCCO_2$ 评价基准，图 2-18 显示了 CASBEE 新建建筑 2008 版和 2010 版对 $LCCO_2$ 评价指标的打分差异。

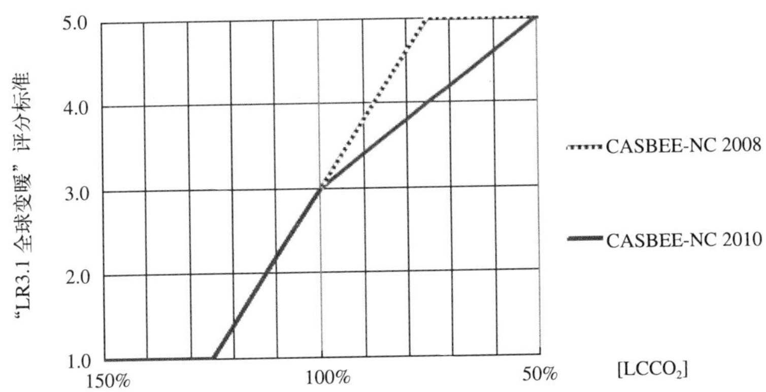

图 2-18 CASBEE-NC2008 版和 2010 版中 LR3.1 全球变暖（$LCCO_2$）指标项评分标准对比

（资料来源：CASBEE for New Construction Technical Manual 2010）

CASBEE 对 $LCCO_2$ 的评价被设置在 LR3（基地外环境）指标大类中的"全球变暖"指标项中(表 2-19)。参评建筑的 $LCCO_2$ 排放量与参照值相同时，得 3 分；$LCCO_2$ 超过参照值 25% 时，得 1 分；$LCCO_2$ 低于参照值的 75% 时，得 5 分。该指标项得分根据 $LCCO_2$ 排放率线性插值，得分保留小数点后一位。

LR3.1全球变暖评分标准 表2-19

全球变暖		
建筑类型	办公、学校、零售、餐馆、礼堂、医院、宾馆、工厂、公寓	
1~5级	Level1	$LCCO_2 \geq 125\%$
	Level3	$LCCO_2 = 100\%$
	Level5	$LCCO_2 \leq 75\%$
注：得分保留到0.1位		

（资料来源：CASBEE for New Construction Technical Manual 2010）

作为LR3.1“全球变暖”指标项的评价参数，$LCCO_2$核算步骤与结果主要分为四个部分：参照建筑建造、运行、维护和拆除阶段的$LCCO_2$排放值，即参照值；参评建筑采用建筑相关（如能效提升、环保材料和延长建筑寿命等）减碳措施后建造、运行、维护和拆除阶段的$LCCO_2$排放值；采用上述建筑相关和基地内（如基地内太阳能利用）减碳措施后的$LCCO_2$值；采用上述建筑相关、基地内和基地外（如绿色能源证书和碳交易）减碳措施后的$LCCO_2$值。这四部分核算结果显示在CASBEE的认证证书中，如图2-19所示。其中，基地内外减碳措施的核算结果不区分建筑生命周期的各个阶段。

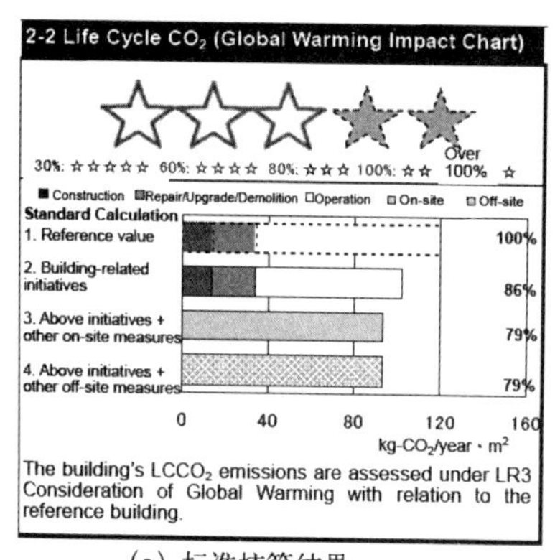

（a）标准核算结果

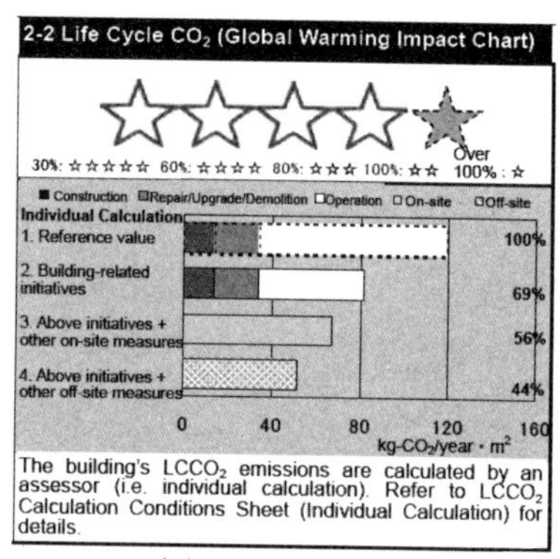

（b）独立核算结果

图2-19　$LCCO_2$标准核算和独立核算评价结果

（资料来源：CASBEE for New Construction Technical Manual 2010）

CASBEE为$LCCO_2$设计了两种核算方法，一是采用了近似计算的简化版“标准核算”（Standard Calculation）；二是细节丰富精度较高的“独立核算”（Individual Calculation）。由于通常情况下计算建筑生命周期碳排放的难度很大，为了方便不熟悉碳核算的参评者使用，CASBEE从2008版开始提供基于评价体系已输入数据的$LCCO_2$标准核算方法。同时，为了获得更高精度的$LCCO_2$评价值，参评者也可以选择CASBEE提供的独立核算方法，在这种核算模式下，参评者需要提供更多与碳减排相关的参数。

2.3.2.1　标准核算（Standard Calculation）

1）建筑相关减碳措施

$LCCO_2$的标准核算，以新建建筑版本为例，具体来说就是：首先为每一种建筑类型设定一个参照建筑，参照建筑须符合日本节能法规要求，且除了“LR1能源”外，所有指标大类达到Level3的水平；其次，将参照建筑、各种建材构件以及对应CASBEE指标项不同得分等级的$LCCO_2$排放值集成在CASBEE数据库中；最后，当用户运行CASBEE软件分析参评建筑的

$LCCO_2$ 情况时，只需要输入建筑类型、尺寸和其余指标项的得分，就可以得到大致的 $LCCO_2$ 计算结果。CASBEE 中的碳核算包括建筑建造、运行、维护和拆除三个阶段（图 2-20）。

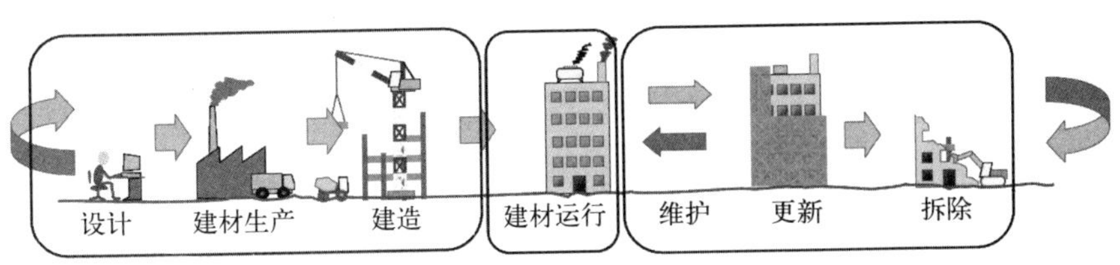

图 2-20　CASBEE 新建建筑 $LCCO_2$ 核算范围

（资料来源：CASBEE for New Construction Technical Manual 2010）

$LCCO_2$ 核算方法采用《建筑物的 LCA 指针》（AIJ-LCA LCW ver.4.04，日本建筑研究所）中提供的“建筑 LCA 指南”，并设定了如下前提条件：a）CO_2 排放系数（CO_2 emission units）是日本建筑研究所根据 1995 年工业投入产出表，按照《建筑物的 LCA 指针》方法计算得到的日本国内的参照值；b）建筑使用寿命假定：办公、医院、酒店、学校和礼堂为 60 年，零售店、餐馆和工厂为 30 年，公寓根据住宅性能指标体系的防爆等级设为 30、60 或 90 年；c）材料的使用寿命、维修率等参数按照《建筑物的 LCA 指针》设定；d）假定建筑拆除废料为 2000kg/m^2，运输距离为 30km 的公路运输，评估不考虑氯氟烃和哈龙。

（1）建造阶段：与建造阶段 $LCCO_2$ 核算相关的指标项为 LR2（资源和材料）大类中“2.2 既有主体结构再利用”和“2.3 使用循环材料作为结构主体”，体现在建材生产的碳排放核算中。CASBEE 对该部分 CO_2 的核算主要基于建筑结构主体类型和高炉水泥利用率等参数。表 2-20 和表 2-21 为 CASBEE 给出的结构工程中主要建材单位 CO_2 排放系数以及建筑平方米用量的统计值，用户在计算建材碳排放时可根据建筑类型和结构类型选择。

主要建材单位 CO_2 排放系数　　　　**表2-20**

普通混凝土	282.00 kgCO_2/m^3
高炉水泥混凝土	206.00 kgCO_2/m^3
钢结构	0.90 kgCO_2/m^3
钢筋	0.70 kgCO_2/m^3
模板	7.20 kgCO_2/m^3

（资料来源：CASBEE for New Construction Technical Manual 2010）

结构工程中主要建材用量的统计值　　表2-21

建筑类型	结构形式	混凝土 (m^3/m^2)	模板 (m^2/m^2)	钢筋 (t/m^2)	钢结构 (t/m^2)
公寓	型钢混凝土	0.75	1.0425	0.136	0.052
	钢筋混凝土	0.734	1.1075	0.1	0.012
	钢结构	0.323	0.165	0.019	0.048
办公楼	型钢混凝土	0.696	0.6675	0.078	0.1
	钢筋混凝土	0.772	1.05	0.103	0.038
	钢结构	0.567	0.4325	0.07	0.136
小学、初中、高中	型钢混凝土	0.958	0.9725	0.11	0.078
	钢筋混凝土	0.865	1.225	0.112	0.005
	钢结构	0.352	0.17	0.045	0.105
医疗机构和福利设施	型钢混凝土	0.812	0.8075	0.089	0.066
	钢筋混凝土	0.766	1.12	0.096	0.012
	钢结构	0.317	0.17	0.034	0.074
餐厅、零售店、奥特莱斯	型钢混凝土	0.307	0.4025	0.053	0.071
	钢筋混凝土	0.912	1.435	0.133	-
	钢结构	0.342	0.155	0.024	0.072
酒店和旅馆	型钢混凝土	0.816	1.04	0.093	0.084
	钢筋混凝土	0.999	1.195	0.111	0.004
	钢结构	0.436	0.3925	0.034	0.103
体育馆、报告厅和会议厅	型钢混凝土	0.862	1.0225	0.1	0.059
	钢筋混凝土	0.888	1.235	0.118	0.017
	钢结构	0.345	0.3625	0.04	0.139
仓库及物流	型钢混凝土	0.669	0.5575	0.08	0.077
	钢筋混凝土	0.77	0.7625	0.108	0.01
	钢结构	0.354	0.175	0.031	0.088

（资料来源：CASBEE for New Construction Technical Manual 2010）

（2）运行阶段：CASBEE 运行阶段 $LCCO_2$ 核算是标准核算中的重要部分，其是根据 LR1（能源）大类中 4 个二级指标的评价值进行核算的。前提条件设定如下：a）$LCCO_2$ 以 LR1（能源）大类中 4 个指标群层级的评价结果为核算基础；b）选择合适的电力 CO_2 排放因子，CASBEE2010 版评价软件提供最新的实际值或替代值，参评者也可以选择其他适当的排放系数；c）运营阶段 $LCCO_2$ 核算采用一次能源消费转化的 CO_2 排放量；d）建立除公寓[1]以外的不同建筑类型的一次能耗参照值，基于能量守恒定律，根据统计数据及能源比例转化成运行阶段 $LCCO_2$ 值。

首先，CASBEE 中估算了除公寓外不同建筑类型 CO_2 排放的参照值。参照值是基于大量建筑实例能耗及能源种类的统计数据，折算成一次能源消费后乘以相应的 CO_2 排放因子得到的单位建筑面积 CO_2 排放量。建筑能耗、能源类型统计数据以及计算中使用的 CO_2 排放因子如表 2-22、表 2-23 所示。

一次能源消耗统计数据 **表2-22**

建筑类型	样本数量	一次能源消费量	一次能源结构		
	2003	[MJ/(m^2 • yr)]	电力	燃气	其他
办公	558	1936	87%	11%	1%
学校	28	1209	87%	9%	3%
小学、初中、高中	—	367	50%	50%	0%
零售商店	20	3225	92%	7%	1%
餐厅	28	2923	89%	10%	1%
礼堂	188	2212	80%	14%	6%
工厂	—	330	100%	0%	0%
医院	45	2399	67%	15%	18%
酒店	50	2918	66%	19%	15%

（资料来源：2004 Building Energy Consumption Survey Report, The Building Energy Manager' s Association of Japan, March 2005.）

CASBEE参照建筑 $LCCO_2$ 核算中使用的能源类型 CO_2 排放因子 **表2-23**

类型	CO_2排放因子	
电力	转换值为9.76MJ/kWh	$kgCO_2/MJ$
燃气	0.0499	$kgCO_2/MJ$
煤油	0.0678	$kgCO_2/MJ$
A型重油	0.0693	$kgCO_2/MJ$
其他	0.0686	$kgCO_2/MJ$

（资料来源：CASBEE for New Construction Technical Manual 2010）

其次，计算参评建筑的 CO_2 排放量。核算思路为：假定参评建筑的

1　CASBEE-NC 公寓建筑运行阶段的 $LCCO_2$ 评价不同于其余建筑类型，公寓建筑 $LCCO_2$ 参照值与目标值的确定过程详见 CASBEE for New Construction Technical Manual（2010 Edition）P295~298，本文中不再赘述。

PAL 值（日本节能法规定的建筑性能标准）和 ERR 值（节能率）与参照建筑相同；统计参照建筑使用的 LR1 中每一种节能方式所降低的 CO_2 排放量。图 2-21 显示了从参照建筑一次能耗“A”开始，依次叠加 LR1 中 4 种二级指标减碳措施后，得到参评建筑的一次能耗“E”的过程，将“A”和“E”分别乘以相应能源种类的 CO_2 排放因子，即得到运行阶段 CO_2 参照值及参评建筑运行阶段的 CO_2 排放值。

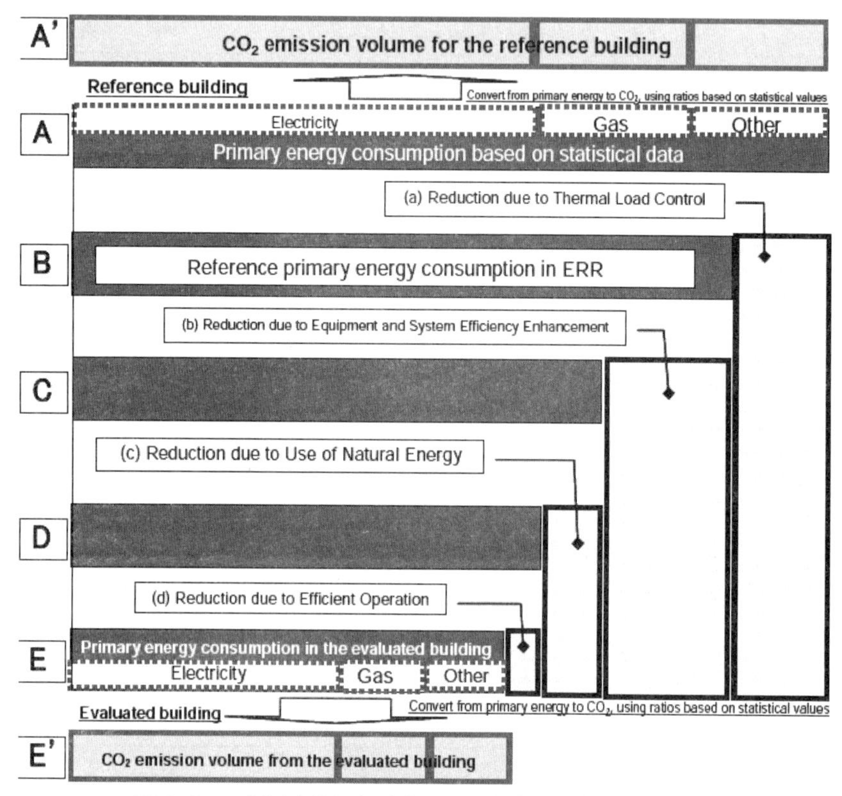

图 2-21　参评建筑运行阶段 CO_2 排放量计算方法示意图

（资料来源：CASBEE for New Construction Technical Manual 2010）

LR1 中 4 种二级指标减碳措施影响程度的计算方法如下：

a）建筑热负荷

根据参评建筑与参照建筑 PAL 值的差异，确定由于总热负荷降低减少的空调能耗，进而计算一次能耗的降低值。

b）建筑设备系统能效

采用 ERR 值计算建筑设备系统能效降低的一次能源消耗，公式如下：

$$E_{\text{建筑设备系统能效提高减少的一次能耗}} = ERR_{\text{参评建筑}} \times (E_{\text{参照建筑一次能耗}} - E_{\text{建筑热负荷降低减少的一次能耗}}) \qquad \text{公式 2-5}$$

c）自然能源利用

在ERR计算中扣除自然能源利用，如太阳能热水系统、太阳能电力系统、照明和日光照明系统等。

d）运行效率

在建筑热负荷、自然能源利用和建筑设备系统能效之后，加入运行效率参数评价参评建筑一次能耗。在保证正常运行的情况下，超出预期水平的能耗浪费会导致运行效率指标项得分的降低（表2-24）。

LR1.4 运行效率各级得分的修正 **表2-24**

指标等级	修正系数
Level1	1.000
Level2	1.000
Level3	1.000
Level4	0.975
Level5	0.950

（资料来源：CASBEE for New Construction Technical Manual 2010）

（3）维护和拆除阶段：与围护和拆除阶段 $LCCO_2$ 核算相关的指标项为延长建筑寿命，该减碳措施可以长效改善建筑的碳排放情况。然而，在 $LCCO_2$ 核算中很难精确评估建筑寿命的延长程度，因此CASBEE将所有非居住建筑 $LCCO_2$ 评价中的建筑寿命作为前提条件设为固定值。

此外，LR2（资源和材料）大类中“2.2现有主体结构再利用”、“2.3使用循环材料作为结构主体”和“2.4使用循环材料作为非结构主体”3个指标项也影响建筑 $LCCO_2$ 的核算。CABEE数据库中提供预先计算好的主体结构和高炉水泥新建率为100%的 $LCCO_2$ 参照值（表2-25，表2-26）。评估者根据参评建筑的使用率，基于数据库的参照值可以得到减碳效果的近似值。

建造阶段 CO_2 排放量[$kgCO_2$/（$yr·m^2$）] **表2-25**

建筑类型			钢/木结构	钢筋混凝土	型钢混凝土
办公楼			13.61	13.85	13.92
	LR2/2.2既有结构主体再利用	100%	6.54	6.67	6.57
	LR2/2.3循环材料（高炉水泥）	100%	12.71	12.60	12.81
学校			10.24	12.66	14.51
	LR2/2.2既有结构主体再利用	100%	5.45	5.48	5.48
	LR2/2.3循环材料（高炉水泥）	100%	9.68	11.28	12.98
零售店			16.13	24.24	16.74
	LR2/2.2既有结构主体再利用	100%	8.57	8.75	8.61
	LR2/2.3循环材料（高炉水泥）	100%	15.04	21.36	15.76

续表

建筑类型			钢/木结构	钢筋混凝土	型钢混凝土
餐厅			16.13	24.24	16.74
	LR2/2.2既有结构主体再利用	100%	8.57	8.75	8.61
	LR2/2.3循环材料（高炉水泥）	100%	15.04	21.36	15.76
礼堂			10.96	13.47	13.59
	LR2/2.2既有结构主体再利用	100%	5.61	5.72	5.64
	LR2/2.3循环材料（高炉水泥）	100%	10.41	12.03	12.22
工厂			18.18	22.71	23.15
	LR2/2.2既有结构主体再利用	100%	9.73	9.74	9.76
	LR2/2.3循环材料（高炉水泥）	100%	17.06	20.28	21.04
医院			10.39	13.24	14.18
	LR2/2.2既有结构主体再利用	100%	6.56	6.69	6.59
	LR2/2.3循环材料（高炉水泥）	100%	9.88	12.00	12.88
酒店			10.92	13.97	13.89
	LR2/2.2既有结构主体再利用	100%	5.81	5.92	5.83
	LR2/2.3循环材料（高炉水泥）	100%	10.23	12.35	12.58
公寓 3级			15.93	21.94	24.55
	LR2/2.2既有结构主体再利用	100%	9.55	9.37	9.30
	LR2/2.3循环材料（高炉水泥）	100%	14.88	19.61	22.19
公寓 4级			8.06	11.07	12.37
	LR2/2.2既有结构主体再利用	100%	4.88	4.78	4.75
	LR2/2.3循环材料（高炉水泥）	100%	7.54	9.91	11.19
公寓 5级			5.47	7.47	8.35
	LR2/2.2既有结构主体再利用	100%	3.35	3.28	3.26
	LR2/2.3循环材料（高炉水泥）	100%	5.12	6.70	7.56

（资料来源：CASBEE for New Construction Technical Manual 2010）

维护、改造、拆除阶段的CO_2排放因子[$kgCO_2$/（m^2.yr）] 表2-26

建筑类型		钢/木结构	钢筋混凝土	型钢混凝土
办公		20.23	20.67	20.39
学校		16.68	17.14	17.21
零售店		12.20	13.19	12.20
餐厅		12.20	13.19	12.20
礼堂		17.39	18.04	17.84
工厂		13.62	14.27	14.15
医院		20.24	20.89	20.71
酒店		18.11	18.80	18.48
公寓	3级	13.58	14.10	14.12
	4级	14.94	15.09	15.05
	5级	16.22	16.23	16.17

（资料来源：CASBEE for New Construction Technical Manual 2010）

2）基地内减碳措施

鉴于太阳能发电在低碳社会中扮演的重要作用，CASBEE 将基地内产生的太阳能纳入评价之中。在 $LCCO_2$ 标准核算中，太阳能的年发电量（kW·h）通过输入 CASBEE 软件的能源计算表，与排放系数相乘自动得到该部分的减碳量。

3）基地外减碳措施

购买绿色能源或进行碳交易被认为是应对气候变化的有效对策，因此在 CASBEE-NC2010 将这些措施带来的影响纳入 $LCCO_2$ 评价中。然而由于这些措施并不能说明建筑的环保性能，标准核算方法中并不计算这部分措施的减碳效果。采用标准核算的 CASBEE 输出结果中最后两项的 $LCCO_2$ 值相同。

2.3.2.2 独立核算（Individual Calculation）

当参评建筑需要更高精度的 $LCCO_2$ 值时，评估者可以选择独立核算方法。此时，评价者需要在 CASBEE 软件提供的独立核算界面中逐一输入计算条件和结果（图 2-22）。或者评估者可以将标准核算中的部分结果与独立核算混合使用，即采用标准核算所用的条件和结果，同时增加基地外减碳措施的独立核算结果。

独立核算所需的输入参数如下：

1）建筑基本信息（类型、尺寸、结构）；

2）建筑寿命；

3）施工阶段的 CO_2 排放量（核算结果）；

4）核算方法（如日本建筑研究所出版的《建筑物的 LCA 指针》）；

5）CO_2 排放因子的来源（如日本建筑研究所出版的《1995 年工业投入产出表》）；

6）CO_2 核算边界；

7）主要建材：普通混凝土（m^3/m^2）、高炉水泥混凝土（m^3/m^2）、钢架（t/m^2）、钢筋（t/m^2）等；

8）主要建材环境负荷：普通混凝土（$kgCO_2/m^3$）、高炉水泥混凝土（$kgCO_2/m^3$）、钢架（$kgCO_2/t$）、钢筋（$kgCO_2/t$）等；

9）主要再生材料及用量：高炉水泥（结构）、现有框架材料（结构）、电炉钢（钢筋）、电炉钢（其他用途）等；

10）维护、更新和拆除阶段的 CO_2 排放量（核算结果）；

11）维护频率（yr）（室内、室外、设备系统）；

12）平均维修率（%/yr）（室内、室外、设备系统）；

13）拆除阶段 CO_2 排放量的核算方法（如拆除废料的运输距离等）；

14）运行阶段的 CO_2 排放量（核算结果）:（1）参照值，（2）建筑相关的减碳措施，（3）上述 + 其他基地内减碳措施，（4）上述 + 其他基地外减碳措施；

15）一次能耗核算方法；

16）能源类型的 CO_2 排放因子（电力、天然气和其他能源）；

17）其他。

Item		Reference Value (Standard Building)	Subject	Note
Building Overview	Building type	Office.	Office.	
	Total floor area	15,000m^2	15,000m^2	
	Structure	RC	RC	
Life Cycle	Estimated service life			
Construction Stage	CO_2 emissions	30.00	30.00	$kg\text{-}CO_2/yr\text{-}m^2$
	Embodied CO_2 calculation method			
	Reference for CO_2 emission unit			
	Boundary			
	Main Materials			
	Regular concrete	XX	〃	m^3/m^2
	Blast furnace cement concrete	XX	〃	m^3/m^2
	Steel frame	XX	〃	t/m^2
	Steel frame (electric furnace)	XX	〃	t/m^2
	Steel reinforcement	XX	〃	t/m^2
	XX	XX	〃	t/m^2
	XX	XX	〃	kg/m^2
	Environmental Load of Main Materials			
	Regular concrete	XX	〃	$kg\text{-}CO_2/m^3$
	Blast furnace cement concrete	XX	〃	$kg\text{-}CO_2/m^3$
	Steel frame	XX	〃	$kg\text{-}CO^2/kg$
	Steel frame (electric furnace)	XX	〃	$kg\text{-}CO^2/kg$
	Steel reinforcement	XX	〃	$kg\text{-}CO^2/kg$
	Wood	XX	〃	$kg\text{-}CO_2/yr\text{-}m^2$
	XX	XX	〃	$kg\text{-}CO^2/kg$
	Main Recycled Materials and Usage			
	Blast furnace cement (structural use)	XX	XX	
	Existing skeleton materials (structural use)	XX	XX	
	Electric furnace steel (reinforcement)	XX	XX	
	Electric furnace steel (other use)	XX	XX	
Maintenance & Demolition Stage	CO_2 emissions	10.00	10.00	$kg\text{-}CO_2/yr\text{-}m^2$
	Maintenance period (yr)			
	Exterior			
	Interior			
	Service system			
	Average repair rate (%/yr)			
	Exterior			
	Interior			
	Service system			
	Calculation method for demolition-related CO2 emissions			

图 2-22　$LCCO_2$ 独立核算参数输入表（部分）

（资料来源：CASBEE for New Construction Technical Manual 2010）

当评估者基于详细数据计算高精度的 $LCCO_2$ 时，可以采用独立计算方法。独立计算采用公开的 LCA 方法。评估者必须提供计算过程的详细描述，例如采用的方法和假设条件。2006 年日本建筑研究所出版了《LCA 方法应用实例》和《LCA 指导手册》。同时，计算过程的描述文件通过 CASBEE 评价软件提供的 $LCCO_2$ 计算假设表提交。

2.3.3 权重系统

CASBEE-NC2010 版中的权重因子沿用了 2006 版的分配方案。权重的确定不能仅依靠科学知识，还应平衡各方利益主体，如设计师、建筑业主、管理者和相关政府部门等。CASBEE2006 经过广泛的问卷调查，在回收的 254 份结果中采用 AHP 法分析并针对不同用途制定了不同的权重体系。CASBEE-NC2010 指标大类层级权重分配方案如表 2-27 所示。

CASBEE-NC2010指标大类权重因子　　表2-27

指标大类	非工厂	工厂
Q1室内环境	0.40	0.30
Q2服务质量	0.30	0.30
Q3基地环境	0.30	0.40
LR1能源	0.40	
LR2资源和材料	0.30	
LR3基地外环境	0.30	

（资料来源：CASBEE for New Construction Technical Manual 2010）

2.3.4 评价流程

CASBEE 根据设计全流程开发了前期设计工具（CASBEE for Pre-design）、新建建筑工具（CASBEE for New Construction）、既有建筑工具（CASBEE for Existing Building）和改造工具（CASBEE for Renovation）4 个评价工具。前期设计工具仍处于开发阶段，旨在项目前期，未进行规划设计之前，为客户或设计人员提供关于基地选址、地质诊断或环境影响评价的技术支持。新建建筑工具为建筑设计师提供一种比较简练的建筑环境效率自评工具。既有建筑工具是在建筑建成后，对其绿色等级进行评价，有利于市场对建筑物进行资产评估。业主可以使用该工具作为建筑中长期管理计划的自评工具，同时既有建筑工具可作为标签工具，在建筑竣工时由第三方进行预认证和预贴标签，建筑运行一年之后，根据实际运行情况进行正式认证和贴标签，标签的有效期为 5 年。改造工具着眼于日趋重要的能源服务公司的业务开展和建筑更新改造活动，该工具可以为建筑运行期监测、性能检验和改进设计提供咨询。下面以 CASBEE-NC 为例介绍自评过程。

CASBEE-NC2010 提供软件的电子表格界面，用户可以将各种评价结果以简单的数据形式输入并得到自动计算的结果输出。CASBEE-NC2010 分为输入、输出和隐含三部分（图 2-23）。输入部分包括主界面、评分录入表 2 个主要模块，以及能源核算表、排放因子表、详细记录表 3 个附属模块；输出部分包括 $LCCO_2$ 核算表、评分表和评价结果表 3 个主要模块，以及 $LCCO_2$ 核算条件表 1 个附属模块；隐含部分包括权重因子表和 CO_2 数据库。通过在主界面对建筑基本信息和评分录入表对各指标项得分的录入等，CASBEE 软件可自动输出建筑的综合评价结果。

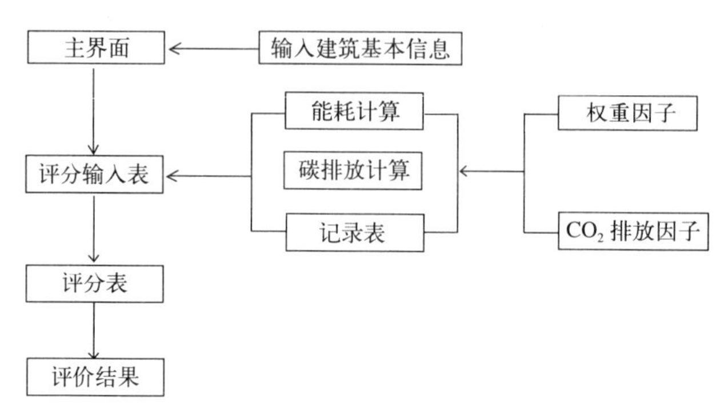

图 2-23　CASBEE-NC2010 自评价过程

2.3.5　评价结果

CASBEE-NC2010 的结果输出包括建筑基本信息、CASBEE 评价结果和设计考量三部分（图 2-24，表 2-28）。其中，评价结果包括 BEE 红星等级、$LCCO_2$ 绿星等级、总评价结果雷达图和指标评价结果柱状图四部分。

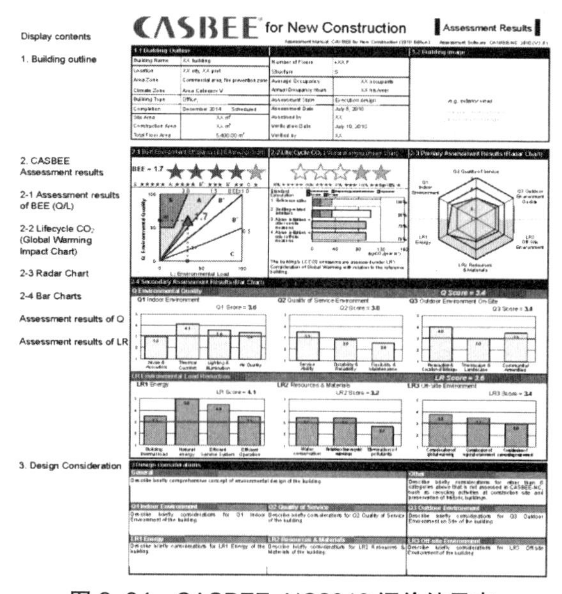

图 2-24　CASBEE-NC2010 评价结果表

（资料来源：CASBEE for New Construction Technical Manual 2010）

CASBEE-NC2010评价结果表内容　　表2-28

项目	内容
1.建筑基本信息	参评建筑的描述
2.CASBEE评价结果	评价结果图示
2.1 BEE建筑环境效率	BEE斜率图以及红星等级
2.2 $LCCO_2$全球变暖影响	参照建筑和参评建筑的$LCCO_2$以及绿星等级
2.3 雷达图	各指标大类的评价结果
2.4 柱状图	各指标项的评价结果
建筑环境质量Q评价结果	
建筑环境负荷L评价结果	
3.设计考量	设计师对环保因素的设计考量

（资料来源：CASBEE for New Construction Technical Manual 2010）

1）BEE 建筑环境效率

CASBEE 采用公式 2-4 将建筑环境质量 Q 和建筑环境负荷 LR 的得分转换成百分制的效率百分比 BEE，根据 BEE 所在的斜率区间，将建筑环境性能等级分为 C（劣）、B^-（一般）、B^+（好）、A（优）、S（特优）5 个等级（表 2-29）。评价结果表中的红星等级如图 2-25 所示。

CASBEE-NC2010版BEE等级划分　　表2-29

等级	评价	BEE值	表达
S	特优	BEE≥3.0且Q≥50	★★★★★
A	很好	BEE=1.5~3.0；BEE≥3.0且Q<50	★★★★
B^+	好	BEE=1.0~1.5	★★★
B^-	一般	BEE=0.5~1.0	★★
C	劣	BEE<0.5	★

（资料来源：CASBEE for New Construction Technical Manual 2010）

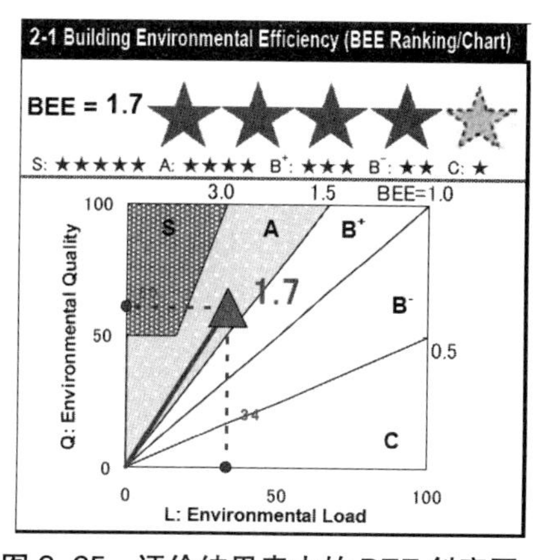

图 2-25　评价结果表中的 BEE 斜率图

（资料来源：CASBEE for New Construction Technical Manual 2010）

2）$LCCO_2$ 全球变暖影响

CASBEE-NC2010 中 $LCCO_2$ 性能以柱状图和 1~5 绿星等级的形式明确表达在评价结果表中，与 BEE 的红星等级并列显示。$LCCO_2$ 评价结果在柱状图中分为 4 部分显示：参照建筑的 $LCCO_2$ 值；叠加建筑减碳措施的参评建筑 $LCCO_2$ 值；叠加上述 + 基地内减碳措施的参评建筑 $LCCO_2$ 值；叠加上述 + 基地外减碳措施的参评建筑 $LCCO_2$ 值。其中，CASBEE 规定参照建筑的 $LCCO_2$ 为基准值 100%。在标准核算方法中，第 3 项和第 4 项的 $LCCO_2$ 数值相等；在独立核算方法中，两者数值的差异根据具体核算结果显示在柱状图中。此外，由于 $LCCO_2$ 的核算结果决定了 LR3.1 的指标项评分，进而影响 BEE 和 CASBEE 的最终评价结果。因此，为了维持评价的一致性，LR3.1 的指标项评分只采用 $LCCO_2$ 的标准核算结果。评价结果表中的绿星等级如图 2-26 所示。

CASBEE-NC2010版$LCCO_2$等级划分　　表2-30

等级	BEE值	表达
5星	$LCCO_2$＜30%（建筑运行期零能耗）	★★★★★
4星	$LCCO_2$＜60%（建筑运行期节能50%）	★★★★
3星	$LCCO_2$＜80%（建筑运行期节能30%）	★★★
2星	$LCCO_2$＜100%（满足现行能效标准）	★★
1星	$LCCO_2$ ≥ 100%（非节能建筑）	★

（资料来源：CASBEE for New Construction Technical Manual 2010）

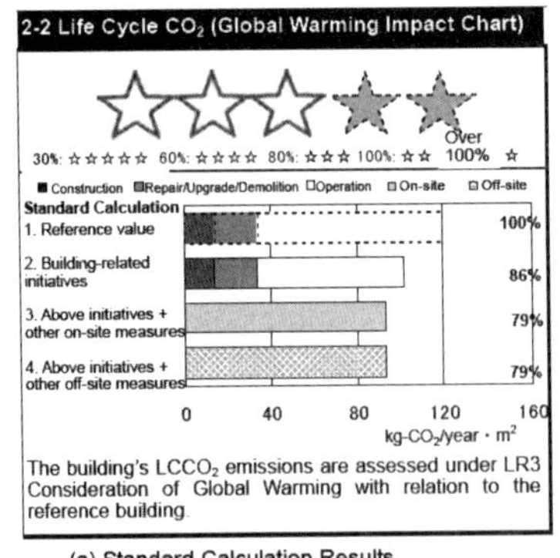

(a) Standard Calculation Results

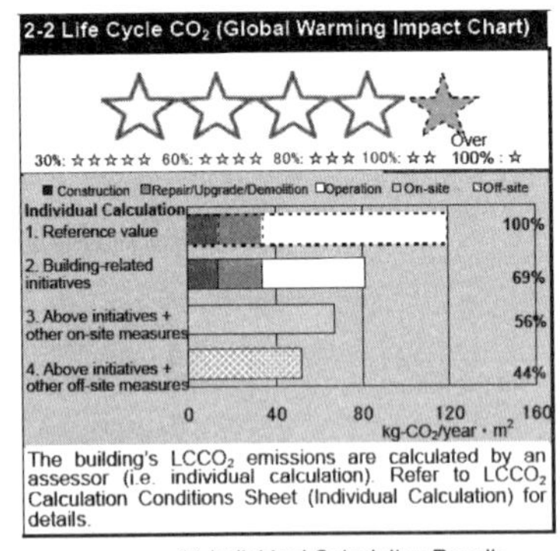

(b) Individual Calculation Results

图 2-26　评价结果表中的 $LCCO_2$ 柱状图

（资料来源：CASBEE for New Construction Technical Manual 2010）

3）雷达图

CASBEE-NC2010 Q1~LR3 六个指标大类的得分统一显示在一张雷达图中（图 2-27），参评建筑各大类性能表现一目了然。

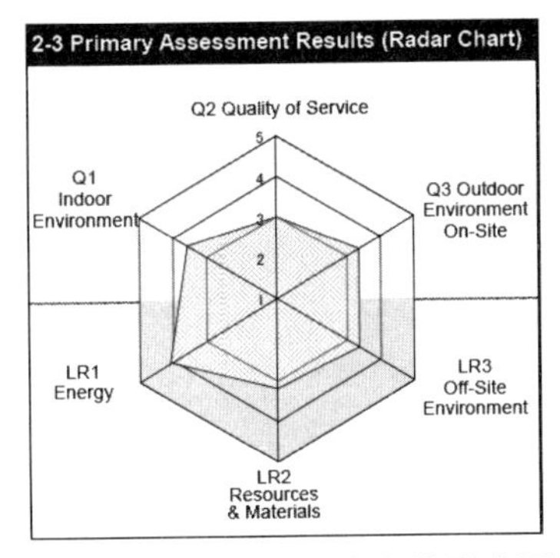

图 2-27　评价结果表中的雷达图

（资料来源：CASBEE for New Construction Technical Manual 2010）

4）柱状图

CASBEE-NC2010 各指标大类（室内环境、服务质量、基地环境、能源、资源和材料、基地外环境）及指标群得分详细显示在柱状图中（图 2-28）。

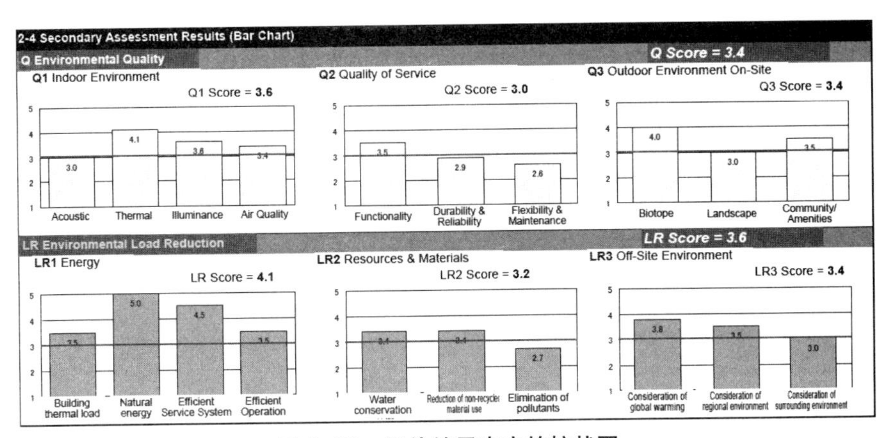

图 2-28　评价结果表中的柱状图

（资料来源：CASBEE for New Construction Technical Manual 2010）

2.3.6　CASBEE 的启示

CASBEE 作为第三代绿色建筑评价体系的典型代表，自身具有很多创新之处，对我国绿色建筑评价体系的完善具有很重要的借鉴意义。

1）假想边界

以往的绿色建筑评价体系多是把全球和区域环境综合在一个评价范围内，对于单体建筑来说，评价范围过于宽泛，难以控制。CASBEE 提出了以用地边界和建筑最高点之间的围合区域作为假想封闭空间，根据开发商、业主、规划师和建筑师对边界内外控制性的强弱，分别进行评价。

2）建筑环境效率

CASBEE 将环境质量和环境负荷两类相互制约的指标分别评价，解决了两者指标互偿的问题，同时明确了绿色建筑不光注重削减建筑的环境负荷，也应该为使用者提供更为优质的建筑空间和生活品质。

3）生命周期评价

CASBEE 将生命周期理念贯穿在整个评价体系开发中。在评价工具层面，CASBEE 根据建筑生命周期阶段开发了 4 个核心工具，包括设计前期、新建建筑、既有建筑和建筑改造工具；在指标性能评价层面，CASBEE 对建筑碳排放评价涉及建筑建造、运行、维护和拆除全生命周期，每个阶段都给出了详细的核算方法和评价依据。

4）可操作性强

CASBEE 的评分标准设定明确，并且提供输入简便的计算机评价软件，降低了评价工作的难度。用户只需要在软件内输入参评建筑的各项基本信息，软件就可以自动生成评价结果；对于 $LCCO_2$ 这类计算复杂的指标项，CASBEE 还提供基于统计数据的标准核算方法，这些都从根本上避免了 CASBEE 复杂评价流程可能造成的弊端。同时，CASBEE 在评价工具的基础版本之上还提供用于自评估的简化版，有效地促进了设计前期阶段对建筑环境性能的改善。

2.4 《中国绿色低碳住区技术评估手册》

2001 年，中华全国工商联房地产商会联合清华大学等多家单位共同编写推出了《中国生态住宅技术评估手册》，这是我国第一部建筑环境性能综合评价体系。该评价体系从开发伊始就借鉴了 LEED 的体系框架，历经四次改版，评价对象从最初的“生态住宅”（2001 版、2002 版、2003 版）扩展到“生态住区”（2007 版），第五版（2011 版）中又在生态住区评价的基础上增加了“低碳住区评价”，并更名为《中国绿色低碳住区技术评估手册》，这是我国第一个系统提出的减碳技术评估框架体系。

《低碳住区手册》分为三篇，分别是第一篇“绿色生态住区评价体系”、第二篇“绿色低碳住区减碳评价”、第三篇“绿色低碳住区评价技术指南”。第一篇基于旧版的评价体系，将原评价体系中涉及运行管理阶段的技术措施单列成类，体系框架扩展为住区规划与环境等六大类指标（表 2-31）。第二篇首先提出了低碳住区的 14 个技术要点，并在此基础上挑选目前可以量化的技术措施提出了 5 个减碳指标及其碳排放计算方法。第三篇包括低碳住区的评价方法、指标评价要点与技术措施。

2.4.1 评价指标及分值构成

该指标体系将社区评价分为两部分：一是绿色生态评价；二是减碳量化评价。首先以第一篇“绿色生态住区评价体系”为标准对参评社区进行绿色生态评价，包括6个指标大类55个指标项；其次，对通过绿色生态评价的参评建筑进行第二篇“绿色低碳住区减碳评价”，包括5个可以量化的减碳指标，根据参评住区每年“每平方米的综合减碳核算结果”确定低碳住区的认证等级。

2.4.1.1 绿色生态住区评价

绿色生态住区评价指标体系分为指标大类、性能项和指标项3级层次结构（表2-31）。其中，三级指标项又分为必备条件、规划设计阶段评估指标和验收阶段评估指标3类。必备条件旨在对参评项目是否满足国家法规、标准和规范要求，以及是否符合生态住区基本要求进行审核，不符合必备条件中的任何一条都会失去参评资格。参评建筑在满足必备条件之后，按照规划设计阶段和验收阶段评估指标分别评价。规划设计阶段和验收阶段以评价体系的6个指标大类为基础，各阶段每个指标大类为100分，总分600分，两个阶段总分合计1200分。

《中国绿色低碳住区技术评估手册》绿色生态住区评价体系　　表2-31

<table>
<tr><th rowspan="2">指标大类</th><th rowspan="2" colspan="2">性能项</th><th colspan="7">指标项</th></tr>
<tr><th>必选项项数</th><th>规划设计阶段项数</th><th>分值</th><th>总分</th><th>验收阶段项数</th><th>分值</th><th>总分</th></tr>
<tr><td rowspan="12">住区规划与住区环境</td><td rowspan="6">住区选址和规划</td><td>保护自然资源和自然环境</td><td>2</td><td>4</td><td>8</td><td rowspan="12">100</td><td>4</td><td>10</td><td rowspan="12">100</td></tr>
<tr><td>保护人文环境</td><td>2</td><td>1</td><td>2</td><td>1</td><td>3</td></tr>
<tr><td>选址远离污染源且优先选择在开发用地</td><td>1</td><td>2</td><td>2</td><td>0</td><td>0</td></tr>
<tr><td>合理提高土地利用率</td><td>1</td><td>2</td><td>5</td><td>2</td><td>8</td></tr>
<tr><td>规划有利于减灾、防灾</td><td>1</td><td>3</td><td>5</td><td>1</td><td>3</td></tr>
<tr><td>规划有利于施工</td><td>0</td><td>2</td><td>4</td><td>2</td><td>6</td></tr>
<tr><td colspan="2">住区交通</td><td>1</td><td>7</td><td>14</td><td>5</td><td>15</td></tr>
<tr><td colspan="2">住区绿化</td><td>1</td><td>6</td><td>15</td><td>5</td><td>15</td></tr>
<tr><td colspan="2">住区空气质量</td><td>1</td><td>3</td><td>8</td><td>2</td><td>6</td></tr>
<tr><td colspan="2">住区声环境</td><td>1</td><td>3</td><td>8</td><td>2</td><td>6</td></tr>
<tr><td colspan="2">住区日照与光环境</td><td>1</td><td>3</td><td>9</td><td>2</td><td>6</td></tr>
<tr><td colspan="2">住区微环境</td><td>0</td><td>7</td><td>20</td><td>5</td><td>22</td></tr>
</table>

续表

指标大类	性能项		指标项						
			必选项项数	规划设计阶段项数	分值	总分	验收阶段项数	分值	总分
能源与环境	建筑主体节能		2	2	32	100	0	0	100
	常规能源系统优化利用	冷热源和能量转换系统	2	2	12		0	0	
		能源输配系统	2	2	6		0	0	
		照明系统	0	2	5		0	0	
		热水供应系统	1	2	5		0	0	
		常规能源系统优化利用验收评估	0	0	0		1	60	
	可再生能源利用		0	1	30		1	30	
	能耗对环境的影响		4	2	10		2	10	
室内环境质量	室内空气质量	室内通风及空调系统	6	6	25	100	6	17	100
		室内空气质量客观评价	0	0	0		2	8	
	室内热环境	严寒和寒冷地区	5	6	25		5	25	
		夏热冬冷地区和夏热冬暖地区北区	4	6	25		5	25	
		夏热冬暖地区南区	2	4	25		4	25	
	室内光环境	室内日照与采光	4	4	17		4	17	
		室内照明	2	1	3		1	3	
	室内声环境	合理的平面布局	0	2	8		0	0	
		优化建筑隔声性能	0	2	10		5	20	
		机械、卫生设备及上下水管降噪	0	6	12		1	10	
		室内允许噪声级达标	1	0	0		0	0	
住区水环境	用水规划	水量平衡	3	6	20	100	2	5	100
		节水率指标		1	10		1	15	
	给水排水系统	给水系统	1	4	6		3	6	
		排水系统		3	4		2	4	
	再生水利用与污水处理	再生水利用系统	4	5	10		4	10	
		污水处理系统		3	10		2	10	
		再生水利用率指标		1	5		1	5	
	雨水利用	雨水直接利用	1	4	6		4	8	
		雨水间接利用		4	4		4	7	

续表

指标大类	性能项		指标项						
			必选项项数	规划设计阶段项数	分值	总分	验收阶段项数	分值	总分
住区水环境	绿化水景用水	绿化用水	1	3	7	100	3	7	100
		水景用水		4	8		5	8	
	节水器具与设备		3	4	10		4	15	
材料与资源	使用绿色建材		2	4	30	100	4	30	100
	就地取材		0	1	10		1	10	
	资源再利用	旧建筑物的改造利用	0	1	2		1	2	
		旧建筑材料的利用	0	1	3		1	3	
		固体废弃物的处理	0	1	5		1	5	
	住宅室内装修		2	3	20		3	20	
	垃圾处理		0	4	30		5	30	
运营管理	节能管理		0	4	30	100	6	30	100
	节水管理		0	4	25		5	25	
	绿化管理		0	1	15		3	15	
	垃圾管理		0	2	15		3	15	
	智能化管理系统		0	3	15		4	15	

2.4.1.2 绿色低碳住区减碳评价

绿色低碳住区减碳评价的 5 个定量指标项分别是：建筑节能及相应的 CO_2 减排量、住区节水及相应的 CO_2 减排量、住区绿化系统对 CO_2 的固定量、低碳交通及对应的 CO_2 减排量、低碳建材及对应的 CO_2 减排量。计算公式[1]如下：

1）建筑节能及相应的 CO_2 减排量

严寒和寒冷地区：

$$P_{ec}=278\cdot[\gamma(Q_h+Q_{hw})\omega_{c,煤}+(\eta(Q_h+Q_{hw})+\frac{Q_c}{COP_c})+Q_{hw}\omega_{c,j}] \quad 公式 2-6$$

其他地区：

$$P_{ec}=278\cdot[(\frac{Q_h}{COP_h}+\frac{Q_c}{COP_c})\omega_{c,j}+Q_{hw}\omega_{c,j}] \quad 公式 2-7$$

1 聂梅生，秦佑国，江亿．中国绿色低碳住区技术评估手册 [M]. 北京：中国建筑工业出版社，2011.

式中，Q_h 为参评建筑的单位年采暖能耗；Q_c 为参评建筑的单位年制冷能耗；Q_{hw} 为参评建筑的单位年生活热水能耗；COP_c 为暖通空调制冷能效比；COP_h 为暖通空调采暖能效比；$\omega_{c,j}$ 为不同能源类型的 CO_2 排放因子。

2）住区节水及相应的 CO_2 减排量

$$P_{cw}=[W_1Q_1+(W_2+C_2)Q_2+(W_3+C_3)Q_3]/A \qquad \text{公式 2-8}$$

式中，W_1 为供水系统的 CO_2 排放因子；W_2 为污水处理系统的 CO_2 排放因子；C_2 为污水碳源的 CO_2 排放因子；W_3 为污水处理站的 CO_2 排放因子；C_3 为污水处理站碳源的 CO_2 排放因子；Q_1 为规划用水总量；Q_2 为规划污水总量；Q_3 污水处理站处理量。

3）住区绿化系统对 CO_2 的固定量

$$G_{CA}=\frac{G_C-600}{40}\times\frac{R_gA_s}{A} \qquad \text{公式 2-9}$$

式中，G_{CA} 为绿化系统单位年固碳量；G_C 为每平方米绿化系统 40 年固碳量；R_g 为项目绿化率；A_s 为项目用地面积；A 为项目建筑面积。

4）低碳交通及对应的 CO_2 减排量

$$P_{TC}=365W_1E_cP_s/A \qquad \text{公式 2-10}$$

式中，P_{TC} 为住区内部及周边交通 CO_2 排放量的基准值；W_1 为业主平均步行里程；E_c 为机动车行驶的 CO_2 排放因子；P_s 为不参与“每天少开 1km 车”倡导车辆数；A 为住区总建筑面积。

5）低碳建材及对应的 CO_2 减排量

$$P_{mc}=\frac{\sum_{i=1}^{n}B_i[X_i(1-\alpha)+\alpha X_{ri}]}{A} \qquad \text{公式 2-11}$$

式中，X_i 为建材 i 生产过程的 CO_2 排放因子；B_i 为建材 i 的总用量；A 为总建筑面积；α 为建材 i 的回收利用率；X_{ri} 为建材 i 回收过程的 CO_2 排放因子。

由于低碳建材的减碳量体现在住区建造期，《手册》规定该指标项单独评价。将参评住区的其余四个低碳指标核算结果按照公式 2-12 加和，得到住区运行期每年每平方米的综合减碳量值，进而根据住区减碳效果认证低碳等级。

$$T_c=G_{CA}+(B_{ec}-P_{ec})+(B_{cw}-P_{cw})+(B_{TC}-P_{TC}) \qquad \text{公式 2-12}$$

2.4.2 权重系统

绿色生态住区评价体系建立了三级指标打分体系。在一级指标大类层面，各指标大类的总分均为 100 分，无权重因子；在二级、三级指标项层面，绿色生态住区评价体系设立了隐含的分值权重，即通过指标项最高分值的大小表示相对重要关系，如表 2-31 所示。

2.4.3 评估流程

绿色低碳住区评价体系将参评住区认证分为项目前期的规划设计阶段评估和项目后期的验收管理阶段评估。规划设计阶段评估在方案设计或初步设计通过审批之后进行；验收管理阶段评估在建筑调试、竣工验收完成并运行一年之后进行。参评住区可自主选择评估阶段进行独立评估。需要注意的是，对于直接进行验收管理阶段评估的参评住区，需要补充提交项目前期阶段的相关基础资料（图 2-29）。

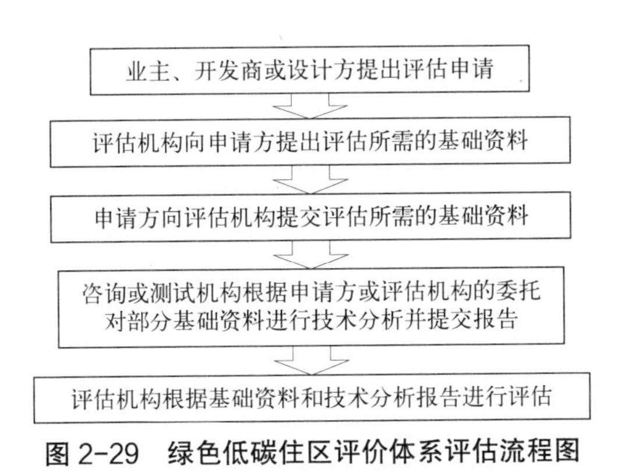

图 2-29 绿色低碳住区评价体系评估流程图

2.4.4 评价结果

绿色低碳住区评价体系的评价结果分为两类：绿色生态住区认证和绿色低碳住区认证。同时，绿色生态住区认证又分为单项认证、阶段认证和综合认证三种。

①单项认证。是参评住区仅针对某一指标大类进行评估，《手册》规定在总分 100 分的指标大类中，达到 70 分以上即可获得单项认证。②阶段认证。是对参评住区规划设计阶段或竣工验收阶段的 6 个指标大类进行全面评估，《手册》规定在总分 600 分的阶段评估中，达到 360 分以上即可获得阶段认证。为避免指标互偿，《手册》同时规定在阶段认证中，各指标大类的得分不得低于 60 分。③综合认证。是对参评住区两个阶段共 12 个指标大类的全流程评估，《手册》规定在总分 1200 分的综合评估中，达到 720 分即可获得综合认证。为避免指标互偿，《手册》同时规定在综合认证中，各指标大类得分不得低于 60 分，各阶段得分不得低于 360 分（表 2-32）。

《中国绿色低碳住区技术评估手册》绿色生态住区评级标准　　表2-32

评估方式	内容	得分要求		
		指标大类	阶段	项目
单项评估	单一指标大类评估	≥70	——	——
阶段评估	单一阶段各指标大类全面评估	≥60	≥360	——
综合评估	各阶段各指标大类全程评估	≥60	≥360	≥720

根据《手册》规定，绿色低碳住区认证是在绿色生态住区基础上进行的，即参评住区应首先达到绿色生态住区的基本要求，再根据住区运行期的综合减碳量值对参评住区低碳等级认证（表2-33）。

《中国绿色低碳住区技术评估手册》绿色低碳住区评级标准　　表2-33

认证等级	综合减碳量
AAA绿色低碳住区	≥20kg/（m^2·yr）
AA绿色低碳住区	≥16 kg/（m^2·yr）
A绿色低碳住区	≥12 kg/（m^2·yr）

2.4.5　现存问题

自2001年《中国生态住宅技术评估手册》发布至今，经《手册》指导、评估的生态示范项目达到50余项，总建筑面积约1300万m^2。随着近年来世界低碳经济的逐步形成，《手册》顺应建筑市场的发展增订了“低碳住区评价”内容，对我国的绿色低碳住区建设起到了积极的示范引导作用。虽然《手册》根据我国国情，建立起定量与定性指标相结合的低碳住区评价体系，但仍存在以下问题：

1）《中国绿色低碳住区技术评估手册》虽然建立起综合打分体系，性能项和指标项都被赋予各自的分值，但与LEED的隐含权重不同，其指标大类层面的分值均为100分，无法体现不同性能类别之间的相对重要程度。

2）绿色生态评价与减碳量化评价独立设置在评价体系中，造成实际评估中某些因素的重复评价；同时减碳量化指标评价范围有限，没有覆盖建筑生命周期。

3）手册提供的排放因子没有附加地域、生产条件等背景信息，影响了碳排放评价结果的准确度。

2.5 重庆市《低碳建筑评价标准》

2012 年，根据重庆市城乡建设委员会《关于印发 2010 年工程建设标准制订、修订项目计划的通知》（渝建〔2012〕265 号）的有关要求，重庆大学会同有关单位编制推出了重庆市《低碳建筑评价标准》[1]（DBJ50/T-139—2012）。这是我国第一部明确提出从建筑全生命周期碳排放量角度对建筑性能进行评价的地方标准，对重庆地区低碳建筑的规划、设计、建设和管理具有积极规范引导作用。重庆市《低碳建筑评价标准》（下文简称“重庆《低碳标准》”）对低碳建筑做了明确定义：在建筑生命周期内，从规划、设计、施工、运营、拆除、回收利用等各个阶段，通过减少碳源和增加碳汇实现建筑生命周期碳排放性能优化的建筑。

2.5.1 评价指标及分值构成

重庆《低碳标准》将所有指标项划分为建筑低碳规划、低碳设计、低碳施工、低碳运营和低碳资源化 5 个大类，控制项、一般项和优选项 3 种性质。其中，控制项为参评建筑的必选项，一般项和优选项为参评建筑的可选项；与一般项相比，优选项难度高、综合性强、实施后低碳表现好。由于该标准的评价对象为建筑群或建筑单体，其中建筑单体包括重庆市住宅建筑和公共建筑中的办公、商业和旅馆建筑。因此，该标准分为住宅和公共建筑两个版本。住宅建筑版本共有 76 个指标项，其中控制项 24 项，一般项 43 项，优选项 9 项；公共建筑版本共有 79 个指标项，其中控制项 23 项，一般项 48 项，优选项 14 项（表 2-34，表 2-35）。

重庆市《低碳建筑评价标准》住宅建筑指标项一览表　　表2-34

指标大类	指标项		设计标识	竣工标识	运营标识
低碳规划	控制项	场地选址2项	√	√	√
		建筑布局2项	√	√	√
		住区绿地率	√	√	√
		植物配植	√	√	√
	一般项	热岛强度	√	√	√
		建筑朝向	√	√	√
		合理利用地形和地下空间	√	√	√
		住区公共服务设施	√	√	√
		选址和出入口设置	√	√	√

1　重庆市城乡建设委员会 . DBJ50/T-139—2012. 重庆市《低碳建筑评价标准》[S].

续表

指标大类	指标项		设计标识	竣工标识	运营标识
低碳规划	一般项	非机动车辆	√	√	√
		透水地面	√	√	√
		保护原有自然环境	√	√	√
	优选项	旧建筑利用	√	√	√
		住区绿地率	√	√	√
低碳设计	控制项	居住建筑节能标准强制规定	√	√	√
		配电、照明系统	√	√	√
		空调制冷、消防工质	√	√	√
		通风机、水泵效率	√	√	√
	一般项	建筑规模	√	√	√
		建筑结构体系	√	√	√
		建筑体形系数	√	√	√
		采光系数	√	√	√
		建筑遮阳	√	√	√
		高性能建筑结构材料	√	√	√
		装饰性构件	√	√	√
		建筑通风	√	√	√
		能量回收系统	√	√	√
		空调系统冷热水管绝热层	√	√	√
		节能电梯	√	√	√
		智能化系统	√	√	√
		垂直绿化和种植屋面	√	√	√
	优选项	建筑采暖、空调设备冷热源	√	√	√
低碳施工	控制项	施工能耗	×	√	√
		高耗能、高污染材料	×	√	√
		建材选用3项	√	√	√
		钢材清洁生产指标	×	√	√
	一般项	节能环保施工设备	×	√	√
		建材选用3项	×	√	√
		一体化设计施工	√	√	√
		施工组织4项	×	√	√
		施工用电	√	√	√
	优选项	施工能源利用	×	√	√

续表

指标大类	指标项		设计标识	竣工标识	运营标识
低碳施工	优选项	建材选用2项	×	√	√
低碳运营	控制项	分类计量2项	√	√	√
		分散式空调能效	√	√	√
	一般项	节能灯具	√	√	√
		热水器能效	√	√	√
		管理制度2项	×	×	√
		分散式空调能效	√	√	√
	优选项	节能标准	√	√	√
低碳资源化	控制项	建筑碳计量分析4项	√	√	√
		垃圾管理制度	×	×	√
	一般项	可再生能源利用	√	√	√
		可再循环利用材料4项	×	√	√
		垃圾分类收集点	√	√	√
	优选项	可再生能源比例	√	√	√

（资料来源：重庆市《低碳建筑评价标准》DBJ50/T-139—2012。）

重庆市《低碳建筑评价标准》公共建筑指标项一览表　　表2-35

指标项	指标项		设计标识	竣工标识	运营标识
低碳规划	控制项	场地选址2项	√	√	√
		植物配植	√	√	√
	一般项	建筑风环境	√	√	√
		合理利用地形和地下空间	√	√	√
		场地交通	√	√	√
		非机动车辆	√	√	√
		场地绿化	√	√	√
	优选项	旧建筑利用	√	√	√
		透水地面	√	√	√
低碳设计	控制项	公共建筑节能标准强制规定	√	√	√
		外窗气密性	√	√	√
		照明2项	√	√	√
		空调制冷、消防工质	√	√	√
		智能化系统	√	√	√
	一般项	建筑规模	√	√	√
		建筑结构体系	√	√	√

续表

指标项	指标项		设计标识	竣工标识	运营标识
低碳设计	一般项	装饰性构件	√	√	√
		外窗可开启面积	√	√	√
		屋顶透明部分	√	√	√
		高性能建筑结构材料	√	√	√
		室外照明控制	√	√	√
		水环热泵空调系统	√	√	√
		大门空气风幕机	√	√	√
		空调系统冷热水绝缘层	√	√	√
		二氧化碳检测装置	√	√	√
		节能电梯	√	√	√
		屋顶、平台、立体绿化	√	√	√
	优选项	设备谐波	√	√	√
		全年采暖和空调设计能耗	√	√	√
		高校用能设备和系统	√	√	√
		建筑采暖、空调设备冷热源	√	√	√
低碳施工	控制项	施工能耗	×	√	√
		高耗能、高污染材料	×	√	√
		建材选用3项	√	√	√
		钢材清洁生产指标	×	√	√
	一般项	节能环保施工设备	×	√	√
		建材选用3项	×	√	√
		一体化设计施工	√	√	√
		施工组织4项	×	√	√
		施工用电	√	√	√
	优选项	施工能源利用	×	√	√
		建材选用2项	×	√	√
低碳运营	控制项	分项计量	√	√	√
		房间温度设定	√	√	√
		通风空调系统能耗	√	√	√
	一般项	分项计量	√	√	√
		空调系统	√	√	√
		设备自动监控系统2项	√	√	√
		管理制度3项	×	×	√
	优选项	节能标准	√	√	√

续表

指标项	指标项		设计标识	竣工标识	运营标识
低碳运营	优选项	外窗自动控制装置	√	√	√
低碳资源化	控制项	建筑碳计量分析4项	√	√	√
		垃圾管理制度	×	×	√
	一般项	可再生能源	√	√	√
		燃气锅炉	√	√	√
		室内灵活隔断	√	√	√
		蓄冷虚热技术	√	√	√
		可再循环利用材料4项	×	√	√
	优选项	可再生能源比例	√	√	√
		能源综合利用2项	√	√	√

（资料来源：重庆市《低碳建筑评价标准》DBJ50/T-139—2012。）

重庆《低碳标准》中涉及建筑排放评价的指标项被设置在第5个指标大类“低碳资源化”中。控制项“6.5.1”、“6.5.2”、“6.5.3”和“6.5.4”分别要求参评建筑提供全年能源消耗、建材预算清单、自来水总量和污水总量、绿化系统栽植方式和绿化面积。与国内外其余低碳建筑评价标准不同的是，重庆《低碳标准》不要求申报单位进行具体的碳排放核算，而是在项目评价过程中，由评审机构根据现有国内外基本方法和排放数据对参评建筑进行碳计量。

此外，重庆《低碳标准》参照《绿色建筑评价标准》(2006版)，没有建立独立的打分和权重系统，仅通过“是、否、不参评”三种方式判断指标项是否达标。最终，根据控制项、一般项和优选项的达标个数对参评建筑进行星级认证。

2.5.2 评估流程

该《低碳标准》将低碳建筑评价分为3类，分别是：低碳建筑设计评价、低碳建筑竣工评价和低碳建筑评价。设计评价在完成施工图设计并通过施工图审查及备案后进行；竣工评价在完成竣工验收后进行；低碳建筑评价在项目竣工并投入使用一年以上进行。重庆《低碳标准》并没有对3个评价工具进行独立开发，而是以涵盖所有条款的住宅、公建两个低碳建筑评价版本为基础，通过“附录”C、D规定设计标识和竣工标识的不参评条文，以达到区分设计标识、竣工标识和运营标识的目的。

2.5.3 评价结果

重庆《低碳建筑评价标准》通过对各标识参评条文达标个数的判定，

将参评建筑的评价结果由低到高分为银级、金级和铂金级。标准中的控制项必须全部满足，此外，根据一般项最低合格项数、优选项最低合格项数，以及一般项与优选项最低合格总项数划分认证等级。由于重庆《低碳标准》允许部分指标项在不适用于参评建筑具体情况（地域、气候或建筑类型）时可以不参与评价，因此等级划分的项数要求可以依总项数的变化按比例调整。表 2-36 是办公、居住建筑分别的设计标识、竣工标识和运营标识的等级项数要求。

重庆市《低碳建筑评价标准》评级标准 **表2-36**

建筑类型	评价等级	控制项、一般项最低合格项数										优选项数最低合格项数	一般项与优选项最低合格项数
		低碳规划		低碳设计		低碳施工		低碳运营		低碳资源化			
		控制项	一般项	控制项	一般项	控制项	一般项	控制项	一般项	控制项	一般项	优选项	
住宅建筑	设计评价	共6项	共8项	共4项	共14项	共3项	共2项	共3项	共3项	共4项	共2项	共6项	—
	银											0	11
	金	6	3	4	5	3	1	3	1	4	1	1	18
	铂金											3	25
	竣工评价	共6项	共8项	共4项	共14项	共14项	共6项	共10项	共3项	共4项	共6项	共11项	—
	银											0	20
	金	6	3	4	5	6	3	3	1	4	2	2	25
	铂金											4	35
	低碳建筑评价	共6项	共8项	共4项	共14项	共6项	共10项	共3项	共5项	共5项	共6项	共9项	—
	银											0	21
	金	6	3	4	5	6	3	3	2	5	3	2	26
	铂金											1	36
公共建筑	设计评价	共3项	共5项	共6项	共18项	共3项	共2项	共3项	共7项	共4项	共4项	共11项	—
	银											0	18
	金	3	2	6	6	3	1	3	2	4	1	3	23
	铂金											5	32
	竣工评价	共3项	共5项	共6项	共18项	共3项	共2项	共3项	共7项	共4项	共4项	共11项	—

续表

建筑类型	评价等级	控制项、一般项最低合格项数										优选项数最低合格项数	一般项与优选项最低合格项数
		低碳规划		低碳设计		低碳施工		低碳运营		低碳资源化			
		控制项	一般项	控制项	一般项	控制项	一般项	控制项	一般项	控制项	一般项	优选项	
公共建筑	银	3	2	6	6	3	1	3	2	4	1	0	18
	金											3	23
	铂金											5	32
	低碳建筑评价	共3项	共5项	共6项	共18项	共6项	共10项	共3项	共7项	共5项	共8项	共14项	—
	银											0	26
	金	3	2	6	6	6	3z	3	3	5	3	4	32
	铂金											7	45

（资料来源：重庆市《低碳建筑评价标准》DBJ50/T-139—2012。）

2.5.4 现存问题

重庆市《低碳建筑评价标准》是我国第一个明确提出“低碳建筑评价”的地方标准。重庆低碳标准借鉴了我国《绿色建筑评价标准》(2006 版)的经验，有利于体系的认可与推广。与《绿色建筑评价标准》相比，其在指标内容设置方面具有一些特色，例如弱化建筑环境性能方面的指标项，增加了资源、能源相关指标项；注重数据清单的提供，包括能源消耗、建筑材料、水资源消耗和绿化系统数据等，建议参评建筑以此为依据进行建筑全生命周期碳排放分析；注重建材生产、运输、施工等建筑生命周期前期阶段的内容。图 2-30 是重庆《低碳标准》与《绿色建筑评价标准》（2006 版）在建筑生命周期前期阶段指标项设置数量的对比图。但同时，重庆《低碳标准》仍在以下方面存在诸多不足。

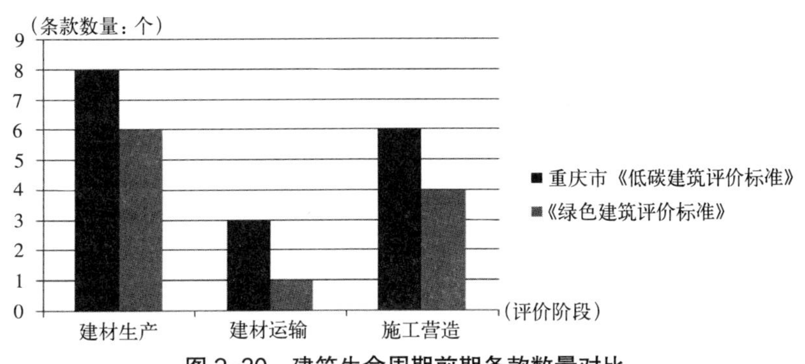

图 2-30　建筑生命周期前期条款数量对比

1）虽然重庆市《低碳建筑评价标准》提倡对建筑生命周期碳排放进行计算，但并没有提出系统的核算方法，仅在“附录”中对暖通空调系统制冷剂等个别条款规定了环境影响计算方法。绝大多数的评价指标仍停留在措施评价的层面。

2）从标准的指标大类划分“低碳规划、低碳设计、低碳施工、低碳运营、低碳资源化”可以看出，该标准的体系框架设计更符合一个设计辅助工具对建筑设计流程的顺应，而非一个从建筑环境综合性能考察出发的评价标准。

此外，由于重庆《低碳标准》参照了《绿色建筑评价标准》（2006）版的体系框架，因此《绿色建筑评价标准》（2006 版）自身的诸多问题也同样存在于重庆《低碳标准》中。例如，没有建立综合打分体系和独立权重系统，部分指标项评价标准模糊等。

2.6 《万通低碳建筑标准》

《万通低碳建筑标准》是为万通地产北方居住建筑项目开发量身定制，由万通地产股份有限公司和中国社会科学院可持续发展研究中心于 2012 年共同编制的一套企业标准。《标准》中首先定义了“低碳建筑”的概念：从建筑的全生命周期，即规划、设计、建造、运行和拆除（或重建），以及建筑材料的生产、运输等各个环节来降低化石能源消耗，从而减少温室气体的排放。在此基础上，该《标准》从指导万通地产经营模式转型的角度明确了万通低碳建筑系列研究项目的总体目标：通过《万通低碳建筑标准》促使万通地产土地竞拍、项目设计、施工管理、广告与销售、企业管理、财务和人事等各环节的低碳转型。《万通低碳建筑标准》仅是万通地产低碳研究的第一步；其次是基于《标准》建立建筑碳排放监测平台，构建核算方法与模型；最终构建并制定《万通低碳建筑碳排放交易机制与碳融资导则》，为万通地产内部财务运营机制、财务报表制度和融资方案提供建议与依据。

2.6.1 评价指标及分值构成

《万通低碳建筑标准》的评价对象是北方采暖地区居住区或居住建筑单体。该《标准》根据居住建筑规划、设计、选材、施工、运行管理过程中影响能源消耗和碳排放的最主要因素，从住区环境规划、布局与设计、外围护结构、机电系统、采光与照明、可再生能源、节水、建筑材料、施工与装修十个方面筛选出 42 项指标构成指标体系框架。同时，为方便相关人员对各指标项进行有效监控和评价，该《标准》按照商业住宅开发流程的 5 个阶段（规划、设计、施工、验收、运行）对 42 个指标项的可控性进行分别标注（表 2-37）。

《万通低碳建筑标准》指标体系及建筑生命周期阶段可控性识别　　表2-37

指标大类	大类分值	指标项	分值	住宅开发阶段				
				规划	设计	施工	验收	运行
住区环境规划	6	低碳出行	2	✓	✓		✓	
		公共设施可达性	1	✓	✓		✓	
		绿色植被与碳汇	2	✓	✓	✓	✓	✓
		透水地面	1		✓	✓	✓	✓
布局与设计	6	体形系数	2		✓			
		单体朝向	1	✓	✓			
		群体布局	3	✓				
外围护结构	37+X	围护结构热工性能	30+X		✓	✓	✓	
		屋面	2		✓	✓	✓	✓
		外窗的窗墙比和窗地比	2			✓	✓	
		门窗能效识别	1		✓	✓	✓	
		外遮阳	2		✓	✓	✓	✓
机电系统	10	低品位能源采暖	2	✓	✓	✓	✓	✓
		节能家电及用电产品	3		✓	✓	✓	✓
		供水系统	2		✓	✓	✓	✓
		供热计量与室温调控装置	3		✓	✓	✓	✓
采光与照明	3	公共空间自然采光	1		✓	✓	✓	✓
		节能灯具	1		✓	✓	✓	✓
		照明节能控制	1		✓	✓	✓	✓
可再生能源	15+X	太阳能热水	5		✓	✓	✓	✓
		太阳能光电照明	3		✓	✓	✓	✓
		可再生能源采暖	5+X	✓	✓	✓	✓	✓
		可再生能源占总能耗比例	13+X	✓	✓			
		能源存储或输出	2	✓	✓	✓	✓	✓
节水	7	非传统水源利用	3	✓	✓	✓	✓	✓
		管网漏损控制	3			✓	✓	✓
		节水器具选用	1		✓	✓	✓	✓

续表

指标大类	大类分值	指标项	分值	住宅开发阶段				
				规划	设计	施工	验收	运行
建筑材料	6	可循环材料	1		√	√	√	
		可再利用材料	1		√	√	√	
		建材本地化率	1		√	√	√	
		低碳材料	1		√	√	√	
		工业化部品部件	1		√	√	√	
		高性能混凝土、高强度钢筋	1		√	√	√	
施工与装修	5	施工节能	1			√		
		施工节材	1			√		
		施工节水	1			√		
		一次装修到位	2		√	√	√	
住区运行管理	5	垃圾收集设施	1	√	√	√	√	√
		公共空间与设备维护	1		√	√	√	√
		节能电梯	1		√	√	√	√
		物业管理	1					√
		低碳住区手册	1					√

（资料来源：陈洪波等. 万通低碳建筑标准研究[M]. 北京：中国环境科学出版社，2012.）

2.6.2 权重系统

《万通低碳建筑标准》建立了二级指标综合打分体系，为各指标项赋予了包含隐含权重信息的1~n不等的最高分值。各大类得分为指标项得分总和。不考虑额外加分，各指标大类的权重方案如图2-31所示。由于《标准》规定“围护结构热工性能”、“可再生能源采暖”、“可再生能源占总能耗比例”3个指标项根据性能表现可获得额外的加分，因此，“外围护结构”和“可再生能源”两个指标大类的权重因子可进一步提高。

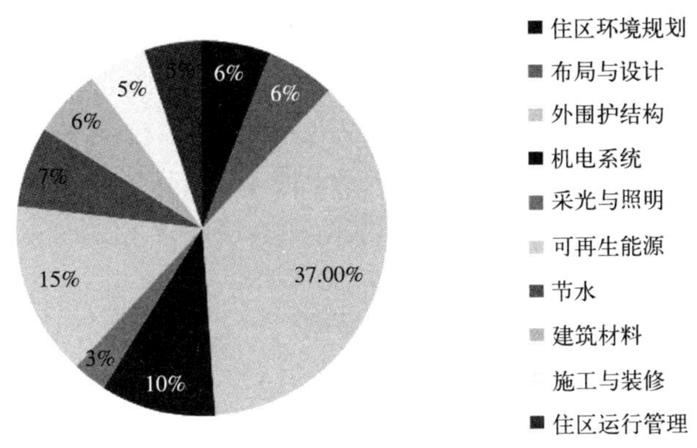

图 2-31　建筑生命周期前期条款数量对比

2.6.3　评价结果

《万通低碳建筑标准》根据参评住区或建筑单体的得分情况，将评价结果分为低碳 1 星、低碳 2 星、低碳 3 星、零碳建筑、负碳建筑 5 个等级。同时，为强调节能和可再生能源利用在低碳建筑评价中的重要性，每一评价等级还需特别满足相应的指标要求（表 2-38）。

《万通低碳建筑标准》评级标准　　表2-38

评价等级	总分值	外围护结构节能率	可再生能源占总能耗比例
低碳1星	≥60	≥15%	≥8%
低碳2星	≥80	≥25%	≥10%
低碳3星	≥100	≥35%	≥15%
低碳4星	≥100	≥35%	100%
低碳5星	≥100	≥35%	>100%

（资料来源：陈洪波等. 万通低碳建筑标准研究[M]. 北京：中国环境科学出版社，2012.）

2.6.4　现存问题

《万通低碳建筑标准》虽然是一套企业标准，但其制定参考了国家现行《节能标准》和《绿色建筑评价标准》，指标覆盖范围更广、节能要求更高，对所有北方严寒、寒冷地区的居住建筑开发项目具有普适性。《万通低碳建筑标准》声明：按照建筑围护结构规定性方法综合考虑，该《标准》各级别的节能量至少高于基准《严寒和寒冷地区居住建筑节能设计标准》(JGJ 26-2010）15%（低碳 1 星）、25%（低碳 2 星）和 35%（低碳 3 星及以上），若建筑单体的体形系数达标，又可以至少节能 2%。如果再考虑防风、遮阳、机电系统节能等措施，节能效果还将提高。然而，正是从这一评价结果数据可以看出，《万通低碳建筑标准》将“低碳”与“节能”混为一谈，从严格意义上来说，该《标准》是一部高于国家标准的、专注于节能的企业绿色建筑评价标准。具体而言，其局限性存在于以下几个方面：

1）评价等级虽然最终确定为“低碳1星~负碳建筑”，但全篇无对建筑碳排放的量化计算。

2）评价标准没有明确自身的工具类型，是决策辅助工具、设计辅助工具抑或标签工具，也没有明确进行评估认证的时间节点。从该《标准》对各指标项进行分阶段（居住建筑项目开发流程）可控性管理和评价的设计架构来看，《万通低碳建筑标准》更适合作为地产企业开发的绿色指南。

3）《万通低碳建筑标准》将评价体系分为10个指标大类和42个指标项，并建立了隐含权重的综合打分体系，但并未明确各指标项最高分值的依据，从而降低了《标准》的透明性和权威性。

4）该《标准》强调“建筑生命周期”概念，但由于其是一部地产公司的企业标准，因此《标准》中的“建筑生命周期”是基于地产开发的流程与特点，分为规划、设计、施工、验收及运行5个阶段，与ISO14040体系定义的“建筑生命周期”边界相比，缺少了“拆除”、“废料回收和处理”2个重要阶段。

2.7 低碳建筑评价体系综合比较

低碳建筑评价体系从评价方法上来说，属于多指标综合评价的范畴，由研发机构、评价对象、评价指标、打分体系、权重因子、评价结果等要素构成。本节以各评价要素为基础对上文中6个国内外典型低碳建筑评价体系进行综合比较，分析各评价体系的共性及现存问题，分析各自的优、缺点，为我国低碳建筑评价研究提供理论依据。

2.7.1 研发机构、评价对象及评价工具层面比较

低碳建筑评价体系的研发机构一般可分为政府部门、产业协会、研究机构三种。国外的低碳建筑评价体系多由政府和产业协会共同开发，这种开发模式既发挥了行业协会适应市场的敏感性，同时兼具了政府部门的政策导向优势，有利于低碳建筑评价体系的快速推广。而我国的低碳建筑评价体系多由政府牵头，以大学等研究机构为主体进行标准化制定，由于建筑碳排放核算涉及建筑全生命周期的全产业链，基础数据繁多，限于研究机构可获取资源的有限性，评价体系往往在实际操作方面有所欠缺（表2-39）。

低碳建筑评价体系的评价对象包括尺度、类型和建筑生命周期阶段三

方面信息。从表 2-39 中可以看出，由于各自的评价目的不同，各评价体系的评价对象涵盖范围从建筑单体到住区不等。对于建筑单体尺度的评价体系构建，国外一般以办公建筑版本为基础逐步扩展到多种建筑类型，而我国的低碳建筑评价体系多数针对量大面广的居住建筑，或参照《绿色建筑评价标准》的分类方式，仅包括公共建筑中的办公、商业和旅馆，且未在公建评价工具版本中针对三种公建类型区别开发。因此，现阶段我国《低碳建筑评价标准》甚至《绿色建筑评价标准》的建筑类型及其相应评价工具均亟待完善。在对建筑生命周期阶段的考虑方面，相较于国外低碳建筑评价体系对既有建筑的关注，现阶段我国《低碳建筑评价标准》仅评价新建建筑，难以适应我国既有建筑严峻的减排压力。我国既有建筑由于当时的建设标准较低，现阶段年运行 CO_2 排放量很大，亟须制定相应的低碳评价标准以规范引导既有建筑的低碳化改造。

研发机构、评价对象、评价工具横向比较 表2-39

评价体系	研发机构	评价对象	评价工具
CSH	英国地方政府（英国建筑研究所）	住宅	1
DGNB	德国交通、建设与城市规划部，德国绿色建筑协会	既有、新建建筑新建住区	15
CASBEE	日本国土交通省住宅局，日本可持续建筑协会	新建/既有建筑	13
《中国绿色低碳住区技术评估手册》	中华全国工商联房地产商会，清华大学	住区	1
重庆市《低碳建筑评价标准》	重庆市城乡建设委员会，重庆大学	住宅公建（办公、商业、旅馆）	2
《万通低碳建筑评价标准》	万通地产股份有限公司，中国社会科学院可持续发展研究中心	北方采暖地区住区、住宅	1

2.7.2 低碳评价指标层面比较

由于上述低碳建筑评价体系均是在绿色建筑评价体系的基础上发展而来，因此现阶段的低碳建筑评价体系多保持原有绿色建筑评价体系框架不变，在评价视域内增加低碳指标项以示对建筑碳排放的关注与控制。相比之下，国外低碳建筑评价体系中低碳指标项的量化方法比较完备（表 2-40）。CSH、DGNB 和 CASBEE 都提出了明确的建筑生命周期碳排放核算数学模型，以规范形式公布的核算方法，方便用户计算的支持软件及软件自动调用的碳排放因子数据库。国内低碳建筑评价体系研究由于刚刚开始，仅有《中国绿色低碳住区技术评估手册》中明确提出了减碳评价的核算数学模型，但其核算方法仅针对节能、节水、绿化、交通和节材这4个指标独立计算，没有考虑建筑生命周期各阶段的碳减排。而且，由于缺少核算软件和碳排放因子数据库的支持，数学模型的量化方法难以在实际应用中推广。重庆市《低碳建筑评价标准》和《万通低碳建筑评价标准》中对于低碳指标的构建更加宽泛，基本仍停留在定性条款的解读上，重庆《标准》虽然在低碳资源化指标大类中提到了节能、节水等措施的减碳计量，但评分标准中均以“本条文不要求申报单位进行具体建筑碳计量分析，仅需要根据要求提供主要××消耗基础数据，评价过程中，评审机构将结合现有国内外基本方法和排放数据，进行碳计量分析”一笔带过。

低碳评价指标项横向比较 **表2-40**

评价体系	指标项	数学模型	核算方法	软件支持	排放因子数据库
CSH	住宅排放率	$100(1-DER/TER)$	ADL1A	SAP2009	√
DGNB	全球变暖潜值	$\sum_{1}^{4} E_{生命周期阶段}$	CCM	WECOBIS	√
CASBEE	全球变暖	$\sum_{1}^{3} E_{生命周期阶段}-E_{太阳能}$	建筑LCA指针	CASBEE	√
《中国绿色低碳住区技术评估手册》	减碳量化评价	$T_c=G_{CA}+(B_{ec}-P_{ec})+(B_{cw}-P_{cw})+(B_{TC}-P_{TC})$	√	×	绿化固碳
重庆市《低碳建筑评价标准》	低碳资源化	×	×	×	绿化固碳
《万通低碳建筑评价标准》	×	×	×	×	×

2.7.3 打分体系、权重系统和评价结果层面比较

多指标综合评价体系按照一定的基准为各指标项打分，然后通过一定的数学方法将这些打分结果综合成一个评价值，从而满足不同事物之间横向比较的需求。国外低碳建筑评价体系均建立起综合打分体系，CSH和DGNB采用了相对简单的加和类数学模型，即将各指标项的得分加权求和；CASBEE在指标评价值加权求和的基础上引入“环境效率”概念，使参评建筑的综合评价值增加了环境投入产出比的内涵，虽然数学模型略显复杂，但评价结果更具科学性（表2-41）。我国的《中国绿色低碳住区技术评估手册》和《万通低碳建筑评价标准》也采用了线性加和的打分方式，而重庆市《低碳建筑评价标准》参照我国《绿色建筑评价标准》，以指标项通

过个数判断达标等级，没有建立起综合打分体系。

低碳建筑评价体系的权重系统分为独立权重和隐含权重（分值权重）两类。独立权重从指标项评分标准中独立出来，增加了评价体系的灵活性和可扩展性。隐含权重通过指标分值和个数体现各自的重要程度，易于理解、容易计算，然而对评价指标进行调整时，各指标项的评分标准及评价体系的评级标准都需要随之调整和重新分配。国外低碳建筑评价体系大多采用独立权重系统，这种方式为多版本评价工具群的开发建立了灵活的评价体系框架基础。目前，我国的低碳建筑评价研究刚刚起步，评价工具版本也十分有限，一般采用易于用户理解的隐含权重甚至无权重系统，这种评价体系虽然框架结构简单，但缺乏合理性和可扩展性，势必为后续评价工具群的开发带来障碍。

低碳建筑评价体系的评价结果一般按申请认证的时间节点分为设计阶段的预认证和运行阶段的正式认证，这种阶段认证的方式有利于对建筑实际性能的评判。国内外低碳建筑评价体系均采用了阶段认证的方式，只有《万通低碳建筑评价标准》由于开发之初面向房地产开发企业，因此没有明确认证流程。《万通低碳建筑评价标准》严格来讲，更符合一本对住宅开发流程全控制的企业节能建设指南。对评价结果评级方面，国内外低碳建筑评价体系都通过 1~n 级划分了不同得分代表的性能水平。但是针对建筑碳排放评价指标项，国外低碳建筑评价体系均将参评建筑的碳排放性能明确显示在评价结果中，CASBEE 更是在建筑性能评级之外单独为建筑碳排放评价建立了 1~5 星的绿星认证等级。反观我国现有的低碳建筑评价标准，由于碳排放量化模型不完善，因此并没有在评价结果中明确显示建筑碳排放性能。

打分体系、权重系统、评价结果横向比较 **表2-41**

评价体系	综合打分体系	权重系统	评价结果		
			认证方式	评价等级	显示碳排放性能
CSH	√	隐含权重、独立权重	预认证/正式认证	1~6星	√
DGNB	√	独立权重	预认证/正式认证	金、银、铜级	√
CASBEE	√	独立权重	预认证/正式认证	1~5星	√
《中国绿色低碳住区技术评估手册》	√	隐含权重	设计标识/运行标识	1~3A	×
重庆市《低碳建筑评价标准》	×	×	设计标识/竣工标识/运行标识	银、金、铂金级	×
《万通低碳建筑评价标准》	√	隐含权重	×	1~5星	×

2.7.4 问题综述

综上所述，以《中国绿色低碳住区技术评估手册》、重庆《低碳建筑评价标准》和《万通低碳建筑评价标准》为代表的我国低碳建筑评价体系，现存如下共性问题：

1）实施过程缺乏政府部门的政策导向；

2）评价对象范围有限，需要扩展现有建筑类型及其评价工具；

3）建筑低碳评价指标缺乏明确详细的核算方法、方便用户使用的核算软件和相对完善的碳排放数据库；

4）需要建立综合打分体系，使评价结果更具科学性；

5）需要建立独立权重系统，为深化评价体系，开发多版本评价工具群构建更加灵活性的体系框架；

6）评价结果的输出形式过于抽象，缺乏各类指标性能和重要指标项的直观信息表达。

基于上述研究，本书从第三章开始，针对我国低碳建筑评价体系现存的三个关键性问题——建筑碳排放核算方法、指标打分基准和评价体系权重系统——进行详细的研究与探讨。

2.8 本章小结

本章选取目前国内外影响最为广泛的六个低碳建筑评价体系——英国CSH、德国DGNB、日本CASBEE,以及《中国绿色低碳住区技术评估手册》、重庆市《低碳建筑评价标准》和《万通低碳建筑评价标准》,从体系研发背景、评价对象、指标构成、打分体系、权重系统、评估流程和评价结果等层面，特别是其中涉及建筑碳排放评价的指标项进行详细研究，最后对其优、缺点进行了综合比较。目前国外包含建筑碳排放量化控制的低碳建筑评价体系也并不多见，CSH、DGNB和CASBEE可谓走在了低碳建筑评价的前列，形成了一些成熟的经验，其优点可为我国低碳建筑评价体系所借鉴。然而，作为低碳建筑评价体系最为关键的组成部分，CSH、DGNB和CASBEE在建筑碳排放核算方法、基准设置和权重确定等方面各不相同。因此，有必要对建筑碳排放核算方法、基准和权重三个问题进行系统研究，分析其制定方法的内在规律和优缺点，从而为我国低碳建筑评价体系研究提供依据。

第三章　建筑碳足迹核算方法

随着近年来我国城镇化进程的逐步加快，建筑业迎来了前所未有的发展机遇。建筑，在为人们营造舒适空间的同时，也逐渐影响并改变着周边的自然环境。从建材生产之始，到建筑终止其寿命、拆除处置结束，建筑整个生命周期的各个阶段都在持续地向大气排放大量的 CO_2 等温室气体。研究表明，我国建筑业 CO_2 排放量居国民经济各部门之首，且呈刚性增长。预计到 2030 年，中国总建筑面积将达到 910 亿 m^2，如不发展低碳建筑，届时我国建筑业能源消耗所产生的温室气体排放总量将达到 51 亿 t[1]，凸显了我国建筑业低碳减排的迫切性。因此，从建筑全生命周期角度研究建筑业的碳排放问题，寻找适宜的解决途径，是我国建筑市场低碳转型的有效方式和必经之路。本章研究了国际上公认的碳足迹核算方法与标准，结合建筑领域碳足迹的特点加以选取，并以 ISO14040 LCA 方法学为依据，建立起适用于我国国情和地域特点的建筑生命周期碳排放核算模型。

3.1　碳足迹概念

“生态足迹”（Ecological Footprint）是加拿大哥伦比亚大学规划系教授 Mathis Wackernagel 和 William Rees 在其于 1996 年合著的《我们的生态足迹——减轻人类对地球的冲击》一书中提出的，既能提供人类所需资源、并能吸纳人类所排放废物、具有生物生产力的土地和海洋面积[2]。它是一个空间指标，通常用 hm^2 或 m^2 量化。

随着人们对全球变暖环境问题的日益关注，“碳足迹”的概念开始从“生态足迹”中脱化而来。“碳足迹”的名词最早出现在英国，由于相较于“碳排放量”，“碳足迹”的表述更为生动，且更能体现关注碳排放“过程”的含义，因此“碳足迹”很快在全球范围的环境领域作为替代“碳排放量”的名词发展起来[3]。

1　Mckinsey & Company(2009a). China's Green Revolution[R]. USA：Mckinsey & Company，2009.

2　Mathis Wackernagel, William Rees. Our Ecological Footprint: Reducing Human Impact on the Earth [M]. Gabriola Island, BC: New Society Publishers, 1996.

3　Weidema B P, Thrane M, Christensen P, et al. Carbon footprint-A catalyst for life cycle assessment? [J]. Journal of Industrial Ecology, 2008, 12 (1): 3-6.

其含义为：考虑了“全球变暖潜值”[1]（Global Warming Potential，GWP）的温室气体排放量的一种表征[2]。目前社会各界对“碳足迹”的概念有两个争议：一是碳足迹的研究对象是 CO_2 排放还是以 CO_2 当量为核算单位的温室气体排放；二是碳足迹的表征是用重量单位还是沿用生态足迹的面积单位。

Wiedmann 等人[3]在 ISA（Integrated Sustainability Analysis，ISA）报告中综述了包括灰色文献在内的“碳足迹”的多种定义，并对其概念进行了明确界定，即：碳足迹是对一项活动直接和间接的 CO_2 排放，或者一个产品生命周期 CO_2 排放的核算[4]。文章特别强调，碳足迹仅衡量 CO_2 这一种温室气体，并且采用重量单位表征。Hammond[5] 在 Nature 上发表文章强调碳足迹是对“碳重量”的衡量，甚至建议将碳足迹的称法改为“碳重量”以避免与生态足迹相近而造成的歧义。欧盟[6]对碳足迹的定义是指一个产品或服务的全生命周期内 CO_2 和其他温室气体的总排放量。Hertwich[7] 和 Baldo[8] 等学者也将碳足迹定义为产品供应链或生命周期产生的包括 CO_2 在内的温室气体排放量（表 3-1）。

灰色文献中有关“碳足迹”的定义　　表3-1

BP（2007）	人类日常活动造成的 CO_2 排放
Energetics（2007）	人类经济活动所直接和间接造成的 CO_2 排放
ETAP（2007）	以 CO_2 当量表示的温室气体排放衡量人类活动对环境造成的影响
Carbon Trust（2007）	一种衡量产品生命周期温室气体排放的方法；一种度量供应链中每一项活动温室气体排放的技术
Global Footprint Network（2007）	通过光合作用固化化石燃料消耗产生的 CO_2 排放的生物承载力
Grub&Ellis（2007）	化石燃料消耗所产生的 CO_2 排放
Paliamentary Office of Science and Technology（POST2006）	某一过程或产品在生命周期中产生的包括 CO_2 在内的温室气体排放量，以 CO_2 当量（gCO_{2eq}/kWh）表示

（资料来源：Thomas Wiedmann, Jan Minx. A Definition of Carbon Footprint [R]. ISA Research Report, 2007: 1-4.）

1　ISO14064-1（2006）将“全球变暖潜值”（GWP）定义为：将单位质量的某种温室气体在给定时间段内辐射强迫的影响与等量 CO_2 辐射强迫影响相关联的系数。

2　Finkbeiner M. Carbon Footprinting-Opportunities and Threats [J]. International Journal of Life Cycle Assessment, 2009, 14 (2): 91-94.

3　Thomas Wiedmann, Jan Minx. A definition of Carbon Footprint [R]. ISA Research Report, 2007: 1-4.

4　The carbon footprint is a measure of the exclusive total amount of carbon dioxide emissions that is directly and indirectly caused by an activity or is accumulated over the life stages of a product.

5　Hammond G. Time to Give due weight to the ‘Carbon Footprint’ Issue [J]. Nature, 2007, 445 (7125): 256-256.

6　European Commission. "Carbon footprint: What it is and how to measure it." Accessed on April 15 (2007): 2009.

7　Edgar G. Hertwich, Glen P. Peters. Carbon Footprint of Nations: A Global, Trade-linked Analysis [J]. Environ Sci Technol, 2009, 43: 6414-6420.

8　Baldo G L, Marino M, Montani M, et al. The Carbon Footprint Measurement Toolkit for the EU Ecolabel [J]. International Journal of Life Cycle Assessment, 2009, 14 (7): 591-596.

针对“碳足迹”概念争议的两个方面综述以上定义可以发现：第一，以 CO_2 排放和用 CO_2 当量表示的温室气体排放为研究对象的学者均不少；第二，多数文献都采用重量单位来表征碳足迹。

研究表明，CO_2 占大气中温室气体增温效应的 63%，其余温室气体比重虽相对较小，但对气候变化同样有着不可忽视的影响。因此，本文综合现有研究，将“碳足迹”定义为：一项活动直接和间接产生的温室气体排放量，或者一个产品生命周期各阶段产生的温室气体排放量总和，以 CO_2 当量（CO_{2eq}）表示。

3.2 碳足迹分类

碳足迹的分类方式众多，按研究对象可分为企业碳足迹、项目碳足迹、产品碳足迹和个人碳足迹；按核算边界可分为直接碳足迹和间接碳足迹；按对“低碳”概念的理解不同，可分为基于终端消耗的碳足迹和基于生命周期评价的碳足迹；按国民经济可分为能源部门碳足迹、工业过程和产品使用部门碳足迹、农林和土地利用变化部门碳足迹、废弃物部门碳足迹等。

这其中，根据研究尺度的不同可以对碳足迹进行较为全面的划分。宏观尺度：国家碳足迹、区域碳足迹、城市碳足迹；中观尺度：企业（组织）碳足迹、项目碳足迹；微观尺度：产品碳足迹、个人碳足迹、家庭碳足迹。

其中，宏观尺度的碳足迹是指在研究边界内资源能源消耗所产生的温室气体排放量；中观尺度下的企业碳足迹是指企业所定义的空间和时间边界内活动所产生或引发的温室气体排放量；项目碳足迹是指一个或者一系列活动中温室气体的排放、贮存或大气中的消除等；产品碳足迹是指产品或服务生命周期内所产生的温室气体排放量；个人及家庭碳足迹是指个人或家庭日常生活中衣、食、住、行所产生的温室气体排放量（目前网络上提供了很多为宣传低碳生活方式，可简单计算个人或家庭碳足迹的免费计算器）。

3.3 碳足迹核算方法

目前比较常用的碳足迹核算方法主要有两类：一是自下而上的末端碳排放核算模型，即以过程分析法为基础发展而来的过程生命周期评价法（PLCA 法）；二是自上而下的系统碳排放核算模型，即以投入产出法为基础发展而来的经济投入产出生命周期评价法（EIO-LCA 法）。而这两种碳足迹核算方法都是以生命周期评价为理论基础。下文首先对生命周期评价（Life Cycle Assessment，LCA）理论进行基础性介绍。

3.3.1 生命周期评价

3.3.1.1 LCA 理论框架

LCA 理论的起源可以追溯到 20 世纪 60 年代。1969 年，美国可口可乐公司对其饮料的塑料包装进行了从原材料开采，到最终回收处理全流程的追踪评价与定量分析，为后来的 LCA 方法奠定了研究基础。1972 年，英国学者 Boustead 计算了塑料、玻璃、钢和铝四种饮料包装的材料蕴能；1979 年，他将相关理论集结成书，出版了 *Handbook of Industrial Energy Analysis*。20 世纪 80 年代，LCA 在欧美大陆受到广泛关注，很多公司采用 LCA 方法进行研究。然而由于没有统一的 LCA 理论框架，这些研究即便出于相同目的，其研究成果也经常出现较大差异，评价结果的可信度受到很大质疑。

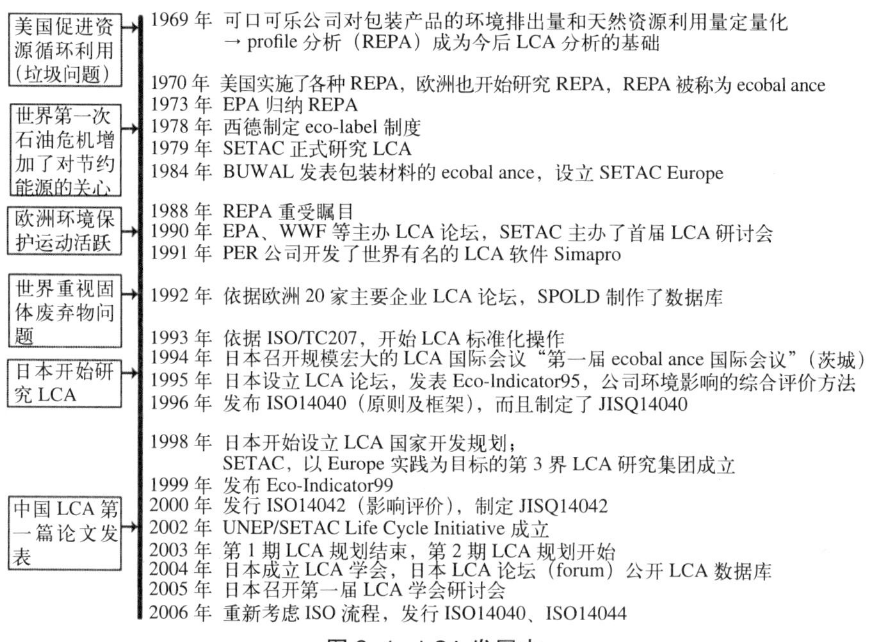

图 3-1 LCA 发展史

（资料来源：郑秀君，胡彬．我国生命周期评价 (LCA) 文献综述及国外最新研究进展 [J]. 科技进步与对策，2013, 30(6): 155-160.）

针对这种情况，国际环境毒理与环境化学学会（Society of Environmental Toxicology and Chemistry，SETAC）于 1990 年首次召开有关 LCA 的国际研讨会（图 3-1），并在会上系统提出了 LCA 概念，其定义为：一种通过对产品、生产工艺及活动的物质、能量的利用及造成的环境排放进行量化和识别而进行环境负荷评价的过程；是对评价对象能量和物质消耗及环境排放进行环境影响评价的过程；也是对评价对象改善其环境影响的机会进行识别和评估的过程[1]。SETAC将LCA理论框架划分为目标和范围的确定、清单分析、影响评价和改善评价四部分（图3-2）。

在SETAC研究的基础上，1997年，国际标准化组织环境管理技术委员会（ISO/TC207）整理出台了《环境管理—生命周期评价—原则与框架》(ISO14040)，提出了LCA的基本原则与框架，有利于LCA理论的全球性推广与应用。ISO将LCA定义为：对产品系统整个生命周期的输入、输出及潜在环境影响的汇集和评价。与SETAC类似，ISO将LCA框架分为目的和范围的确定、清单分析、影响评价和解释四部分，如图3-3所示。

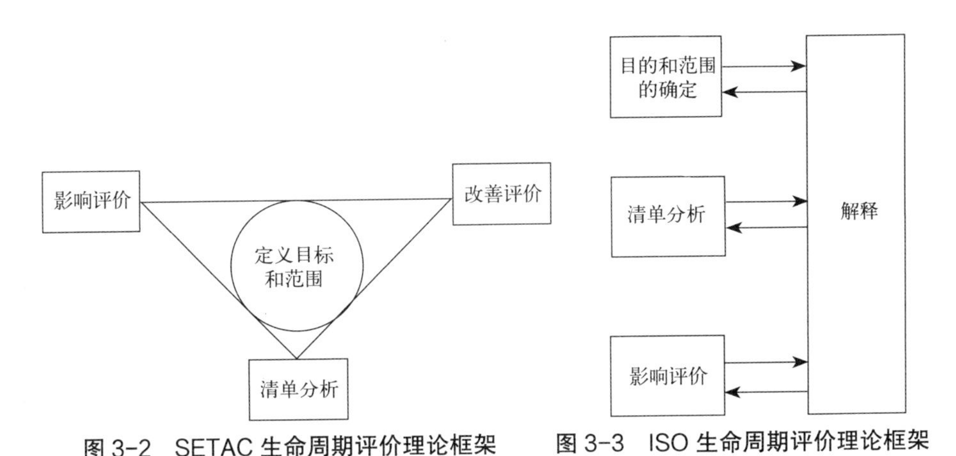

图3-2 SETAC生命周期评价理论框架
（资料来源：作者根据资料改绘）

图3-3 ISO生命周期评价理论框架
（资料来源：作者根据资料改绘）

3.3.1.2 LCA方法学框架

ISO14040 LCA方法学是当前世界上影响与应用最为广泛的LCA理论框架。由于LCA以具有特定功能的系统或一系列过程为研究对象，以环境影响程度为评价目标。因此，理论框架中“目的和范围的确定”就是界定这个系统或过程的研究范围；“清单分析”则是对系统边界内外物质和能量的输入、输出进行收集和计算；“影响评价”是LCA中最关键的一步，即根据前两步的结果对潜在环境影响的程度进行评价。

1）目的和范围的确定

确定研究目的就是清楚说明此项LCA的最终目标、意图以及成果应用的领域。确定研究范围就是要保证研究的广度、深度和详尽程度能满足所制定的目的，具体包括：产品系统、系统功能、功能单位、系统边界、分配程序、所选择的影响类型和影响评价的方法学，后续对应用的解释、

1 张智慧，尚春静，钱坤．建筑生命周期碳排放评价[J]．建筑经济，2010(2): 44-46.

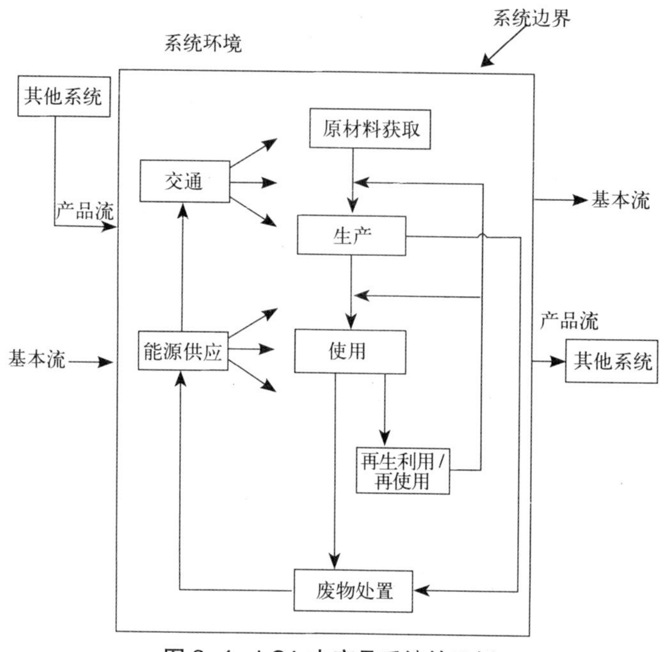

图 3-4　LCA 中产品系统的示例

（资料来源：ISO14040）

数据要求、假设、限制，以及初始数据质量要求、鉴定性评审的类型、研究所要求的报告类型和格式。

2）生命周期清单分析

生命周期清单分析（Life Cycle Inventory, LCI）是基于系统内单元过程，建立能量与物质的输入输出流，包括能量、资源和对环境的排放等。LCI 是第 3 步生命周期影响评价的数据基础。

3）生命周期影响评价

生命周期影响评价（Life Cycle Impact Assessment，LCIA）是根据清单分析数据定量评估产品环境影响，明确系统内各单元过程的环境负荷，从而横向比较不同产品环境性能优劣的过程。LCIA 又分为分类、特征化和评价三部分，前两部分为 LCIA 的必选过程，评价则根据实际情况可以省略。

分类：将 LCI 结果定性划分为不同的环境影响类型，如美国 TRACI 的 12 类环境影响类型。

特征化：使用特征化因子将同一影响类型中的 LCI 结果转化和汇总为同一单位，如各种温室气体通过特征化因子 GWP，将 LCI 结果折算成以 CO_2 当量表示的全球变暖影响。

评价：通过归一化、分组和加权将各种环境类型的特征化结果综合为一个无量纲指标，据此表征项目的总体环境影响水平，如 LEED 等绿色建筑评价体系最终的综合打分结果。

4）生命周期解释

生命周期解释是根据LCI和LCIA结果寻找并评价产品生命周期内降低环境影响的可能性与途径，并提出相应的改进措施。该阶段成果应与LCA第1步中所规定的目的和范围保持一致。

3.3.1.3 现有LCA工具综述

生命周期评价数据密集、过程复杂，单靠人工计算会耗费大量的时间、人力和物力成本，十分低效。近年来，随着LCA的不断发展与广泛应用，各国公司或科研院所相继开发了上百种LCA软件工具。目前已完成商业化的LCA软件中，认可度最高的是荷兰的SimaPro、德国的Gabi以及美国的BEES，这些LCA软件基本功能相同，但在评价方法、基础数据、计算速度和适用范围等方面又存在着较大差异，下面分别对这三款软件进行简要介绍（表3-2）。

SimaPro软件由荷兰Leiden大学于1990年开发，最新版为SimaPro7。由于SimaPro具有很多先进的特性，如功能强大、数据丰富、结果直观、操作简便等，因此在国际生命周期评价领域中，SimaPro的使用最为普遍。目前有超过50个国家的学术机构、咨询公司及产业应用SimaPro评价产品及其内部子系统的环境影响。

GaBi软件是德国PE International公司开发的一款世界领先的LCA软件工具，目前已升级至第四版Gabi4。Gabi软件功能强大，支持LCA、LCC、报告和工作环境四大商业应用。目前已拥有超过10000的用户群，其中包括世界500强、行业领导者、创新型中小企业和科研院所等。

BEES软件是由美国环保局资助、国家标准与技术研究所开发的免费LCA软件工具，最新版为BEES3.0。与SimaPro和Gabi不同的是，BEES开发之初专注于建筑产品领域的生命周期环境与成本核算，近年来BEES逐步调整也可适用于生物产品方面的应用。目前，BEES注册用户超过20000，已然成为国际LCA领域应用最为广泛的软件之一。

除了上述三种LCA商业软件，目前世界上还有一些其他主流的LCA数据库及软件工具（表3-3）。

SimaPro、GaBi和BEES主要功能对比 **表3-2**

LCA软件工具		SimaPro	GaBi	BEES
LCA	LCI	LCA方法学	物理过程链建模	LCA方法学
		蒙特卡洛模拟	蒙特卡洛模拟	
		参数化建模	参数化建模	

续表

LCA软件工具		SimaPro	GaBi	BEES
LCA	LCIA	标准环境影响评价方法：	标准环境影响评价方法：	TRACI
		CML2baseliae2000；	CML96；	
		CML2001；	CML2002；	
		Eco-indicator99(E)；	Eco-indicator95；	
		Eco-indicator99(H)；	Eco-indicator99；	
		Eco-indicator99(I)；	Ecological scarcity；	
		Ecological scarcity 2006；	EDIP97；	
		EDIP2003；	EDIP2003；	
		EPD2007；	Impact2002+；	
		EPS2000	TRACI	
		Impact2002+		
		……		
		自定义新的影响评价方法	自定义新的影响评价方法	无
数据库	主数据库	SimaPro databases	GaBi databases2006	BEES
	附加数据库	BUWAL250	Ecoinvent2.0	无
		Danish Food Data	GaBi databases2006 education database	
		Dutch Input Output Data	GaBi databases2006 extension database	
		ESU-ETH Data	GaBi databases2006 lean database	
		Franklin USA Data		
		IDEMAT		
		USA Input Output Data		
		IO-database for Denmark1999		
		Industry Data		

主要LCA数据库及工具一览表 **表3-3**

数据库	国家	功能	层次	软件	网址
Athena	加拿大	数据库+工具	建筑	Eco Calculator	www.athenaSMI.ca
Bath data	英国	数据库	产品	无	http://people.bath.ac.uk/
BEE	芬兰	工具	建筑	BEE 1.0	—
BEES	美国	工具	建筑	BEES	www.bfrl.nist.gov/cae/softwware
BRE3	英国	数据库+工具	建筑	无	www.bre.co.uk
Boustead	英国	数据库+工具	产品	有	www.boustead-consulting.co.uk
Ecoinvent	塞拉利昂	数据库	产品	无	www.pre.nl/ecoinvent
ECO-it	荷兰	工具	建筑	ECO-it	www.pre.nl
ECO Methods	法国	工具	建筑	开发中	www.ecomethods.com
Eco-Quantum	荷兰	工具	建筑	Eco-quantum	www.ecoquantum.nl
Envest	英国	工具	建筑	Envest	http://envestv2.bre.co.uk

续表

数据库	国家	功能	层次	软件	网址
Cabi	德国	数据库+工具	产品	Gabi 4	www.gabi-software.com
IO-Database	丹麦	数据库	产品	无	—
IVAM	荷兰	数据库	产品	无	www.ivam.uva.nl
KCL-ECO	芬兰	工具	产品	KCL-ECO 4.1	www.kcl.fi/eco
LCAiT	瑞典	工具	产品	LCAiT	www.eckologik.cit.chalmers.se
LISA	澳大利亚	工具	建筑	LISA	www.lisa.au.com
Optimize	加拿大	数据库+工具	建筑	有	—
PEMS	英国	工具	产品	Web	—
SEDA	澳大利亚	工具	建筑	SEDA	—
SimaPro	荷兰	数据库+工具	产品	Simapro7	www.pre.nl
Spin	瑞典	数据库	产品	无	http://195.215.251.229/dotnetnuke/
TEAM	法国	数据库+工具	产品	TEAM 3.0	www.ecobilan.com
Umberto	德国	数据库+工具	产品	Umberto	www.umberto.de
US LCI data	美国	数据库	产品	无	www.nrel.gov/lci

（资料来源：Khasreen M M, Banfill P F G, Menzies G F. Life-cycle assessment and the environmental impact of buildings: a review[J]. Sustainability, 2009, 1(3): 674-701.）

3.3.2 过程生命周期评价法

过程生命周期评价法（Process-Based LCA，PLCA 法）是以过程分析为基本出发点，通过对系统内单元过程的物质、能量流进行清单分析，进而核算产品系统碳足迹的方法。以建筑单体碳足迹为例，在生命周期概念出现之前，最早的建筑碳排放只考虑施工和运行阶段由于化石能源燃烧直接排放的温室气体。但这种核算方法研究范围过小，不能真实反映建筑全生命周期中所有的环境影响。20 世纪末，随着 LCA 概念的兴起，研究者开始考虑建材生产、建筑所耗电能的获取等过程中的间接温室气体排放，即现在的 PLCA 法。PLCA 法虽然在绝对末端计量的基础上有了相当的进步，但仍局限于部分相关过程的部分排放，属于相对末端计量的范畴。

3.3.3 经济投入产出生命周期评价法

Matthews 等[1]的研究显示一个产品、企业的直接排放平均只占整个供应链的 14%，加上所消耗电力等能源的间接排放则占到供应链排放的 26%。为了弥补 PLCA 法核算结果存在截断误差的不足，1998 年，Hendrickson 等人

1 Matthews H S, Hendrickson C, Weber C. The importance of carbon footprint estimation boundaries[J]. Environmental Science & Technology, 2008(42): 5839-5842.

在投入产出法的基础上提出经济投入产出生命周期评价法（Economic Input Output Life Cycle Assessment，EIO-LCA 法），评估一国经济活动所需能源、资源及对环境造成的排放[1]。EIO-LCA 法是通过建立经济投入产出模型和编制经济投入产出表，使用矩阵运算来分析经济系统各部门在投入与产出方面的互相依存关系。它与投入产出法的区别在于投入产出法研究碳足迹是将部门直接温室气体排放系数作为行向量引入投入产出表，以核算由某一部门最终需求引起的隐含温室气体排放量（包含直接排放和所有间接排放）。而经济投入产出生命周期评价法则将部门直接温室气体排放系数设为对角矩阵，对角矩阵模型的优势在于不光可以核算由某一国民经济部门最终需求引起的隐含温室气体排放量，还可以分析这些隐含排放在生产链中的分布情况。

3.3.4 PLCA 法和 EIO-LCA 法对比分析

3.3.4.1 核算模型

1）PLCA 法

以建筑单体碳足迹核算为例，PLCA 法的主要步骤包括：确定系统边界，将建筑生命周期划分为建材生产和运输、建筑施工、建筑运行、建筑拆除、废料回收和处理五个阶段；清单分析各阶段资源、能源输入的活动数据，采用“温室气体排放量 = 活动数据 × 排放系数”计算环境影响输出；通过 GWP 特征化各温室气体排放量，得到以 CO_2 当量表征的建筑单体碳足迹。PLCA 法的核算模型从单元过程的细节入手，自下而上逐级计算，过程复杂（图 3-5）。

2）EIO-LCA 法

EIO-LCA 法包括国民经济投入产出表和环境影响因子两部分，即：在国民经济投入产出表中增设“环境”部门，其数值表征各部门的“环境影响产出”。区别于传统的 EIO 法，EIO-LCA 法的环境影响因子为对角矩阵，这种数学模型的优势在于可以详细分析环境影响在生产链各部门中的分布情况。EIO-LCA 法的数学模型如下[2]：

$$B = R(I-A)^{-1})y \qquad R_i = c_i/x_i$$

式中，B 为最终需求 y 引起的国民经济部门产生的温室气体排放量；R 为对角矩阵；I 为单位矩阵；A 为直接消耗系数矩阵；y 为最终需求；对角元素 R_i 是国民经济部门 i 的单位直接温室气体排放量（基于货币价值）；c_i 为国民经济部门 i 的直接温室气体排放量；x_i 为部门 i 的总产出。其中，c_i 按照 IPCC2006 的方法一计算，数据源自行业统计年鉴，并采用《国民经济行业分类与代码》

1 Hendrickson C, Horvath A. Economic input-output models for environmental life-cycle assessment [J]. Environmental Science & Technology, 1998, 32(7): 184A-191A.

2 EIO-LCA 官方网站：http://www.eiolca.net/Method/index.html

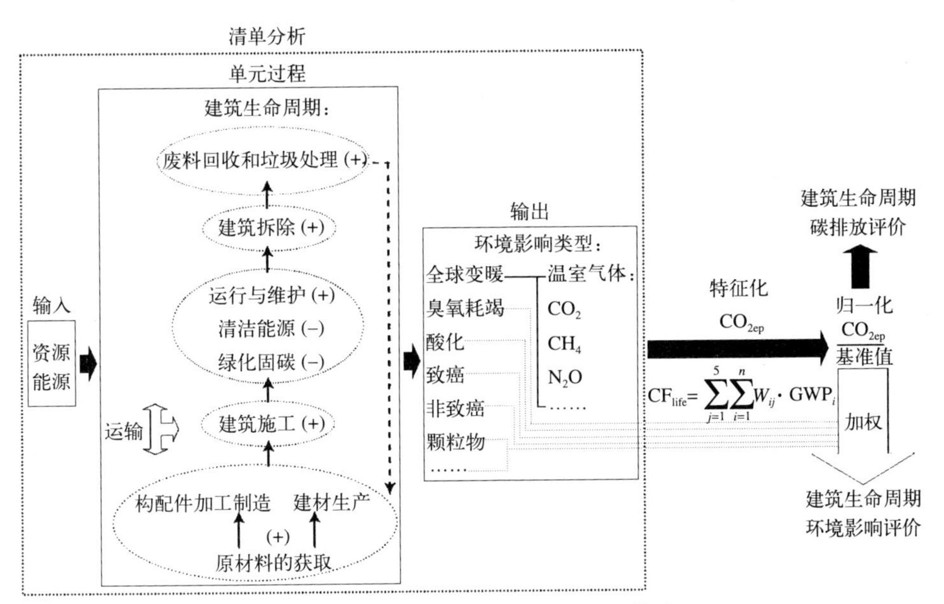

图 3-5　建筑单体碳足迹 PLCA 法核算过程

(GB/T 4754-2011）与经济投入产出表中的经济部门相对应。EIO-LCA 法的核算基础在于获得经济投入产出表，一旦获取该表，模型计算简便（表 3-4）。

经济投入产出表基本结构　　　　**表3-4**

<table>
<tr><td rowspan="4" colspan="2">产出
投入</td><td colspan="4">中间使用</td><td colspan="10">最终使用</td><td rowspan="4">进口</td><td rowspan="4">其他</td><td rowspan="4">总产出</td></tr>
<tr><td rowspan="3">产业1</td><td rowspan="3">⋮</td><td rowspan="3">产业n</td><td rowspan="3">中间使用合计</td><td colspan="5">最终消费</td><td colspan="3">资本形成总额</td><td rowspan="3">出口</td><td rowspan="3">最终使用合计</td></tr>
<tr><td colspan="3">居民消费</td><td rowspan="2">政府消费</td><td rowspan="2">合计</td><td rowspan="2">固定资本形成总额</td><td rowspan="2">存货增加</td><td rowspan="2">合计</td></tr>
<tr><td>农村居民消费</td><td>城市居民消费</td><td>小计</td></tr>
<tr><td rowspan="4">中间投入</td><td>产业1</td><td rowspan="4" colspan="4">第Ⅰ象限</td><td rowspan="4" colspan="13">第Ⅱ象限</td></tr>
<tr><td>……</td></tr>
<tr><td>产业n</td></tr>
<tr><td>中间投入合计</td></tr>
<tr><td rowspan="5">增加值</td><td>劳动值报酬</td><td rowspan="6" colspan="4">第Ⅲ象限</td><td rowspan="6" colspan="13"></td></tr>
<tr><td>生产税净额</td></tr>
<tr><td>固定资产折旧</td></tr>
<tr><td>营业盈余</td></tr>
<tr><td>增加值合计</td></tr>
<tr><td colspan="2">总投入</td></tr>
</table>

（资料来源：国家统计局国民经济核算司. 2007年中国投入产出表[M].北京：中国统计出版社，2009.）

3.3.4.2 核算范围

碳足迹的核算范围包括两个层面：直接排放和间接排放。计军平等人[1]的研究显示中国建筑业的直接排放只占隐含排放的2.9%。以建筑单体碳足迹为例，直接排放指建筑建造和运行过程中静止燃烧、移动燃烧等造成的温室气体排放；间接排放指建筑生产链中除直接排放以外的所有温室气体排放。

1）PLCA法

PLCA法的核算范围虽然从直接排放扩展到间接排放，但由于人力、物力所限，无法穷尽单元过程，核算结果存在截断误差。例如建筑建造需要多种建材，每种建材的生产需消耗多种原料和能源，而每种原料的生产或能源的开采又需要多种投入等。因此，单纯使用PLCA法无法对所有过程完全追溯，只能核算直接排放和系统边界（生命周期）内有限单元过程的间接排放。

2）EIO-LCA法

EIO-LCA法的核算范围以制定经济投入产出表的国家或区域为系统边界，核算整个国民经济范围内的直接温室气体排放和间接排放。EIO-LCA法从根本上解决了PLCA法截断误差的问题。但该方法仅反映基于部门间生产需求关系的生产链温室气体排放问题，并未涵盖产品废弃和处理阶段的排放情况。

3.3.4.3 时间尺度

碳足迹核算的时间尺度跨越很大，IPCC2006中评估温室气体全球变暖潜值的累积时间尺度有20年、100年和500年。

1）PLCA法

PLCA法的核算时间为研究对象的生命周期。由于民用建筑结构设计寿命一般为50~100年，因此建筑单体碳足迹的核算时间一般假设为其结构设计寿命。同时，PLCA法对生命周期中温室气体的一次性排放、延迟排放以及延迟的一次性排放进行时间加权，以区分三者不同的全球变暖影响。

2）EIO-LCA法

EIO-LCA法核算的是经济投入产出表制定年份的温室气体排放量，无法核算其余年度或多年累积的温室气体排放量。并且，我国1987年才开始制度化地编制国民经济投入产出表，逢2、逢7年份编制基本表，逢5、逢0年份编制延长表。因此，我国应用EIO-LCA法核算碳足迹存在时间上的局限性，基础数据不能及时更新。

---

1 计军平，刘磊，马晓明．基于EIO-LCA模型的中国部门温室气体排放结构研究[J]. 北京大学学报（自然科学版），2011，7 (4): 741-749.

3.3.4.4 核算结果

1）PLCA 法

PLCA 法的核算结果虽然具有截断误差，但由于核算过程专注于系统边界内各单元过程的输入输出清单细节，结果数据详细具体、灵活度较高。因此，PLCA 法既可用于特定产品碳足迹的比较，还可直观地分析某产品生产流程中的薄弱之处。

2）EIO-LCA 法

EIO-LCA 法的核算结果是对整个国民经济的综合评估，反映各部门温室气体排放的平均水平，适合于部门间或不同部门同类因素碳足迹的横向比较。但是，由于 EIO-LCA 法的数学模型建立在以货币价值为衡量的经济投入产出表之上，无法区分相同价值量产品在生产流程中的碳足迹差异，不适用于比较同一部门内的不同产品的碳足迹。例如，电力生产行业碳足迹仅反映该部门的平均水平，无法区分煤电和风电等清洁能源的温室气体排放差异。此外，对于严重依赖进口的开放型经济国家，EIO-LCA 法假设进口产品与国内生产的同类产品工艺一致，则这种情况下 EIO-LCA 法的核算结果具有较大的不确定性（表 3-5）。

PLCA法和EIO-LCA法优、缺点总结　　表3-5

	PLCA法	EIO-LCA法
优势	1）结果基于单元过程，详细具体； 2）允许用于特定产品的比较	1）结果是整个国民经济的综合评估； 2）允许行业层面的比较
劣势	1）系统边界的设定具有主观性； 2）清单分析耗费大量的时间和成本； 3）结果存在截断误差	1）产品评估反映行业平均水平； 2）不适用于单元过程评估； 3）建立在物理单位的货币价值上； 4）进口产品视为系统边界内生产的产品； 5）难以适用于开放型经济

3.4 碳足迹核算标准

碳足迹作为一个新概念，其核算方法比较模糊，迫切需要统一、规范化的标准来约束。目前认知度较大的碳足迹核算标准有：联合国政府间气候变化专门委员会制定的《2006 年国家温室气体清单指南》(IPCC2006)、英国标准协会制定的《商品和服务在生命周期内的温室气体排放评价规范》(PAS2050)、世界资源研究院和世界可持续性发展商业协会联合制定的《温室气体议定书》(GHG Protocol 系列）和国际标准化组织的《产品碳足迹——

量化、标识要求与指南》草案版（ISO14067）。上述标准的内在联系和发展脉络如图 3-6 所示。

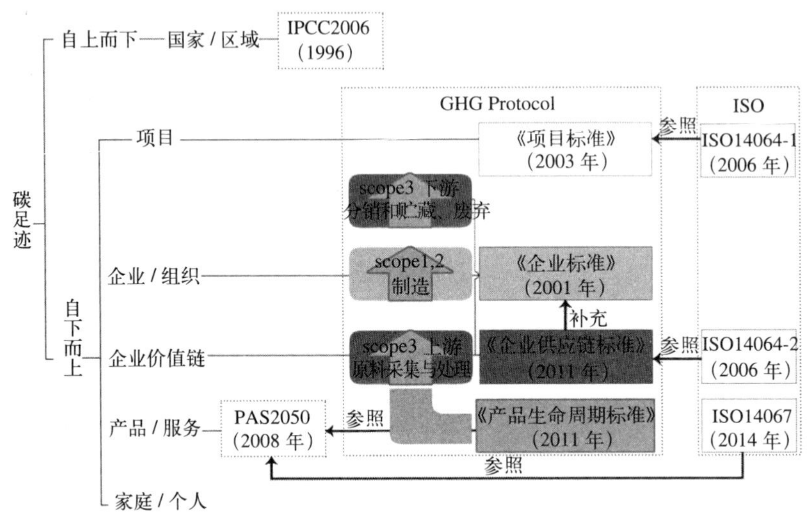

图 3-6 主要碳足迹核算标准内在联系和发展脉络

3.4.1 PAS2050

《商品和服务在生命周期内的温室气体排放评价规范》（Publicly Available Specification, PAS2050）是全球第一部面向公众的产品碳足迹标准，同时也是关于产品和服务中碳排放评估最完整的标准，其余现行产品碳足迹标准，如《温室气体议定书》、ISO14076 的内容框架均以 PAS2050 为基础，在内容和执行步骤上基本一致。尽管影响广泛，作为一部具有协商性质的标准规范，PAS2050 在英国的现行标准体系中，其权威程度和法律效力低于国际标准（ISO）、欧盟标准（EN）或英国标准（BS），不过此类标准的法律权威高于公司指导手册和各类私人标准。一旦出台了一部以 PAS2050 为基础的完整规范（国际标准、欧洲标准或英国标准），PAS2050 将被撤回。

PAS2050 由英国碳基金公司[1]和环境、食品和农村事务部（Department for Environment, Food and Rural Affairs，Defra）共同发起，英国标准协会（British Standards Institution，BSI）具体制定。2008 年 10 月，PAS2050 正式发布了第一版 PAS2050:2008，目前最新版为 PAS2050:2011。

PAS2050 的宗旨是为企业提供一种评价产品和服务的生命周期温室

1 碳基金（Carbon Trust）是一个由政府投资、以企业模式运作的独立公司，成立于 2001 年。目标是通过帮助商业和公共部门减少 CO_2 排放，捕获低碳技术的商业机会，从而帮助英国走向低碳经济社会。

气体排放量的核算方法。该规范建立在现有的LCA方法（ISO14040和ISO14044标准）之上，温室气体排放的影响期为100年，即建筑建成后100年内温室气体的累计排放量[1]。这里的生命周期是指产品生产、改进、运输、存储、使用、回收利用和最终处置全过程。PAS2050标准主要包括以下六部分内容：温室气体种类（表3-6）；GWP数据库；土地利用变化、生物及化石碳源排放的处理方法；碳存储和碳抵消；特定工艺排放的处置要求；可再生能源排放的活动数据要求与核算。

PAS2050界定的温室气体范围 表3-6

工业名称或通用名	化学分子式
二氧化碳	CO_2
甲烷	CH_4
氧化亚氮	N_2O
《蒙特利尔议定书》控制的物质	
CFC-11	CCl_3F
CFC-12	CCl_2F_2
CFC-13	$CClF_3$
CFC-113	CCl_2FCClF_2
CFC-114	$CClF_2CClF_2$
CFC-115	$CClF_2CF_3$
哈龙-1301	$CBrF_3$
哈龙-1211	$CBrClF_2$
哈龙-2402	$CBrF_2CBrF_2$
四氯化碳	CCl_4
甲基溴	CH_3Br
甲基氯仿	CH_3CCl_3
HCFC-22	$CHClF_2$
HCFC-123	$CHCl_2CF_3$
HCFC-124	$CHClFCF_3$
HCFC-141b	CH_3CCl_2F
HCFC-142b	CH_3CClF_2
HCFC-225ca	$CHCl_2CF_2CF_3$

1 PAS2050：建材生产和运输阶段、施工阶段和拆除阶段温室气体排放按100年评价期开始时的单一排放处理。当运行阶段及废料回收和处理阶段温室气体排放周期少于一年时，这些排放按评价期开始时的单一排放处理；超过一年时，使用一个系数来表示100年评价期内大气中现存排放的加权平均时间。

续表

工业名称或通用名	化学分子式
HCFC-225cb	$CHClFCF_2CClF_2$
氢氟碳化合物	
HFC-23	CHF_3
HFC-32	CH_2F_2
HFC-125	CHF_2CF_3
HFC-134a	CH_2FCF_3
HFC-143a	CH_3CF_3
HFC-152a	CH_3CHF_2
HFC-227ea	CF_3CHFCF_3
HFC-236fa	$CF_3CH_2CF_3$
HFC-245fa	$CHF_2CH_2CF_3$
HFC-365mfc	$CH_3CF_2CH_2CF_3$
HFC-43-10mee	$CF_3CHFCHFCF_2CF_3$
全氟化合物	
六氟化硫	SF_6
三氟化氮	NF_3
PFC-14	CF_4
PFC-116	C_2F_6
PFC-218	C_3F_8
PFC-318	$c\text{-}C_4F_8$
PFC-3-1-10	C_4F_{10}
PFC-4-1-12	C_5F_{12}
PFC-5-1-14	C_6F_{14}
PFC-9-1-18	$C_{10}F_{18}$
三氟甲基五氟化硫	SF_5CF_3
氟化醚	
HFE-125	CHF_2OCF_3
HFE-134	CHF_2OCHF_2
HFE-143a	CH_3OCF_3
HCFE-235da2	$CHF_2OCHClCF_3$
HFE-245cb2	$CH_3OCF_2CHF_2$
HFE-245fa2	$CHF_2OCH_2CF_3$
HFE-254cb2	$CH_3OCF_2CHF_2$
HFE-347mcc3	$CH_3OCF_2CF_2CF_3$

续表

工业名称或通用名	化学分子式
HFE-347pcf2	$CHF_2CF_2OCH_2CF_3$
HFE-356pcc3	$CH_3OCF_2CF_2CHF_2$
HFE-449sl (HFE-7100)	$C_4F_9OCH_3$
HFE-569sf2 (HFE-7200)	$C_4F_9OC_2H_5$
HFE-43-10-pccc124 (H-Galden 1040x)	$CHF_2OCF_2OC_2F_4OCHF_2$
HFE-236ca12 (HG-10)	$CH_2OCF_2OCHF_2$
HFE-338pcc13 (HG-01)	$CHF_2OCF_2CF2OCHF_2$
全氟聚醚	
PFPMIE	$CF_3OCF(CF_3)CF_2OCF_2OCF_3$
碳氢化合物和其他化合物－直接效应	
二甲醚	CH_3OCH_3
二氯甲烷	CH_2Cl_2
甲基氯化物	CH_3Cl

（资料来源：PAS2050）

PAS2050 制定了详细的评价步骤，包括以下四个阶段。

1）建立流程图

按照 LCA 方法学划分产品生命周期阶段，建立输入输出清单，追溯投入产出的系统边界。主要的流程图有两类：B2C（Business to Custom）原料—制造—分配—消费—处理再利用；B2B（Business to Business）原料—制造—分配，不涉及消费环节。

2）检查核算边界和确定优先性

PAS2050 中系统边界处理的总体原则是将产品单元中所有的实质性排放包含在内。对于非实质性排放源（$<$总量 1%）、人力和非碳源运输方式不予考虑；对于实质性排放，根据质量大小确定优先性。

3）收集数据

与 IPCC2006 类似，收集活动数据和相应的排放因子。数据收集必须符合 PAS2050 所规定的数据标准，即具有适宜性、完整性、一致性、准确性和公开性，所有数据必须以文件形式保存 5 年以上。

4）核算碳足迹

产品碳足迹核算采用 IPCC2006 的基本公式，即各过程活动数据与相应碳排放因子的乘积，结果以 CO_{2eq} 的形式呈现。

5）检验不确定性

分为科学的不确定性和估算的不确定性。科学的不确定性归因于实际排放与防治程序的合理性；估算的不确定性归因于温室气体排放非稳定现象。因此，PAS2050报告中不确定性检验为必要一环。提高结果准确度的方式主要包括：采集原始数据；增加次级数据的合理性与准确性；细化计算过程；专家评审。经过不确定性检验的碳足迹核算结果还需进一步验证，通过验证的产品碳足迹可用于“碳标识计划”。

PAS2050提供的基于统一框架的产品碳足迹核算方法有利于企业内部自评，同时有助于以产品生命周期内温室气体排放为基准评价和优选替代产品。

3.4.2 《温室气体议定书》

《温室气体议定书》（The Greenhouse Gas Protocol，GHG Protocol）由世界资源研究院和世界可持续性发展商业协会（World Business Council for Sustainable Development，WBCSD），协同世界各地的政府、企业、环保团体于1998年共同发起，旨在建立一个可信、高效的碳足迹核算框架。GHG Protocol于2001年10月正式发布第一版——《企业核算和报告准则》。目前，GHG Protocol主要由以下四个相互独立又相互关联的标准构成（图3-7）。

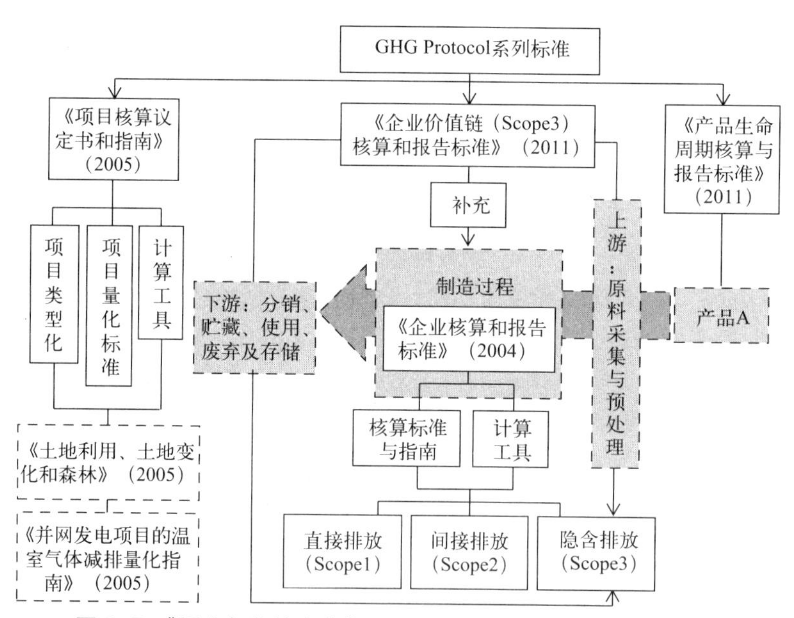

图3-7 《温室气体议定书》系列标准的开发架构及内在关系

1）《企业核算和报告标准》

该标准针对企业、组织制定了碳足迹核算标准与指南，核算范围涵盖《京都议定书》限定的6种温室气体。在企业确定了其报告的组织边界后，出于核算目的，《企业核算和报告标准》定义了3种不同边界的核算范围，包括直接排放（Scope1）、电力的间接排放（Scope2）和其他间接排放（Scope3）。《GHG Protocol 企业标准》是国际上第一部针对企业温室气体排放制定的核算标准，同时也是后续企业碳足迹核算标准制定的重要参考，如 ISO14064-1。

2）《项目核算议定书和指南》

该标准用于核算特定温室气体减排项目的温室气体排放量以及该项目中的温室气体减排量，包括项目类型化、项目量化标准和系列计算工具三部分。其中，项目类型化中的项目大类分为能源与电力（A）、运输（B）、产业过程（C）、逸散捕捉（D）、农业（E）、碳贮存（F）；项目量化标准仿效财务核算标准；系列计算工具在参考 IPCC 计算方法的基础上主要分为跨业别工具（固定燃烧源、移动燃烧源、不确定性工具）与产业特定工具（铝业、钢铁、硝酸、氨等）两类。这份议定书同时成为 ISO14064-2 的编制基础[1]。

3）《企业价值链（Scope3）核算和报告标准》

该标准用于企业评估自身整个价值链排放的影响，并确定最有效的温室气体减排方法。该标准是对《企业核算和报告标准》Scope3 进行的细化开发，用户可以核算其业务上、下游（Scope3）中 15 类活动的排放量。

4）《产品生命周期核算与报告标准》

该标准用于核查产品，包括原料、制造、运输、储存、使用和处置全生命周期过程中的温室气体排放量，并寻找最佳的减排方式。

3.4.3 《温室气体计算与验证》

为回应日渐增多的自愿性与强制性温室气体报告方案的需求，2006 年，国际化标准组织在 ISO14000 国际环境管理体系框架下新增发布了《温室气体计算与验证》（ISO14064）标准。ISO14064 的颁布为各国政府和企业减少温室气体排放、建立碳交易市场提供了一个有效工具。为避免开发资源的重复浪费，ISO14064 标准纳入了 GHG Protocol 系列标准的大部分内容，最终版本分 ISO14064-1、ISO14064-2、ISO14064-3 三部分（如图 3-8）。

1）ISO14064-1

ISO14064-1 为 ISO 编制的组织层次上的温室气体量化报告与指南。标准详细规定了 GHG 核算边界、算法、改进措施的要求与原则，以及 LCI 质量管理、报告、审查及机构验证等方面的要求和指南。

2）ISO14064-2

ISO14064-2 为 ISO 编制的项目层次上的温室气体量化、监测与报告

1 详见本书 3.4.3 节：ISO14064 和 ISO14067 标准。

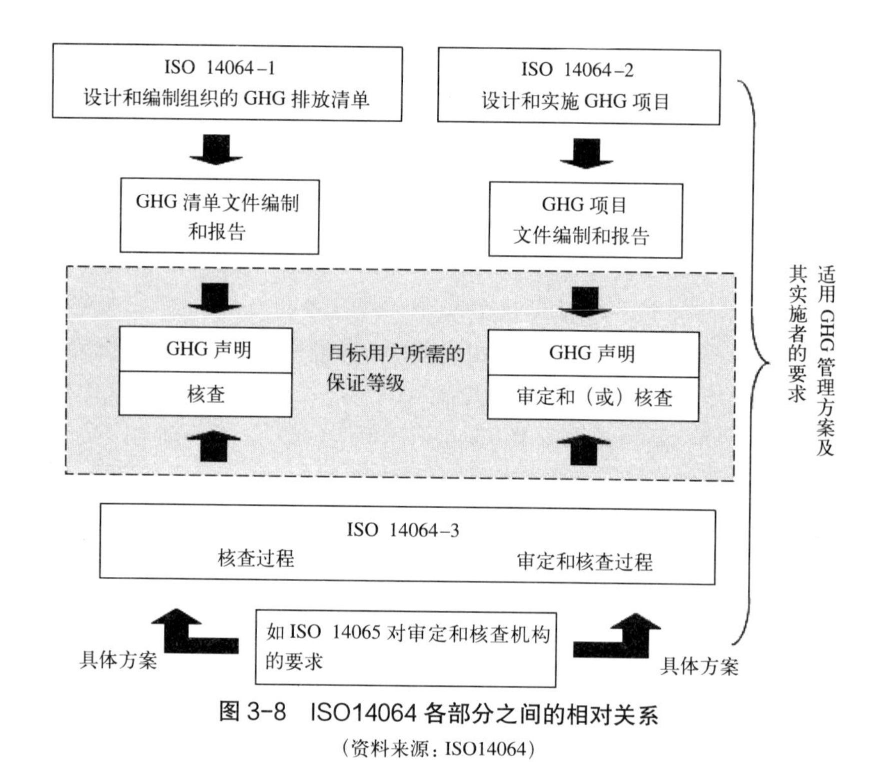

图 3-8 ISO14064 各部分之间的相对关系

（资料来源：ISO14064）

指南。标准以 GHG 排放或清除活动为研究对象，详细规定了基准线情景、监测、核算和报告的原则与要求，为项目审查提供了基础。

3）ISO14064-3

ISO14064-3 为 ISO 编制的审定和核查指南。该标准详细规定了 GHG 排放清单及 GHG 项目的审查计划、程序及声明评估。组织或独立机构可根据 ISO14064-3 对 GHG 报告进行验证及索赔。

目前，国际标准化组织正在编写产品层面的碳足迹标准 ISO14067,《产品碳足迹——量化、标识要求与指南》。该标准内容框架以 PAS2050 为参考，旨在量化并报告产品、服务从生产到回收或废物处置全生命周期范围内的 CO_2 排放量。ISO14967 包括两大部分：ISO14067-1 量化（Quantification）；ISO14067-2 标识（Communication）。其核算范围与 PAS2050 相同，不仅涵盖《京都议定书》规定的 6 种 GHG，同时也包括《蒙特利尔议定书》规定的 63 种 GHG。2011 年 12 月 23 日，ISO14067 国际标准草案版（DIS）发布，它将环境标志与声明、商品生命周期分析、温室气体核查等内容集合，可核算产品碳足迹 95% 的范围，是比较精密的版本。ISO14067 正式版预计于 2014 年正式颁布。届时，其他计算准则或将终止或进行修正。ISO14067 也将与其他标准，如 ISO14025（环境标志和声明）、ISO14044（生命周期评估）、PAS2050 等温室气体排放评估规范保持一致。

3.4.4 《2006 年 IPCC 国家温室气体清单指南》

准确地说，《2006 年 IPCC 国家温室气体清单指南》（*2006 IPCC Guidelines for National Greenhouse Gas Inventories*，IPCC2006）并不是一部用于碳标识的碳足迹核算标准，而是一部在国家或区域层面指导部门温室气体清单编制的指南。IPCC2006 报告中提供了一套目前世界上最权威的碳足迹核算体系。

1994 年，IPCC 完成了《国家温室气体清单指南》，并受到广泛的国际认可。1996 年，指南修订版被《京都议定书》指定为第一承诺期内的官方碳减排核算方法，各国以 IPCC2006 为基础制定了国家 GHG 清单。为进一步完善 IPCC2006 的清单制定方法，提高核算结果精度，IPCC 于 2000 年提交了《国家温室气体清单优良做法指南和不确定性管理报告》。2006 年，根据《联合国气候变化框架公约》（United Nations Framework Convention on Climate Change, UNFCCC）的要求，IPCC 发布了调整后的最新版《2006 年 IPCC 国家温室气体清单指南》，并在其官方网站上免费提供 IPCC2006 版的清单制定软件[1]（图 3-9）。

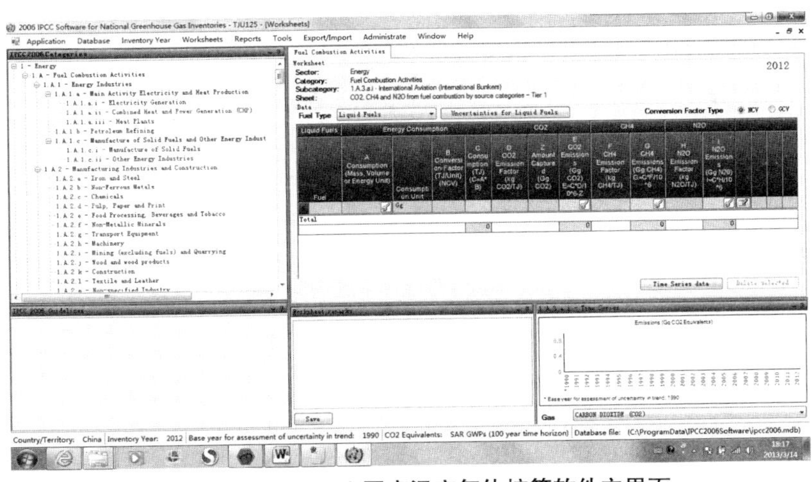

图 3-9 IPCC2006 国家温室气体核算软件主界面

IPCC2006 将碳源与碳汇核算分为 5 大部门，各部门独立成卷，它们是：能源、工业过程和产品使用、农林和土地利用变化、废弃物、其他。IPCC2006 详细构建了多层级的各部门排放源目录，国家或地区通过在排放源子目录层面逐项输入排放数据，软件将数据汇总，建立起该国或地区的温室气体清单（图 3-10）。IPCC2006 采集数据主要为两种，一是活动数据，二是排放因子。IPCC 中的基本方法学公式为“温室气体排放量 = 活动数据 × 相应排放因子”。IPCC2006

1 http://www.ipcc-nggip.iges.or.jp/software/new.html.

将29种温室气体（表3-7）纳入核算范围，并提供了多种源排放因子缺省值，各国可根据背景信息选择或参考该缺省值，或者也可以根据国内研究成果，自

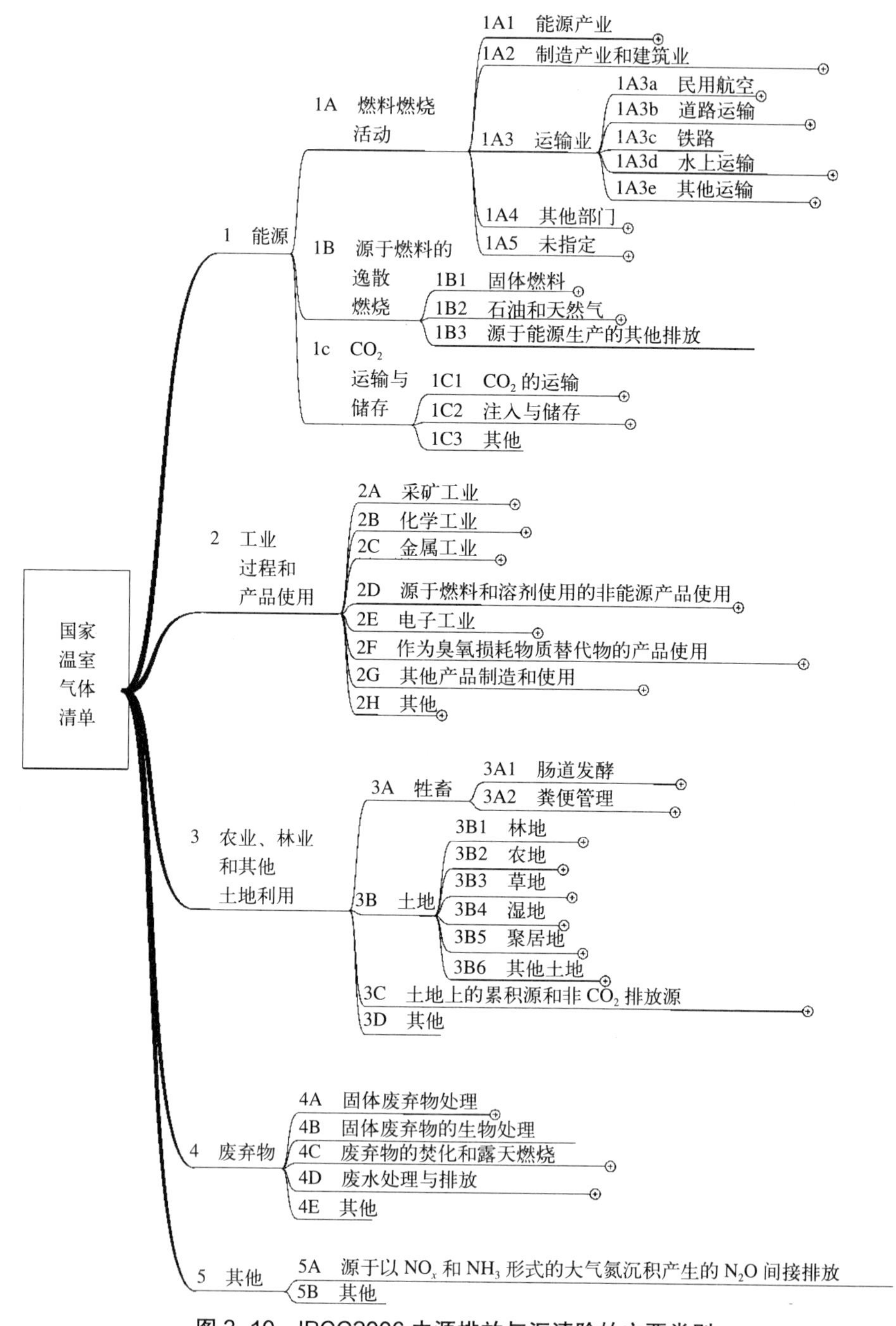

图 3-10 IPCC2006 中源排放与汇清除的主要类别

（资料来源：IPCC2006）

主确定适合本国国情的源排放因子。此外，为了方便各国研究机构的数据共享，IPCC 建立起 EFDB 排放因子数据库[1]的在线开放平台，研究者可以在该网站上传或查询特定情况下的温室气体排放因子数值。

IPCC2006包括的温室气体范围 **表3-7**

工业名称或通用名	化学分子式
二氧化碳	CO_2
甲烷	CH_4
氧化亚氮	N_2O
氢氟烃	HFCs
	HFC-23 (CHF_3)
	HFC-134a (CH_2FCF_3)
	HFC-152a (CH_3CHF_2)
全氟碳	PFCs
	CF_4
	C_2F_6
	C_3F_8
	C_4F_{10}
	c-C_4F_8
	C_5F_{12}
	C_6F_{14}
六氟化硫	SF_6
三氟化氮	NF_3
五氟化硫三氟化碳	SF_5CF_3
卤化醚	$C_4F_9OC_2H_5$
	$CHF_2OCF_2OC_2F_4OCHF_2$
	$CHF_2OCF_2OCHF_2$
其他卤烃	CF_3I
	CH_2Br_2
	$CHCl_3$
	CH_3Cl
	CH_2Cl_2
其他卤化温室气体	$C_3F_7C(O)C_2F_5$
	C_7F_{16}
	C_4F_6
	C_5F_8
	c-C_4F_8O

（资料来源：IPCC2006第一卷）

1 http://www.ipcc-nggip.iges.or.jp/EFDB/main.php.

3.5 建筑碳足迹核算方法与标准的应用选取

上述影响广泛的碳足迹核算标准分别适用于产品、农业、林业、工业等研究对象，唯独没有针对碳排放比重最大的建筑业的核算标准，因此需要按照建筑领域研究对象的不同特点对上述碳足迹核算标准进行选取，从而指导建筑领域碳排放核算模型的构建。建筑碳足迹的研究尺度大体可分为以下 4 个层面。

1）建筑材料

核算建筑材料碳足迹有两种情况，一是核算某个特定建材产品，如某厂家生产的确定型号的钢材，该种情况下应选用 PLCA 法核算，可参考的核算标准包括 PAS2050、GHG Protocol《产品生命周期标准》和即将发布的 ISO14067；二是核算某种建材的行业平均水平碳足迹，如钢铁行业的碳足迹。该种情况下应选用 EIO-LCA 法，核算步骤同建筑业。

2）建筑单体、群体

核算建筑单体、群体碳足迹是将建筑单体、群体看成一个特定的产品，将建筑生命周期五个阶段设为系统边界，分析 5 个阶段的输入（建材、能源、施工机械等）和输出（温室气体种类）清单，此时应选用 PLCA 法核算建筑单体、群体生命周期碳足迹，可参考的核算标准包括 PAS2050、GHG Protocol《产品生命周期标准》和即将颁布的 ISO14067。

3）建筑企业

通过监测浓度和流速直接测量建筑企业碳足迹并不普遍。多数情况下，尤其是无法进行直接检测或直接检测费用过高时，采用基于设备和工艺流程的 PLCA 法估算温室气体排放量。可参考的核算标准为 GHG Protocol《企业标准》。由于企业的核算范围较大，系统边界内过程单元较多，GHG Protocol 在其官方网站上提供了多种温室气体计算工具供企业选择。多数企业需采用一种以上的计算工具核算全部温室气体排放源的排放量。如为核算企业炼铝设施的碳足迹，需采用“炼铝、固定燃烧、移动燃烧、使用氢氟碳化物”等计算工具。

4）建筑业

根据《国民经济行业分类与代码》（GB/T 4754—2011）建筑业（门类 E）包括房屋建筑业、土木工程建筑业、建筑安装业、建筑装饰和其他建筑业，共 4 大类 21 小类。此外，与建筑业密切相关的煤炭、石油开采、水泥等建筑材料制造，以及电气机械和器材制造等，又分布于其他门类的数十小类中。因此建筑业碳足迹核算应分为 3 步：首先，确定所研究建筑业的核算范围，即明确系统边界内包含的门类、大类及小类；其次，采用 IPCC2006 方法学框架中的方法一核算边界内直接温室气体排放量；最后采用 EIO-LCA 法核算由建筑业生产需求引起的其余部门的温室气体排放量，即建筑业隐含温室气体排放量。目前国际上暂无针对 EIO-LCA 法的碳足迹核算标准（表 3-8）。

建筑领域碳足迹分类及核算方法的选取 **表3-8**

适用范围		核算方法	输入数据	可参考核算标准
建筑材料	特定产品	PLCA法	活动数据、排放系数	PAS2050；GHG Protocol《产品生命周期标准》；ISO14067（DIS）
	行业水平	EIO-LCA法	投入产出表、统计年鉴、排放系数	无
建筑单体、群体		PLCA法	活动数据、排放系数	PAS2050；GHG Protocol《产品生命周期标准》；ISO14067（草案版）
建筑企业		监测、PLCA法	浓度和流速、活动数据、排放系数	GHG Protocol《企业标准》
建筑业		EIO-LCA法	投入产出表、统计年鉴、排放系数	无

3.6 建筑碳足迹核算

由于本文研究对象为建筑单体或群体，如 3.5 节所述，宜选用 PLCA 法进行建筑碳足迹核算。由于建筑碳足迹核算是对建筑生命周期各阶段 GHG 排放量的合理预期。也就是说，建筑碳足迹核算的重点并不在于描述建筑生命周期内实际产生的 GHG 排放，而是在于根据所拟定的评价框架核算出的碳足迹是否合理可信。因此，本节依据国际标准 ISO14040 LCA 方法学框架，系统构建基于过程的建筑生命周期碳排放核算模型，模型边界的确定及参数的选取以 PAS2050 规范为参照，结合我国该领域研究成果，对部分不符合我国国情的参数进行修正。

3.6.1 建筑碳足迹 LCA 框架构建

3.6.1.1 目的和范围的确定

1）目的

（1）应用意图：监测并收集建筑生命周期中与 GHG 排放相关的活动数据，从而核算建筑碳足迹，为决策者提供量化依据。

（2）沟通对象：建筑设计人员、开发商、业主、政府、决策者或其他相关各方。

2）范围

（1）产品系统：建筑碳足迹核算将建筑全生命周期作为产品系统，该系统由于资源、能源消耗而持续向外部环境排放 GHG。

（2）系统边界：建筑碳足迹核算的系统边界内应包含实现建筑实体及功能的一系列中间产品和单元过程，包括：建材生产与运输、建筑施工、建筑运行与维护、建筑拆除、废料回收及处理 5 个阶段（图 3-11）。

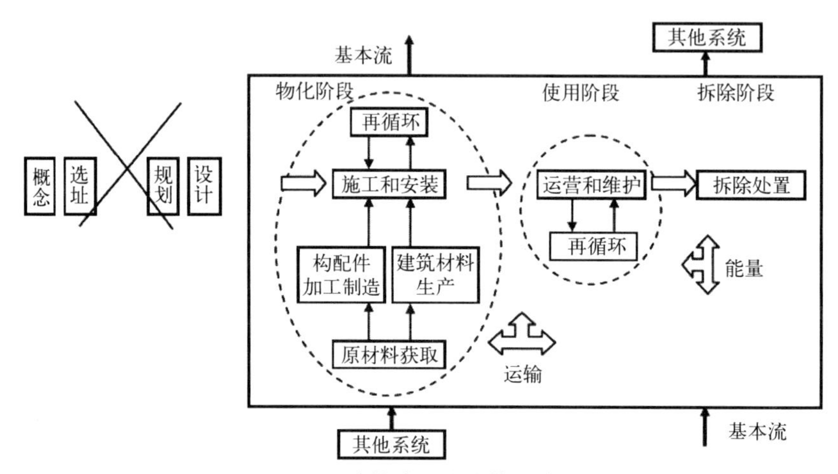

图 3-11　建筑碳足迹核算系统边界

（资料来源：尚春静，张智慧．建筑生命周期碳排放核算 [J]. 工程管理学报，2010 (1): 7-12.）

①建材生产与运输：该阶段包括水泥、砂浆、混凝土、砌块、钢材、玻璃、PVC 管、铝合金等主要建材的获取、加工和运输过程。

②建筑施工：该阶段包括从建材进场开始到建筑交付使用为止的一系列施工工序，如工地准备、基础工程、结构工程、设备工程、装修工程等。

③建筑运行与维护：该阶段包括家庭采暖、制冷、照明等过程，以及建筑使用过程中改建、维修等过程。

④建筑拆除：该阶段包括建筑生命结束时，拆除作业中涉及的施工过程。该阶段可视为施工阶段的逆过程。

⑤废料回收及处理：该阶段包括建筑废料从工地到垃圾场的运输过程，以及垃圾处理过程。

（3）功能单位：建筑规模和建筑运行年限会对建筑碳足迹核算结果造成较大影响，干扰核算结果的横向比较。这是由于前者直接导致建材用量、施工量不同，进而影响相应阶段的 GHG 排放；后者直接导致建筑运行期总能耗不同，进而影响能源消耗造成的 GHG 排放。因此，采用“单位建筑面积年 GHG 排放量”，而非“建筑生命周期总 GHG 排放量”作为评价的功能单位，有利于消除建筑规模、设计年限等因素的干扰，确保了核算结果的一致性和可比性。

（4）影响类型：建筑碳足迹核算旨在评价建筑生命周期中对全球气候变化造成的累积影响。因此，建筑碳足迹核算范围理论上应包括所有具有增温效应的 GHG。然而，实际情况中，综合考虑核算成本、可操作性和数据获取条件，现有碳足迹评估标准所涵盖的 GHG 种类各不相同。根据我国建筑碳足迹研究现状，本书规定本研究中的建筑碳足迹核算范围仅考虑对全球变暖贡献最大的 CO_2 这一种温室气体。

（5）数据要求：所有数据均采用国际单位制，即：长度单位 m、km；面积单位 m^2；体积单位 m^3；重量单位 kg、t；容重单位 kg/ m^3；热力学温度单位 K；热量单位 J、kJ、MJ、GJ、TJ、kWh；功率单位 W；摄氏温度单位℃。此外，由于化石燃料所含热量各不相同，为了便于能耗计算与对比，我国把发热量为 29306 kJ/kg 的煤定为标准煤，以标煤吨数（tce 或 kgce）作为石油、天然气等其他能源的数据单位。化石燃料的平均低位发热量及折标准煤系数详见表 3-9。

各种能源折标准煤参考系数 **表3-9**

能源名称		平均低位发热量	折标准煤系数
原煤		20908kJ/kg（5000kcal/kg）	0.7143kgce/kg
洗精煤		26344kJ/kg（6300kcal/kg）	0.9000kgce/kg
其他洗煤	洗中煤	8363kJ/kg（2000kcal/kg）	0.2857kgce/kg
	煤泥	8363kJ/kg～12545kJ/kg（2000kcal/kg～3000kcal/kg）	0.2857~0.4286kgce/kg
焦炭		28435kJ/kg（6800kcal/kg）	0.9714kgce/kg
原油		41816kJ/kg（10000kcal/kg）	1.4286kgce/kg
燃料油		41816kJ/kg（10000kcal/kg）	1.4286kgce/kg
汽油		43070kJ/kg（10300kcal/kg）	1.4714kgce/kg
煤油		43070kJ/kg（10300kcal/kg）	1.4714kgce/kg
柴油		42652kJ/kg（10200kcal/kg）	1.4571kgce/kg
煤焦油		33453kJ/kg（8000kcal/kg）	1.1429kgce/kg
渣油		41816kJ/kg（10000kcal/kg）	1.4286kgce/kg
液化石油气		50179kJ/kg（12000kcal/kg）	1.7143kgce/kg
炼厂干气		46055kJ/kg（11000kcal/kg）	1.5714kgce/kg
油田天然气		38931kJ/m^3（9310kcal/m^3）	1.3300kgce/m^3
气田天然气		35544kJ/m^3（8500kcal/m^3）	1.2143kgce/m^3
煤矿瓦斯气		14636kJ/m^3～16726kJ/m^3（3500kcal/m^3～4000kcal/m^3）	0.5000kgce/m^3～0.5714kgce/m^3
焦炉煤气		16726kJ/m^3～17981kJ/m^3（4000kcal/m^3～4300kcal/m^3）	0.5714kgce/m^3～0.6143kgce/m^3

续表

能源名称		平均低位发热量	折标准煤系数
高炉煤气		$3763kJ/m^3$	$0.1286kgce/m^3$
其他煤气	a）发生炉煤气	$5227kJ/kg$（$1250kcal/m^3$）	$0.1786kgce/m^3$
	b）重油催化裂解煤气	$19235kJ/kg$（$4600kcal/m^3$）	$0.6571kgce/m^3$
	c）重油热裂解煤气	$35544kJ/kg$（$8500kcal/m^3$）	$1.2143kgce/m^3$
	d）焦炭制气	$16308kJ/kg$（$3900kcal/m^3$）	$0.5571kgce/m^3$
	e）压力气化煤气	$15054kJ/kg$（$3600kcal/m^3$）	$0.5143kgce/m^3$
	f）水煤气	$10454kJ/kg$（$2500kcal/m^3$）	$0.3571kgce/m^3$
粗苯		41816kJ/kg（10000kcal/kg）	1.4286kgce/kg
热力（当量值）		—	0.03412kgce/MJ
电力（当量值）		3600kJ/kWh（860kcal/kWh）	0.1229kgce/（kW·h）
电力（等价值）		按当年火电发电标准煤耗计算	
蒸汽（低压）		3763MJ/t（900Mcal/t）	0.1286kgce/kg

（资料来源：《综合能耗计算通则》GB/T 2589-2008。）

（6）假设：

①《民用建筑通则》（GB 50352—2005）规定普通建筑和构筑物的设计寿命为50年。因此，建筑碳足迹核算中运行期假定与设计寿命相同，即50年。

②由于建筑碳足迹核算是对建筑生命周期各阶段GHG排放的预评估，无法确定建材销售过程中中间商的转运，因此，建材生产与运输阶段GHG的核算仅考虑工厂到施工场地的运输距离。同理，施工阶段仅核算施工机械的GHG排放；运行阶段仅核算运行GHG排放以及建材更换带来的生产与运输GHG排放；废料回收与处理阶段仅核算再利用建材所减少的生产与运输GHG排放、垃圾运输及处理工艺产生的GHG排放。

③由于施工过程中使用的建材种类繁多，统计所有的建材用量是不切实际的。本文按照一般惯例来确定建材统计种类，即：将所有建材按用量大小排序，累计重量占建材总重量80%的建材，被纳入建材核算范围。

3.6.1.2 生命周期清单分析（LCI）

LCI是对建筑生命周期边界内输入输出数据的简化与收集过程，依据能源、资源和GHG排放的数据流，建立起建筑碳足迹的分析清单（图3-12）。

在建筑碳足迹清单中，由于清洁能源和绿化系统对CO_2的抵消作用，应在建筑生命周期碳排放核算中减去相应的能源消耗及CO_2排放。同时，在对建筑拆除处置阶段进行碳足迹核算时，考虑到建材回收利用可减少原材料生产及运输过程中的CO_2排放，应在建材输入清单中减去其回收部分。

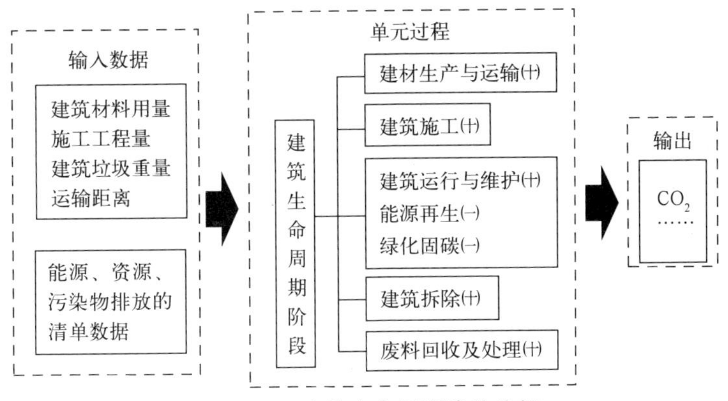

图 3-12　建筑生命周期清单分析

3.6.1.3　生命周期影响评价（LCIA）

LCIA 是根据 LCI 结果对建筑生命周期过程中所造成的环境影响进行定性定量的评估，得到单一环境影响指标的过程。其包括分类、特征化和评价三个步骤。根据美国环境保护署（United States Environmental Protection Agency，EPA）开发的 TRACI 工具，环境影响类型可分为以下 12 个方面：臭氧耗竭、全球变暖、酸化、致癌、非致癌、颗粒物、富营养化、烟雾、生态毒性、化石燃料消耗、土地使用、水资源消耗[1]。

1）分类

由于本文的评价对象是建筑生命周期碳足迹，因此 LCI 结果仅涉及全球变暖一种环境影响类型。

2）特征化

将多量纲环境问题统一为同一量纲以衡量或比较不同环境问题潜在环境影响的过程被称为特征化。建筑生命周期碳足迹评价的特征化，即：应用全球变暖潜值（Global Warming Potential，GWP）将各种 GHG 转化为 CO_2 当量，以表征其对全球变暖的贡献值。这里以 CO_2 为特征化的量纲单位，是由于相较于其他 GHG，CO_2 对全球变暖的贡献率最大，约 63%。

衡量温室气体作用强弱的评价方法有很多，GWP 是其中应用最为广泛的一种，它从分子角度评价了温室气体的吸收蓄热能力以及本身的大气存留时间。ISO14064-1（2006）将 GWP 定义为：将单位质量的某种温室气体在给定时间段内辐射强迫的影响与等量 CO_2 辐射强迫影响相关联的系数。尽管学界有多种模型来计算 GWP，但最常采用的是 IPCC 开发的当量

1　世界各国对环境影响类型的划分各不相同，如日本建立的生命周期影响评价体系 LME 中将环境影响类型划分为：臭氧耗竭、全球变暖、酸化、光化学烟雾、区域空气污染、人为毒性、生态毒性、富营养化、土地利用、废弃土地、资源消费。

因子模型，其评估的累积时间尺度有 20 年、100 年和 500 年。由于建筑结构设计寿命多为 50~100 年，因此建筑生命周期碳足迹评价中温室气体通常取 100 年的 GWP 值。表 3-10 为 IPCC2007 公布的最新版 100 年全球变暖潜值，计算中应对数据进行实时更新。表中 CH_4 的 GWP 值为 25，表示 1 克 CH_4 对全球变暖的影响等同于 25 克的 CO_2。采用 GWP 作为建筑碳足迹核算的特征化因子，可以将清单分析结果中的所有 GHG 排放折算为以 CO_2 当量（CO_{2ep}）表示的全球变暖影响类型核算结果：

$$CF_{\text{life cycle}}=\sum_{j=1}^{5}\sum_{i=1}^{n}W_{ij}\cdot GWP_{i}$$

式中，$CF_{\text{life cycle}}$ 为以 CO_{2eq} 表示的建筑生命周期 GHG 排放量；W_{ij} 为建筑生命周期 j 阶段所产生的温室气体 i 的排放量；GWP_i 为温室气体 i 的全球变暖潜值。

温室气体100年全球变暖潜值 表3-10

工业名称或通用名	化学分子式	100年的GWP
与CO_2有关的直接（CH_4除外）全球变暖潜势		
二氧化碳	CO_2	1
甲烷	CH_4	25
氧化亚氮	N_2O	298
《蒙特利尔议定书》控制的物质		
CFC-11	CCl_3F	4750
CFC-12	CCl_2F_2	10900
CFC-13	$CClF_3$	14400
CFC-113	CCl_2FCClF_2	6130
CFC-114	$CClF_2CClF_2$	10000
CFC-115	$CClF_2CF_3$	7370
哈龙-1301	$CBrF_3$	7140
哈龙-1211	$CBrClF_2$	1890
哈龙-2402	$CBrF_2CBrF_2$	1640
四氯化碳	CCl_4	1400
甲基溴	CH_3Br	5
甲基氯仿	CH_3CCl_3	146
HCFC-22	$CHClF_2$	1810
HCFC-123	$CHCl_2CF_3$	77
HCFC-124	$CHClFCF_3$	609

续表

与CO_2有关的直接（CH_4除外）全球变暖潜势		
工业名称或通用名	化学分子式	100年的GWP
HCFC-141b	CH_3CCl_2F	725
HCFC-142b	CH_3CClF_2	2310
HCFC-225ca	$CHCl_2CF_2CF_2$	122
HCFC-225cb	$CHClFCF_2CClF_2$	595
氢氟碳化合物		
HFC-23	CHF_3	14800
HFC-32	CH_2F_2	675
HFC-125	CHF_2CF_3	3500
HFC-134a	CH_2FCF_3	1430
HFC-143a	CH_3CF_3	4470
HFC-152a	CH_3CHF_2	124
HFC-227ea	CF_3CHFCF_3	3220
HFC-236fa	$CF3_3CH_2CF_3$	9810
HFC-245fa	$CHF_2CH_2CF_3$	1030
HFC-365mfc	$CH_3CF_2CH_2CF_3$	794
HFC-43-10mee	$CF_3CHFCHFCF_2CF_3$	1640
全氟化合物		
六氟化硫	SF_6	22800
三氟化氮	NF_3	17200
PFC-14	CF_4	7390
PFC-116	C_2F_6	12200
PFC-218	C_3F_8	8830
PFC-318	$c\text{-}C_4F_8$	10300
PFC-3-1-10	C_4F_{10}	8860
PFC-4-1-12	C_5F_{12}	9160
PFC-5-1-14	C_6F_{14}	9300
PFC-9-1-18	$C_{10}F_{18}$	>7500
三氟甲基五氟化硫	SF_5CF_3	17700
氟化醚		
HFE-125	CHF_2OCF_3	14900
HFE-134	CHF_2OCHF_2	6320
HFE-143a	CH_3OCF_3	756

续表

与CO_2有关的直接（CH_4除外）全球变暖潜势		
工业名称或通用名	化学分子式	100年的GWP
HCFE-235da2	$CHF_2OCHClCF_3$	350
HFE-245cb2	$CH_3OCF_2CHF_2$	708
HFE-245fa2	$CHF_2OCH_2CF_3$	659
HFE-254cb2	$CH_3OCF_2CHF_2$	359
HFE-347mcc3	$CH_3OCF_2CF_2CF_3$	575
HFE-347pcf2	$CHF_2CF_2OCH_2CF_3$	580
HFE-356pcc3	$CH_3OCF_2CF_2CHF_2$	110
HFE-449sl (HFE-7100)	$C_4F_9OCH_3$	297
HFE-569sf2 (HFE-7200)	$C_4F_9OC_2H_5$	59
HFE-43-10-pccc124 (H-Galden 1040x)	$CHF_2OCF_2OC_2F_4OCHF_2$	1870
HFE-236ca12 (HG-10)	$CH_2OCF_2OCHF_2$	2800
HFE-338pcc13 (HG-01)	$CHF_2OCF_2CF_2OCHF_2$	1500
全氟聚醚		
PFPMIE	$CF_3OCF(CF_3)CF_2OCF_2OCF_3$	10300
碳氢化合物和其他化合物－直接效应		
二甲醚	CH_3OCH_3	1
二氯甲烷	CH_2Cl_2	8.7
甲基氯化物	CH_3Cl	13

（资料来源：IPCC2007）

3）评价

LCIA在LCI结果分类和特征化的基础上，对特定环境影响类型参数化结果进行归一化和加权，即可得到整合的环境影响指标。

归一化又称规格化，是一种简化计算的方式，即将有量纲的表达式，经过与基准值的比较，化为无量纲的表达式。在建筑生命周期碳足迹评价中，基准值的设定可以有以下三种方式：特定范围内（全球、国家或区域等）的排放总量；特定范围内均值（人均或单位GDP等）排放量；基准情境（特定的基准建筑等）。有关基准的讨论详见本书第四章。

确定权重则是确定不同环境影响类型相对贡献大小的过程。经过特征化和归一化之后，得到的是单项环境问题的影响，而对这些单项环境问题影响进行加权，才能得到整合性的影响指标。通常确定权重的方法主要采用目标距离法和层次分析法。但在建筑生命周期碳排放核算中，由于只有全球变暖一种环境影响类型，因此不存在加权过程（图3-13）。

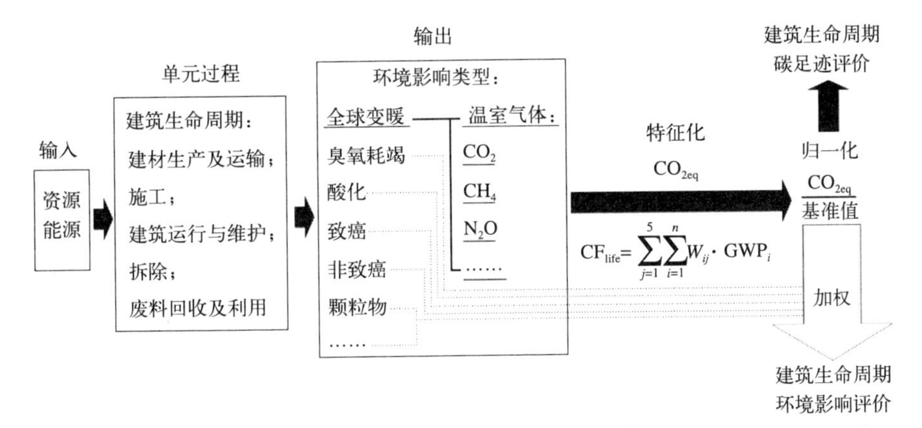

图 3-13 建筑碳足迹 LCA 框架示意图

3.6.1.4 生命周期解释

建筑碳足迹生命周期解释是根据 LCI、LCIA 结果分析建筑生命周期各阶段碳排放表现，通过比较研究，明确影响建筑碳排放的关键因素，为获得碳足迹更小的低碳建筑提供可能的研究方向，从而改善建筑生命周期碳排放性能。

3.6.2 排放因子选取

排放因子（Emission Factor，EF）是将单位物料使用量换算成产生温室气体排放量的重要依据。一般而言，排放因子应使用现场或本土化的数据较为适当，然而由于国内此领域研究十分有限，因此目前使用的排放因子多以 IPCC 和 GHG Protocol 等组织公布的数据为主。同时，研究者可以在 IPCC-NGGIP 网站上的排放因子数据库[1]（Emission Factor Database，EFDB）中查询到更多、更新的排放因子。然而，由于该数据库对所有公众开放，因此使用该数据库中获得的排放因子需要对其数据源和数据质量进行详细考察。建筑生命周期碳排放核算中最基础的排放因子包括以下两类。

3.6.2.1 化石能源燃烧

化石能源消耗是建筑建造、运行直至拆除的动力基础，其分子结构主要为碳化合物，燃烧释放热能的同时产生 CO_2。从物质守恒的角度分析，燃烧产生的 CO_2 排放量主要取决于化石能源的含碳量，燃烧条件影响甚微。因此，化石能源燃烧产生的 CO_2 排放可以通过化石能源消耗量和含碳量进

1 http://www.ipcc-nggip.iges.or.jp/EFDB/find_ef_main.php.

行精确计算。本节基于 IPCC2006 方法学，计算我国国情下化石能源燃烧的 CO_2 排放因子，核算过程如下：

1）以热值单位统计能耗。由于 IPCC2006 报告中的温室气体排放因子分母为热值单位，因此，需要通过参数“平均低位发热量”将能源消耗的原物理单位转换为热值单位。我国《综合能耗计算通则》（GB/T 2589—2008）中列出了各能源类型的平均低位发热量（表 3-11）。

2）将以热值单位表征的能源消耗量乘以 IPCC2006 提供的 CO_2 排放因子，得到该能源类型的单位 CO_2 排放量。

3）考虑到实际情况中的不完全燃烧，第 2 步计算值需进行修正，乘以修正系数“碳氧化率”，即得到原单位能源（m^3 或 kg 等）燃烧的 CO_2 排放量。IPCC2006 规定排放因子的碳氧化率缺省为 1，为获得更加精确的计算结果，不同能源类型的碳氧化率可从二次数据源中获得。

4）化石能源燃烧的其余温室气体排放因子的计算重复上述步骤，CH_4 和 N_2O 的计算结果如表 3-11 所示。

5）当计算多种温室气体排放量时，可通过 GWP 值将各排放因子特征化为 CO_{2eq} 排放因子，公式如下：

$$EF_{co_{2eq}}=\sum_{i=1}^{n} EF_i \cdot GWP_i \qquad \text{公式 3-1}$$

式中，$EF_{co_{2eq}}$ 为 CO_2 当量排放因子；EF_i 为温室气体 i 的排放因子；GWP_i 为温室气体 i 的全球变暖潜值。

我国主要能源类型的 CO_2、CH_4、N_2O 排放因子 表3-11

燃料种类	单位	低位发热量	碳氧化率	CO_2排放因子		CH_4排放因子		N_2O排放因子	
		kJ/单位		kg/TJ	kg/单位	kg/TJ	kg/单位	kg/TJ	kg/单位
原油	kg	41816	0.98	73300	3.003811	3	0.000123	0.6	2.46E-05
天然气	m^3	38931	0.99	56100	2.162189	1	3.85E-05	0.1	3.85E-06
汽油	kg	43070	0.98	69300	2.925056	3	0.000127	0.6	2.53E-05
煤油	kg	43070	0.98	71500	3.017915	3	0.000127	0.6	2.53E-05
柴油	kg	42652	0.98	74100	3.097303	3	0.000125	0.6	2.51E-05
液化石油气	kg	50179	0.98	63100	3.102969	1	4.92E-05	0.1	4.92E-06
原煤	kg	20908	0.9	98300	1.849731	1	1.88E-05	1.5	2.82E-05
焦炉焦炭和褐煤焦炭	kg	28435	0.9	107000	2.738291	1	2.56E-05	1.5	3.84E-05
煤气焦炭	kg	28435	0.9	107000	2.738291	1	2.56E-05	0.1	2.56E-06

3.6.2.2 电能的 CO_2 排放因子

电能作为二次能源，与当地能源结构密切相关。火力发电比例越高，电能碳排放因子越大；清洁能源比例越高，电能碳排放因子越小。例如，日本国内电能 CO_2 排放因子为 0.533kg/kWh，而挪威国内 99% 为水力发电，CO_2 排放因子基本可以忽略不计[1]。因此，本节着重讨论我国能源结构下电能的 CO_2 排放因子。

根据《中国电力年鉴》，2008 年，我国火力发电 28030 亿 kWh，占全年总发电量的 81%；水力、核电和风电等其他发电方式占 19%[2]。火力发电过程由于能源燃烧产生大量的 CO_2 排放，相较之下，水力、核能发电过程及电网建设活动的 CO_2 排放量较小，可在电能 CO_2 排放因子的研究过程中简化，仅考虑火力发电的碳排放影响。我国火力发电的一次能源主要为煤炭、焦炉煤气、原油、汽油、柴油、燃料油和天然气。将 2007 年我国火力发电产生的 CO_2 排放除以各用能单位的终端消费电量，即得到终端消费电量的 CO_2 排放因子。需要注意的是，终端消费电量需考虑输配电损失和发电厂自用电能。目前，我国电网分为东北、华北、华东、华中、西北和南方五大区域（表 3-12）。

我国区域电网边界划分 **表3-12**

电网名称	覆盖省、市
华北区域电网	北京市、天津市、河北省、陕西省、山东省、内蒙古自治区
东北区域电网	辽宁省、吉林省、黑龙江省
华东区域电网	上海市、江苏省、浙江省、安徽省、福建省
华中区域电网	河南省、湖北省、湖南省、江西省、四川省、重庆市
西北区域电网	陕西省、甘肃省、青海省、宁夏回族自治区、新疆维吾尔自治区
南方区域电网	广东省、广西壮族自治区、云南省、贵州省、海南省

（资料来源：2012中国区域电网基准线排放因子[R]. 中国发展改革委气候司, 2012.）

由于各电网能源结构的差异，建筑碳排放核算中应根据项目位置选用适宜的电能排放因子。2012 年，中国发展改革委员会气候司公布了分区域的电能排放因子（表 3-13）。

---

1 张又升 . 建筑物生命周期二氧化碳减量评估 [D]. 台南 : 台湾成功大学 , 2002.

2 中国电力年鉴编辑委员会 . 中国电力年鉴 2008[M]. 北京 : 中国电力出版社 ,2008.

我国区域电网排放因子 **表3-13**

	$EF_{\text{grid,OM,y}}$(tCO$_2$/MWh)	$EF_{\text{grid,BM,y}}$（tCO$_2$/MWh)
华北区域电网	1.0021	0.5940
东北区域电网	1.0935	0.6104
华东区域电网	0.8244	0.6889
华中区域电网	0.9944	0.4733
西北区域电网	0.9913	0.5398
南方区域电网	0.9344	0.3791

（资料来源：2012中国区域电网基准线排放因子[R]. 中国发展改革委气候司, 2012.）

该报告中的排放因子采用了 OM 和 BM 两种核算方法。OM 算法的计算依据为国内总净上网电量、发电方式及一次能源总能耗，公式如下：

$$EF_{\text{grid,OM},y}=\frac{\sum_i(FC_{i,y}\times NCV_{i,y}\times EF_{\text{CO}_2 i,y})}{EG_y} \quad \text{公式 3-2}$$

式中，$EF_{\text{grid,OM,y}}$ 为年份 y 的 CO_2 排放因子；$FC_{i,y}$ 为年份 y 一次能源 i 的消耗量；$NCV_{i,y}$ 是年份 y 一次能源 i 的净热值；$EF_{\text{CO}_2 i,y}$ 是年份 y 一次能源 i 的 CO_2 排放因子；EG_y 是年份 y 的总上网电量；i 是年份 y 发电一次能源的种类；y 最近三年内的年份。

BM 算法则基于 m 个机组样本，加权平均各样本排放因子求得，公式如下：

$$EF_{\text{grid,BM},y}=\frac{\sum_m EG_{m,y}\times EF_{\text{EI},m,y})}{\sum_m EG_{m,y}} \quad \text{公式 3-3}$$

式中：$EF_{\text{grid,BM,y}}$ 为年份 y 的 BM 排放因子；$EG_{m,y}$ 为第 m 个样本机组年份 y 的上网电网；$EF_{\text{EI},m,y}$ 为第 m 个样本机组在第 y 年的排放因子（tCO$_2$/MWh)；m 为样本机组；y 为能够获得发电历史数据的最近年份。

由于天津地区的电力全部由华北电网提供，因此本书针对天津地区案例的建筑生命周期碳排放核算中，选用的是华北电网电力消费的碳排放因子。

3.6.3 时间加权系数确定

3.6.3.1 建筑运行和最终处置阶段排放影响的时间加权

建筑生命周期碳足迹评价是对建筑生命周期各阶段温室气体排放影响的预评估，因此在评价期内的碳排放影响应反映其存在于大气中的加权平均时间。建筑碳排放按性质可分为三种：一次性排放、延迟排放和延迟的一次性排放。一次性排放是指建筑建造初期建材生产、运输和施工阶段的碳排放；延迟排放是指建筑运行阶段由于采暖、制冷等每年持续产生的碳排放；延迟的一次性排放是指建筑最终处置阶段建筑拆除、废料回收和处理产生的碳排放。

IPCC2007 报告指出，一次性排放的辐射强迫与延迟排放、延迟的一次性排放不同，需根据具体情况引入时间加权系数对评价期内的排放影响进行计算。IPCC2007 第二章（第二条）表 2.14（注 a）[1] 中针对后两种情况给出了详细的衰减计算公式，但存在以下两个问题：一是该公式仅适用于 CO_2 排放；二是公式计算繁杂。为了简便计算并将核算范围扩展到温室气体，PAS2050 在附录 B 中提出了该公式的简化版。本文采用 PAS2050 简化公式对建筑运行、建筑拆除、废料回收和处理三个阶段的碳排放影响进行时间加权计算。

1）延迟排放：建筑运行阶段

$$FW_{\text{延迟排放}}=\frac{\sum_{\alpha=1}^{\text{建筑寿命}}x_{\alpha}(\text{评价期}-\alpha)}{\text{评价期}} \quad \text{公式 3-4}$$

式中，α 为发生排放的第几年，x_{α} 为建筑运行阶段第 α 年碳排放量占总排放量的比例。

2）延迟的一次性排放（25 年之内）：建筑拆除、废料回收和处理阶段

$$FW_{\text{延迟的一次性排放}}=\frac{\text{评价期}-(0.76\times t_0)}{\text{评价期}} \quad \text{公式 3-5}$$

式中，t_0 为产品形成到一次性排放之间的年数。此时的加权系数适用于产品生成的 25 年内产生的一次性排放，此外，应采用第一种情况计算加权值。由于一般情况下，建筑的使用寿命较长，因此将建筑拆除、废料回收和处理阶段与运行阶段的碳排放一起看作运行期的延迟排放，进行第一种方法的时间加权较为常见。

3.6.3.2 绿化碳存储影响的时间加权

建筑绿化系统通过光合作用可以很好地固定 CO_2，从而对碳减排产生积极影响。绿化固碳是随着时间推移的一个持续过程，因此低碳建筑评价期内的绿化碳存储影响应反映评价期内存储的加权平均时间。

$$FW_{\text{绿化固碳}}=\frac{\sum_{\alpha=1}^{\text{评价期}}x_{\alpha}}{\text{评价期}} \quad \text{公式 3-6}$$

式中，α 为发生存储的第 α 年，x_{α} 为建筑绿化系统第 α 年的碳存储效益。

1 Solomon S., Qin D., Manning M., et al. Climate Change 2007: The Physical Science Basis. Working Group I Contribution to the Fourth Assessment Report of the IPCC [M]. Cambridge: Cambridge University Press, 2007.

3.6.4 建筑生命周期碳排放核算模型构建

由于建筑生命周期各阶段能源、资源输入输出均不相同，需要分别计算。因此，建筑生命周期碳排放核算模型可由下式表示：

$$CF_{lc}=CF_{prod}+CF_{erect}+FW_{延迟排放}\cdot(CF_{occup}+CF_{demol}+CF_{remov})-CF_{g} \quad 公式 3-7$$

3.6.4.1 建材生产与运输

1）建材（包括维护更新使用的建材）生产阶段碳足迹的计算如下：

$$CF_{manuf,prod}=\sum_{k=1}^{n}EF_{k}\cdot Q_{k}\cdot(1+w_{k})\cdot(\frac{建筑寿命}{建材\ k\ 寿命}) \quad 公式 3-8$$

式中，k 为建材的种类数；EF_k 为建材生产过程的温室气体排放因子（表3-14）；Q_k 为建材使用量；w_k 为建材在施工过程中的损耗率。

主要建材的CO_2排放因子 表3-14

建材名称	CO_2排放因子	单位	密度t/m³	损耗率	建材寿命
C30混凝土	361.6	kg/m³	2.4	0.05	50
C40混凝土	388.8	kg/m³		0.05	50
C50混凝土	415.4	kg/m³		0.05	50
C60混凝土	512.6	kg/m³		0.05	50
C80混凝土	616.1	kg/m³		0.05	50
C100混凝土	667.3	kg/m³		0.05	50
实心黏土砖	344.5	kg/m³	2	0.1	50
黏土空心砖	285.8	kg/m³	1.5	0.1	50
实心灰砂砖	313.8	kg/m³		0.1	50
加气混凝土砌块	212	kg/m³	0.5	0.1	50
普通混凝土砌块	146	kg/m³	0.8	0.1	50
粉煤灰硅酸盐砌块	273	kg/m³		0.1	50
水泥	574	kg/t	1.5	0	50
砂	50	kg/t	1.5	0	50
碎石	2	kg/t	2.2	0	50
水	20	kg/t		0	50
石灰	458	kg/t		0	50
石膏	210	kg/t		0.05	50
混合砂浆抹灰	125	kg/m³		0.05	50
钢材	2790	kg/t	7.85	0.1	50
木材	-842.8	kg/m³		0.1	50

续表

建材名称	CO_2排放因子	单位	密度t/m^3	损耗率	建材寿命
中空玻璃	965.5	kg/t	2.4	0	25
建筑玻璃	1430	kg/t		0	25
挤塑聚苯板	3130	kg/t	0.04	0.05	50
PVC卷材	6260	kg/t	1.45	0.05	30
UPVC水管	4700	kg/t	1.38	0.05	30
PPR管	6200	kg/t		0.05	30
铜	3800	kg/t		0.1	50
铝	2600	kg/t		0.1	25
铸铁	3080	kg/t	7	0.1	25
建筑陶瓷	730	kg/t		0	30
卫生陶瓷	1380	kg/t	2.1	0	30

（资料来源：作者根据资料汇总）

2）建材运输阶段的碳足迹由下式计算：

$$CF_{\text{transp,prod}}=\sum_{k=1}^{n} EF_{\mathrm{T}} \cdot Q_k \cdot (1+w_k) \cdot \left(\frac{\text{建筑寿命}}{\text{建材}\,k\,\text{寿命}}\right) \cdot D_k \qquad \text{公式 3-9}$$

式中，k 为建材的种类数；EF_{T} 为不同运输方式下的温室气体排放因子[$kgCO_{2eq}$/（t·km）]；Q_k 为建材使用量；w_k 为建材在施工过程中的损耗率；D_k 为建材 k 从工厂到建筑工地的距离。

货物运输方式分为公路、铁路、航空和水路四种。由于四种运输方式的能源种类、单位用量均不相同，对应的 CO_2 排放因子需要独立计算。

铁路运输 CO_2 排放因子：根据我国统计年鉴可查找当年铁路机车类型、能耗水平数据及单位工作量比例。将 10^4t·km 的铁路运输周转量按机车类型工作量比例分配，可得到当年铁路运输的 CO_2 排放因子。同理，可计算我国公路、水路和航空运输的 CO_2 排放因子（表 3-15，表 3-16）。

我国移动源CO_2排放因子 **表3-15**

运输类型	CO_2排放因子	单位
铁路运输	0.00913	kg/（t·km）
公路汽油货车	0.2004	kg/（t·km）
公路柴油货车	0.1983	kg/（t·km）
水路运输	0.0183	kg/（t·km）
航空运输	1.0907	kg/（t·km）

（资料来源：王霞. 住宅建筑生命周期碳排放研究[D]. 天津大学, 2012.）

IPCC2006移动源排放因子 表3-16

运输种类	燃料	CO_2	CH_4	N_2O	单位
道路运输	动力汽油	69300	33	3.2	kg/GJ
	汽油、柴油	74100	3.9	3.9	
	液化石油气	63100	62	0.2	
	液化天然气	56100	92	3	
	乙醇（卡车，美国）	0	260	41	
铁路运输	柴油	74100	4.15	28.6	
水运	汽油	69300	7	2	
	其他煤油	71900	7	2	
	汽油、柴油	74100	7	2	
	残留燃料油	77400	7	2	
	液化石油气	63100	7	2	
	天然气	56100	7	2	
航空	航空汽油	69300	0	2	
	航空煤油	71.5	0	0.002	

（资料来源：IPCC2006）

3.6.4.2 建筑施工阶段碳足迹

建筑施工阶段碳足迹按施工机械进行计算：

$$CF_{erect}=\sum_{m=1}^{n} EF_m \cdot Q_m \quad \text{公式 3-10}$$

式中，m 为施工机械的种类数；EF_m 为施工机械 m 的温室气体排放因子（kgCO_2/ 单位）；Q_m 为施工机械 m 的施工总量。

建筑施工阶段碳足迹主要为燃油和电能产生的 CO_2 排放。施工耗电的实际用量可由工程决算书统计。设计阶段预评估时，可根据经验按 12kWh/m^2 估算。施工阶段的燃油消耗主要为机械施工所致，由于目前并无直接统计数据，因此该阶段油耗可以通过《天津市建筑工程预算基价》和《施工机械台班基价》进行估算。《天津市建筑工程预算基价》统计了主要施工工艺的单位人机材用量，其中，机械用量以台班[1]计。《施工机械台班基价》则统计了单位台班的费用、组成、人工和燃料用量。施工机械量与相应台班燃料用量相乘，即得到该施工工艺单位能耗，进而通过 CO_2 排放因子得

1 工程机械连续工作 8 小时为一台班。

到该施工工艺的 CO_2 排放因子。具体计算时，将单位施工工艺的 CO_2 排放因子与其工程量相乘，即得到施工现场因燃油产生的 CO_2 排放量。表 3-17 列出了主要施工工艺的 CO_2 排放因子。

主要施工工艺的 CO_2 排放因子 **表3-17**

施工工艺	单位	CO_2 排放因子（kg/单位）
开挖、移除土方	m^3	1.05
原地平整土方	m^3	0.11
起重机搬运	m^2	0.054
水平运输	t · km	0.19
填土碾压平整	m^3	0.99
施工场地照明	m^2（建筑面积）	9.7

（资料来源：王霞. 住宅建筑生命周期碳排放研究[D]. 天津大学, 2012.）

3.6.4.3 建筑运行及维护阶段碳足迹

运行阶段的碳足迹就是建筑物投入使用后，日常能源消耗所产生的温室气体排放，如采暖、制冷、照明、机械通风等设备系统所消耗的化石能源与电力。维护阶段碳足迹由于主要考虑建材或构件老化更新所带来的建材生产及运输碳足迹，因此该部分碳足迹核算已包含在建材生产和运输阶段碳足迹的核算模型中。建筑运行阶段碳足迹核算步骤如下：

采用专业能耗模拟软件动态模拟建筑运行阶段全年采暖、制冷、生活热水和照明用能；进而根据所采用设备系统（集中供热或全空调系统）的能效比[1]，计算出建筑全年能耗；依据能源种类及相应 CO_2 排放因子，可折算出目标建筑运行阶段的年 CO_2 排放量，并扩展至建筑全生命周期（表 3-18）。

$$CF_{occup}=建筑寿命\cdot\sum(\frac{E_{负荷}}{\eta}\cdot EF_{f/e}) \qquad 公式 3-11$$

式中，$E_{负荷}$ 为专业能耗软件模拟的建筑物全年冷热负荷；η 为设备系统能效比；$EF_{f/e}$ 为化石燃料燃烧或电力温室气体排放因子，电力排放因子详见本书 3.6.2 节。

---

1 粗略计算时可采用设备铭牌上的能效比，电能用于制冷一般能效比大于 1，电能用于采暖一般能效比小于 1。精确计算时，由于空调设备有可能是部分负荷运作，能效会发生变化，并与空调系统类型、SEER 系数有关，相对复杂。

IPCC2006固定源燃烧的缺省排放因子（基于净发热值的温室气体的kg/TJ）　　表3-18

燃料		CO_2			CH_4			N_2O		
		缺省值	下限	上限	缺省值	下限	上限	缺省值	下限	上限
原油		73300	71000	75500	3	1	10	0.6	0.2	2
沥青质矿物燃料		77000	69300	85400	3	1	10	0.6	0.2	2
液体天然气		64200	58300	70400	3	1	10	0.6	0.2	2
汽油	动力汽油	69300	67500	73000	3	1	10	0.6	0.2	2
	航空汽油	70000	67500	73000	3	1	10	0.6	0.2	2
	航空汽油	70000	67500	73000	3	1	10	0.6	0.2	2
航空煤油		71500	69700	74400	3	1	10	0.6	0.2	2
航空煤油		71900	70800	73700	3	1	10	0.6	0.2	2
页岩油		73300	67800	79200	3	1	10	0.6	0.2	2
汽油、柴油		74100	72600	74800	3	1	10	0.6	0.2	2
残留燃料油		77400	75500	78800	3	1	10	0.6	0.2	2
液化石油气		63100	61600	65600	1	0.3	3	0.1	0.03	0.3
乙烷		61600	56500	68600	1	0.3	3	0.1	0.03	0.3
石油精		73300	69300	76300	3	1	10	0.6	0.2	2
沥青		80700	73000	89900	3	1	10	0.6	0.2	2
润滑剂		73300	71900	75200	3	1	10	0.6	0.2	2
石油焦炭		97500	82900	115000	3	1	10	0.6	0.2	2
提炼原料		73300	68900	76600	3	1	10	0.6	0.2	2
其他油	炼厂气	57600	48200	69000	1	0.3	3	0.1	0.03	0.3
	固体石蜡	73300	72200	74400	3	1	10	0.6	0.2	2
	石油溶剂和SBP	73300	72200	74400	3	1	10	0.6	0.2	3
	其他石油产品	73300	72200	74400	3	1	10	0.6	0.2	2
无烟煤		98300	94600	101000	1	0.3	3	1.5	0.5	5
炼焦煤		94600	87300	101000	1	0.3	3	1.5	0.5	5
其他沥青煤		94600	89500	99700	1	0.3	3	1.5	0.5	5
亚沥青煤		96100	92800	100000	1	0.3	3	1.5	0.5	5
褐煤		101000	90900	115000	1	0.3	3	1.5	0.5	5
油页岩和焦油沙		107000	90200	125000	1	0.3	3	1.5	0.5	5
棕色煤压块		97500	87300	109000	1	0.3	3	1.5	0.5	5
专利燃料		97500	87300	109000	1	0.3	3	1.5	0.5	5
焦炭	焦炉焦炭和褐煤焦炭	107000	95700	119000	1	0.3	3	1.5	0.5	5
	煤气焦炭	107000	95700	119000	1	0.3	3	0.1	0.03	0.3

续表

燃料		CO_2			CH_4			N_2O		
		缺省值	下限	上限	缺省值	下限	上限	缺省值	下限	上限
煤焦油		80700	68200	95300	1	0.3	3	1.5	0.5	5
派生的气体	煤气公司气体	44400	37300	54100	1	0.3	3	0.1	0.03	0.3
	焦炉煤气	44400	37300	54100	1	0.3	3	0.1	0.03	0.3
	鼓风炉煤气	260000	219000	308000	1	0.3	3	0.1	0.03	0.3
	氧气吹炼钢炉煤气	82000	145000	202000	1	0.3	3	0.1	0.03	0.3
天然气		56100	54300	58300	· 1	0.3	3	0.1	0.03	0.3
城市废弃物（非生物量份额）		91700	73300	121000	30	10	100	4	1.5	15
工业废弃物		143000	110000	183000	30	10	100	4	1.5	15
废油		73300	72200	74400	30	10	100	4	1.5	15
泥炭		106000	100000	108000	1	0.3	3	1.5	0.5	5
固体生物燃料	木材、木材废弃物	112000	95000	132000	30	10	100	4	1.5	15
	亚硫酸盐废液(黑液)(a)	95300	80700	110000	3	1	18	2	1	21
	其他主要固体生物量	100000	84700	117000	30	10	100	4	1.5	15
	木炭	112000	95000	132000	30	10	100	4	1.5	15
液体生物燃料	生物汽油	70800	59800	84300	3	1	10	0.6	0.2	2
	生物柴油	70800	59800	84300	3	1	10	0.6	0.2	2
	其他液体生物燃料	79600	67100	93300	3	1	10	0.6	0.2	2
气体生物量	垃圾填埋气体	54600	46200	66000	1	0.3	3	0.1	0.03	0.3
	污泥气体	54600	46200	66000	1	0.3	3	0.1	0.03	0.3
	其他生物气体	54600	46200	66000	1	0.3	3	0.1	0.03	0.3
其他非化石燃料	城市废弃物（生物量比例）	100000	84700	117000	30	10	100	4	1.5	15

（资料来源：IPCC2006）

3.6.4.4 建筑拆除阶段碳足迹

建筑拆除阶段的碳足迹为拆除工艺（表 3-19）带来的 CO_2 排放，核算模型与施工阶段碳足迹相同：

$$CF_{demol}=\sum_{l=1}^{n} EF_l \cdot Q_l$$ 公式 3-12

式中，l 为拆除工艺的种类数；EF_l 为拆除工艺 l 的温室气体排放因子（kgCO_2/ 单位）；Q_l 为拆除工艺 l 的施工总量。

不同拆除工艺的CO_2排放因子 表3-19

拆除工艺	CO_2排放因子
破碎、构件拆除	2.52kg/m^2
填土碾压平整	0.99kg/m^3

（资料来源：彭文正. 以生命周期评估技术应用于建筑耗能之研究[D]. 台中：台湾朝阳科技大学,2003.）

3.6.4.5 废料回收及处理阶段碳足迹

废料回收及处理阶段碳足迹主要核算回收利用材料减少的 CO_2 排放，以及废料的运输、处理过程增加的 CO_2 排放两部分。其中，材料回收造成的建材用量减少在建材用量输入阶段已经扣除。因此，该阶段碳足迹仅核算废料运输及处理过程。

1）废料运输（表 3-20）碳足迹：

$$CF_{transp,remov}=\sum_{k=1}^{n} EF_T \cdot Q_k(1+w_k)\left(\frac{建筑寿命}{建材\ k\ 寿命}\right)[(1-R_k)D_w+R_k \cdot D_R]$$ 公式 3-13

式中，k 为建材的种类数；EF_T 为不同运输方式下的温室气体排放因子（kgCO_{2eq}/t · km）；Q_k 为建材使用量；w_k 为建材在施工过程中的损耗率；R_k 为废旧建材的回收比例；D_w 为建筑工地到垃圾处理厂的距离；D_R 为回收建材的运输距离。

垃圾填埋、焚烧、回收率 表3-20

垃圾种类	填埋	焚烧	回收率
	重量（百分比）		
混凝土	20	0	80
玻璃	60	0	40
金属	15	0	85
木材	55	15	30
塑料	65	25	10
其他垃圾、混合垃圾	90	0	10

（资料来源：FABRE G. The Low-Carbon Buildings Method 2011[M]. Guillaume FABRE.）

2）垃圾填埋或燃烧过程（表 3-21）碳足迹：

$$CF_{(land/inc),remov}=\sum_{k=1}^{n}Q_k(1+w_k)\left(\frac{建筑寿命}{建材\ k\ 寿命}\right)(EF_{land,k}\cdot R_{land,k}+EF_{inc,k}\cdot R_{inc,k}) \quad 公式 3\text{-}14$$

式中，k 为建材的种类数；EF_{land} 为垃圾填埋过程的温室气体排放因子；$R_{land,k}$ 为垃圾填埋比例；EF_{inc} 为垃圾焚烧过程的温室气体排放因子；$R_{inc,k}$ 为垃圾焚烧比例。

垃圾填埋、焚烧排放因子　　表3-21

垃圾种类		EF_{land}	EF_{inc}
		$kgCO_{2eq}/t$	
木材	FSC认证木材	2100	0
	非FSC认证木材	2100	1725
塑料		0	2800
其他垃圾		0	0

（资料来源：FABRE G. The Low-Carbon Buildings Method 2011[M]. Guillaume FABRE.）

3.6.4.6　林业碳汇

碳汇一般是指从空气中清除 CO_2 的单元过程。在建筑碳足迹核算中，林业碳汇主要是指基地内绿色植物对 CO_2 的固化作用。世界自然基金会（World Wildlife Fund，WWF）LPR2002 报告中提供的数据称：全球平均每公顷林地每年可吸收 5.2t 二氧化碳[1]。因此，建筑绿化，包括场地绿化、垂直绿化或屋面种植，是建筑生命周期碳足迹评价不可或缺的一环（表 3-22）。建筑基地 CO_2 固定量的核算模型如下：

$$CF_g=建筑寿命\cdot\sum_{g=1}^{n}EF_g\cdot R_g\cdot A_{site} \quad 公式 3\text{-}15$$

式中，g 为植物栽植方式的种类；EF_g 为第 g 种栽植方式的年固碳量；R_g 为基地绿化率；A_{site} 为总用地面积；A 为总建筑面积。

植栽方式CO_2排放因子　　表3-22

栽植方式	40年CO_2固定量（kg/m^2）
大小乔木、灌木、花草密植混种区（乔木平均种植间距＜3.0m，土壤深度＞1.0m）	1100
大小乔木密植混种区（平均种植间距＜3.0m，土壤深度＞0.9m）	900

1　陶在朴．生态包袱与生态足迹 [M]. 北京：经济科学出版社，2003.

续表

栽植方式	40年CO_2固定量（kg/m^2）
落叶大乔木（土壤深度>1.0m）	808
落叶小乔木、针叶木或疏叶性乔木（土壤深度>1.0m）	537
大棕榈类（土壤深度>1.0m）	410
密植灌木丛（高约1.3m，土壤深度>0.5m）	438
密植灌木丛（高约0.9m，土壤深度>0.5m）	326
密植灌木丛（高约0.45m，土壤深度>0.5m）	205（灌木丛标准值）
多年生蔓藤（以立体攀附面积计量，土壤深度>0.5m）	103
高草花花圃或高茎野草地（高约1.0m，土壤深度>0.3m）	46
一年生蔓藤、低草花花圃或低茎野草地（高约0.25m，土壤深度>0.3m）	14
人工修剪草坪	0

（聂梅生，秦佑国，江亿. 中国绿色低碳住区技术评估手册[M]. 北京：中国建筑工业出版社，2011.）

3.7 本章小结

首先，本章归纳总结了碳足迹的概念、分类、核算方法和核算标准等基础性问题。在对碳足迹核算方法比对分析的基础上，提出针对建筑领域碳足迹核算特征的选取原则，同时指出现行的碳足迹核算方法与标准均未针对建筑碳足迹核算确定研究目标、边界和具体数学模型。

继而，依据国际标准ISO14040提供的LCA方法学框架，以建筑单体、群体为研究对象，提出我国建筑碳足迹生命周期评价的目的与范围、清单分析、影响评价和解释框架。将建筑碳足迹核算的时间范畴划分为：建材生产与运输、建筑施工、建筑运行与维护、建筑拆除、废料回收和处理五个阶段；空间范畴界定为我国天津地区。

最后，根据IPCC2006、PAS2050等规范计算或选取适合天津地区实际情况的各类源排放因子、时间加权系数等基础参数，综合建筑碳足迹LCA框架，构建了完整的建筑生命周期碳排放核算模型。

研究结果表明，建立统一的评价框架和数学模型可以有效规范建筑生命周期碳排放核算结果。然而，若想进一步提高核算结果精度，必须依靠国家、行业和研究者的共同努力，建立并持续完善我国的建筑排放因子数据库，通过对不同地区、厂家、建设活动进行监测与追踪，全面分析移动源、固定源、工艺、材料、部品等多门类的CO_2（温室气体）排放因子，并将统计分析制度化以便定期更新。

第四章　指标基准

基准是判定建筑指标性能优劣的重要依据，只有设定科学合理的指标基准线，评价体系的评价结果才能更准确地反映建筑真实的性能表现。与欧美国家相比，我国建筑指标基准方法的工作基础较差，尚未建立起完善的数据采集与分析体系。本章系统研究了绿色建筑评价体系中基准确定方法的分类与应用，对比其特征与适用范围，为我国低碳建筑评价研究中指标基准的确定提供研究思路。

“基准”（Benchmarking）一词源于商业过程中的标杆管理，为全面质量管理（Total Quality Management，TQM）的组成部分。标杆管理的概念可概括为：不断寻找和研究同行业一流公司或其他行业相似过程的最佳实践，以此为基准与本企业进行比较、分析、判断，从而使企业不断完善和进入赶超一流公司、创造优秀业绩的良性循环过程[1]。标杆管理使用特定的指标衡量企业绩效，如单位产品质量、时间或成本，其核心是一个向最佳实践的“学习过程”。基准的评价过程可通过下图中的五个步骤表示：首先确定核心问题，其次收集核心问题的内部基准线数据（Baseline Data），并将其与外部数据比较，然后对比较结果进行分析，最后提出改进措施并加以执行（图 4-1）。

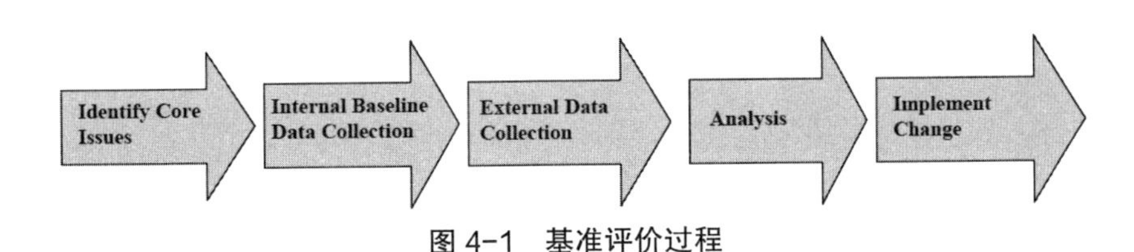

图 4-1　基准评价过程

（资料来源：Matson N E, Piette M A. Review of California and national methods for energy performance benchmarking of commercial buildings[J]. 2005.）

4.1　建筑指标基准与基准线

1. 建筑指标基准

建筑指标基准评价（Benchmarking）是通过比较参评建筑与同功能类

1　维基百科：http://en.wikipedia.org/wiki/Benchmarking.

似建筑的某项指标性能，来对其自身状况进行评价的方法。通过指标基准评价，建筑业主或管理者可以了解建筑运行情况，对比参评建筑与其他同类建筑的性能差异，确立改进目标，并通过此评价赢得行业声誉。在建筑设计或改造阶段，建筑指标基准评价可以评价建筑设计措施是否合理。在对参评建筑进行能耗、水耗、污染排放等性能审计时，建筑指标基准评价是用来评估拟采取措施是否有效的重要方法。

2. 建筑指标基准线

建筑指标基准线（Baseline）是建筑指标基准评价过程中指标赋值的基础和依据，代表某一范围内建筑性能的特定水平。在现有的绿色建筑评价体系中，建筑指标基准线的性质可大体分为法规标准、实测性能和模拟性能共3类。下面分别对这3类指标基准线的内涵及确定方法进行详细讨论。

4.2 基准线确定方法

4.2.1 以法规标准作为指标基准线

采用此种基准线形式的指标项倾向于措施考察，它与规范之间具有良好的衔接关系，同时这种基准线易于获得，基准评价过程简便。此方法广泛应用于现行绿色建筑评价体系之中，如LEED、BREEAM和我国《绿色建筑评价标准》等。

以《绿色建筑评价标准》为例，“节能与能源利用”指标大类中对控制项进行了明确规定：

5.1.1 围护结构热工性能指标符合国家、行业和地方建筑节能设计标准的规定。

5.1.2 外窗的气密性等级与可开启面积比例符合国家、行业和地方建筑节能设计标准的规定。

5.1.3 空调采暖系统的冷热源机组能效比，以及锅炉热效率符合现行国家和地方标准《公共建筑节能设计标准》的规定。

5.1.7 各房间或场所的照明功率密度值不高于现行国家标准《建筑照明设计标准》GB 50034规定的现行值。

这4个指标项均采用了相应专业的《节能设计标准》的规范性条款作为其指标基准线，参评建筑通过查阅即可轻松判定是否满足指标要求，方法简便，评价结果精确。

4.2.2 以建筑模拟性能作为指标基准线

采用建筑模拟性能作为指标基准线的指标项一般侧重于性能考察。在我国《公共建筑节能设计标准》（GB 50189—2005）中采用模拟性能作为基准线的概念有两个：一是基准建筑（Baseline Building）；二是参照建筑（Reference Building）。

1）基准建筑

我国《公共建筑节能设计标准》中将“20 世纪 80 年代改革开放初期建造的公共建筑”规定为节能 50% 的“基准建筑”。采用基准建筑的围护结构、设备、照明参数，以及现行规范的室内环境参数，通过专业能耗软件模拟获得的全年采暖、制冷及照明能耗，即为节能 50% 的基准能耗。基准建筑围护结构参数如表 4-1 所示；遮阳系数取 0.80；采暖热源取效率 0.55 的燃煤锅炉；空调冷源取离心机能效比 4.2、螺杆机能效比 3.8 的水冷机组；照明参数取 $25W/m^2$。

国内主要城市基准建筑的传热系数 **表4-1**

城市	外墙	屋顶	外窗	单位
哈尔滨	1.28	0.77	3.26	$W/m^2 \cdot K$
北京	1.70	1.26	6.40	$W/m^2 \cdot K$
上海	2.00	1.50	6.40	$W/m^2 \cdot K$
广州	2.35	1.55	6.40	$W/m^2 \cdot K$

2）参照建筑

参照建筑是指形状、大小、朝向、内部空间及使用功能与目标建筑完全一致的假想建筑。参照建筑在绿色建筑评价中应用十分广泛。我国《公共建筑节能设计标准》中围护结构热工性能的权衡判断，英国《可持续住宅法案》中目标排放率的计算，LEED“EAc1：能效优化”指标项中全建筑能源模拟等，都使用了参照建筑的概念作为相应指标的基准评价方法。

《公共建筑节能设计标准》4.3.2 节对参照建筑进行了详细的规定：“参照建筑（Reference Building）的形状、大小、朝向、内部的空间划分和使用功能应与所设计建筑完全一致。”在节能设计中，当目标建筑围护结构参数的设置不满足节能设计标准限值时，需按照《公共建筑节能设计标准》4.3.2 节中的规定进行权衡判断，以控制目标建筑年冷热负荷低于参照建筑。

4.3.2　在严寒和寒冷地区，当所设计建筑的体形系数大于本标准第 4.1.2 条[1]的规定时，参照建筑的每面外墙均应按比例缩小，使参照建筑的

1 《公共建筑节能设计标准》（GB 50189—2005）第 4.1.2 条：严寒、寒冷地区建筑的体形系数应小于或等于 0.40。当不能满足本条文的规定时，必须按本标准第 4.3 节的规定进行权衡判断。

体形系数符合本标准第 4.1.2 条的规定。当所设计建筑的窗墙面积比大于本标准第 4.2.4 条[1]的规定时，参照建筑的每个窗户（透明幕墙）均应按比例缩小，使参照建筑的窗墙面积比符合本标准第 4.2.4 条的规定。当所设计建筑的屋顶透明部分的面积大于本标准第 4.2.6 条[2]的规定时，参照建筑的屋顶透明部分的面积应按比例缩小，使参照建筑的屋顶透明部分的面积符合本标准第 4.2.6 条的规定。参照建筑外围护结构的热工性能参数取值应完全符合本标准第 4.2.2 条[3]的规定。参照建筑围护结构、周边地面和地下室外墙的传热系数等参数如表 4-2 ~表 4-7 所示。所设计建筑和参照建筑全年采暖和空气调节能耗的计算必须按照本标准附录 B 的规定进行。

严寒A区围护结构传热系数限值　　表4-2

围护结构部位		体形系数≤0.30	0.30＜体形系数≤0.4
		传热系数K[W/(m²·K)]	
屋面		≤0.35	≤0.30
外墙（包括非透明幕墙）		≤0.45	≤0.40
底面接触室外空气的架空或外挑楼板		≤0.45	≤0.40
非采暖房间与采暖房间隔墙或楼板		≤0.60	≤0.60
单一朝向外窗（包括透明幕墙）	窗墙面积比≤0.20	≤3.00	≤2.70
	0.20＜窗墙面积比≤0.30	≤2.80	≤2.50
	0.30＜窗墙面积比≤0.40	≤2.50	≤2.20
	0.40＜窗墙面积比≤0.50	≤2.00	≤1.70
	0.50＜窗墙面积比≤0.70	≤1.70	≤1.50
屋顶透明部分		≤2.50	

（资料来源：2005GB. 公共建筑节能设计标准 [S][D]. 2005.）

1 《公共建筑节能设计标准》(GB 50189—2005) 第 4.2.4 条：建筑每个朝向的窗（包括透明幕墙）墙面积比均不应大于 0.70。当窗（包括透明幕墙）墙面积比小于 0.40 时，玻璃（或其他透明材料）的可见光透射比不应小于 0.4。当不能满足本条文的规定时，必须按本标准第 4.3 节的规定进行权衡判断。

2 《公共建筑节能设计标准》(GB 50189—2005) 第 4.2.6 条：屋顶透明部分的面积不应大于屋顶总面积的 20%，当不能满足本条文的规定时，必须按本标准第 4.3 节的规定进行权衡判断。

3 《公共建筑节能设计标准》(GB 50189—2005) 第 4.2.2 条：根据建筑所处城市的建筑气候分区，围护结构的热工性能应分别符合表 4.2.2-1、表 4.2.2-2、表 4.2.2-3、表 4.2.2-4、表 4.2.2-5 以及表 4.2.2-6 的规定，其中外墙的传热系数为包括结构性热桥在内的平均值 Km。当建筑所处城市属于温和地区时，应判断该城市的气象条件与表 4.2.1 中的哪个城市最接近，围护结构的热工性能应符合那个城市所属气候分区的规定。当本条文的规定不能满足时，必须按本标准第 4.3 节的规定进行权衡判断。

严寒地区B区围护结构传热系数限值 **表4-3**

围护结构部位		体形系数≤0.30	0.30＜体形系数≤0.40
		传热系数K[W/(m²·K)]	
屋面		≤0.45	≤0.35
外墙（包括非透明幕墙）		≤0.50	≤0.45
底面接触室外空气的架空或外挑楼板		≤0.50	≤0.45
非采暖房间与采暖房间隔墙或楼板		≤0.80	≤0.80
单一朝向外窗（包括透明幕墙）	窗墙面积比＜0.2	≤3.20	≤2.80
	0.2＜窗墙面积比＜0.3	≤2.90	≤2.50
	0.3＜窗墙面积比＜0.4	≤2.60	≤2.20
	0.4＜窗墙面积比＜0.5	≤2.10	≤1.80
	0.5＜窗墙面积比＜0.7	≤1.80	≤1.60
屋顶透明部分		≤2.60	

（资料来源：2005GB. 公共建筑节能设计标准 [S][D]. 2005.）

寒冷地区围护结构传热系数和遮阳系数限值 **表4-4**

围护结构部位		体形系数＜0.30		0.30＜体形系数≤0.40	
		传热系数K[W/(m²·K)]			
屋面		≤0.55		≤0.45	
外墙（包括非透明幕墙）		≤0.60		≤0.50	
底面接触室外空气的架空或外挑楼板		≤0.60		≤0.50	
非采暖房间与采暖房间隔墙或楼板		≤1.50		≤1.50	
外窗（包括透明幕墙）		传热系数	遮阳系数（东、南、西向/北向）	传热系数	遮阳系数（东、南、西、向/北向）
单一朝向外窗（包括透明幕墙）	窗墙面积比≤0.20	≤3.50	—	≤3.00	—
	0.20＜窗墙面积比≤0.30	≤3.00	—	≤2.50	—
	0.30＜窗墙面积比≤0.40	≤2.70	≤0.70/—	≤2.30	≤0.70/—
	0.40＜窗墙面积比≤0.50	≤2.30	≤0.60/—	≤2.00	≤0.60/—
	0.50＜窗墙面积比≤0.70	≤2.00	≤0.50/—	≤1.80	≤0.50/—
屋顶透明部分		≤2.70	≤0.50	≤2.70	≤0.50

注：有外遮阳时，遮阳系数=玻璃的遮阳系数×外遮阳的系数；无外遮阳时，遮阳系数=玻璃的遮阳系数

（资料来源：2005GB. 公共建筑节能设计标准 [S][D]. 2005.）

夏热冬冷地区围护结构传热系数和遮阳系数限值　　表4-5

围护结构部位		传热系数K[W/(m²·K)]	
屋面		≤0.70	
外墙（包括非透明幕墙）		≤1.00	
底面接触室外空气的架空或外挑楼板		≤1.00	
外窗（包括透明幕墙）		传热系数	遮阳系数（东、南、西向/北向）
单一朝向外窗（包括透明幕墙）	窗墙面积比≤0.20	≤4.70	—
	0.20＜窗墙面积比≤0.30	≤3.50	≤0.55/—
	0.30＜窗墙面积比≤0.40	≤3.00	≤0.50/0.60
	0.40＜窗墙面积比≤0.50	≤2.80	≤0.45/0.55
	0.50＜窗墙面积比≤0.70	≤2.50	≤0.40/0.50
屋顶透明部分		≤3.00	≤0.40

注：有外遮阳时，遮阳系数=玻璃的遮阳系数×外遮阳的系数；无外遮阳时，遮阳系数=玻璃的遮阳系数

（资料来源：2005 G B. 公共建筑节能设计标准 [S][D]. 2005.）

夏热冬冷地区围护结构传热系数和遮阳系数限值　　表4-6

围护结构部位		传热系数K[W/(m²·K)]	
屋面		≤0.90	
外墙（包括非透明幕墙）		≤1.50	
底面接触室外空气的架空或外挑楼板		≤1.50	
外窗（包括透明幕墙）		传热系数	遮阳系数SC（东、南、西向/北向）
单一朝向外窗（包括透明幕墙）	窗墙面积比≤0.20	≤6.50	—
	0.20＜窗墙面积比≤0.30	≤4.70	≤0.50/0.60
	0.30＜窗墙面积比≤0.40	≤3.50	≤0.45/055
	0.40＜窗墙面积比≤0.50	≤3.00	≤0.40/0.50
	0.50＜窗墙面积比≤0.70	≤3.00	≤0.35/0.45
屋顶透明部分		≤3.50	≤0.35

注：有外遮阳时，遮阳系数=玻璃的遮阳系数×外遮阳的系数；无外遮阳时，遮阳系数=玻璃的遮阳系数

（资料来源：2005 G B. 公共建筑节能设计标准 [S][D]. 2005.）

不同气候区地面和地下室外墙热阻限值　　表4-7

气候分区	围护结构部位	热阻[R(m²·K)/W]
严寒地区A区	地面：周边地面 非周边地面	≥2.00 ≥1.80
	采暖地下室外墙（与土壤接触的墙）	≥2.00
严寒地区B区	地面：周边地面 非周边地面	≥2.00 ≥1.80
	采暖地下室外墙（与土壤接触的墙）	≥1.80

续表

气候分区	围护结构部位	热阻[R(m^2·K)/W]
寒冷地区	地面：周边地面 非周边地面	≥1.50
	采暖、空调地下室外墙（与土壤接触的墙）	≥1.50
夏热冬冷地区	地面	≥1.20
	地下室外墙（与土壤接触的墙）	≥1.20
夏热冬暖地区	地面	≥1.00
	地下室外墙（与土壤接触的墙）	≥1.00
注：周边地面系指距外墙内表面2m以内的地面；地面热阻系指建筑基础持力层以上各层材料的热阻之和；地下室外墙热阻系指土壤以内各层材料的热阻之和		

（资料来源：2005 G B. 公共建筑节能设计标准 [S][D]. 2005.）

此外，英国《可持续住宅法案》目标排放率 *TER* 计算和 LEED 能效优化中“全建筑能源模拟”所涉及的参照建筑，与《公共建筑节能设计标准》中的参照建筑含义基本相同，但是具体的参数设置和采用的计算模型有所差异。*TER* 计算中的参照建筑（Notional Dwelling）在 SAP2009[1] 附录R中有详细规定，详见2.2.1节的介绍；全建筑能源模拟中参照建筑（Baseline Building）的详细规定参见 ANSI/ASHRAE/IES Standard 90.1-2010[2] 附录 G。

4.2.3 以建筑实测性能作为指标基准线

采用此种基准线形式的指标项侧重于性能考察，适用于已经建立建筑性能监测数据库的国家或地区，在建筑性能数据库大量实测数据的基础上进行统计分析，反映某一范围内的实际情况并可进行动态更新。由于建筑运行阶段的各项数据真实反映了建筑的实际性能水平，因此确立基于实测数据的建筑指标基准线，对实现参评建筑的“绿色运行”具有重要意义。国内学者在对建筑性能数据，特别是能耗数据的分析过程中，使用的统计方法相对简单，所包含的信息较少，多采用平均指数法、指数分析法等[3~6]，如对样本数据计算平均值、中位数，以此作为建筑能耗的重要

1 The Government's Standard Assessment Procedure for Energy Rating of Dwellings：2009 Edition.

2 ANSIIASHRAE/IES Standard 90.1-2010：Energy Standard for Buildings Except Low-Rise Residential Buildings (I-P Edition).

3 明雷 . 基于标杆建筑的公共建筑能耗技术定额编制方法 [A]. 第七届国际绿色建筑与建筑节能大会论文集 [C]. 城市发展研究编辑部，2011.

4 周智勇 . 基于统计数据编制的公共建筑能耗定额 [J]. 煤气与热力，2009（29）.

5 徐强 . 公共建筑用能定额研究现状及思考 [J]. 建设科技，2010.

6 刘刚 . 深圳市公共建筑能耗定额标准编制思路与编制要点 [A]. 第七届国际绿色建筑与建筑节能大会论文集 [C]. 城市发展研究编辑部，2011.

特征；或采用时间序列分析法，分析一段时间内建筑能耗的变化趋势。而目前国际上对建筑性能数据统计分析多采用多元线性回归方法，应用实例包括美国的 Energy Star Benchmarking Tools、Cal-Arch，英国的 EEBPP（Government Energy Efficiency Best Practice Programme）项目，新加坡的 Energy Smart Tool，加拿大的 e.Review 和 EnerPro 等，其中 Energy Star Benchmarking Tools 由于建立时间早、影响范围广、市场推广好等因素，在世界范围内具有较高的认可度。上述基准评价工具大多采用了与 Energy Star Benchmarking Tools 相同的技术路线，即基于庞大的建筑能耗数据库，采用数学统计方法建立基准模型，构建网络在线评分系统。下面以 Energy Star Benchmarking Tools 为例，介绍基于实测数据、采用多元线性回归技术的建筑指标基准模型构建方法。

Energy Star 计划于 1992 年由美国环保署（EPA）和能源部（DOE）联合发起，作为一种自愿性标识推向市场，旨在降低能耗及其所造成的温室气体排放。早期该计划主要应用于电脑等资讯产品，之后逐渐被办公设备、照明和日用家电等产业所接受。1996 年，美国环保署积极推动“能源之星建筑计划”，评估包括办公设备、照明、家用电器在内的建筑能源使用状况。

Energy Star Benchmarking Tools 作为能源之星的在线基准评价工具，1~100 分的评分系统可以帮助业主快速了解自有建筑的能效表现，50 分代表平均水平，75 分以上代表最佳能效表现[1]。通过与全国范围内同类建筑的横向比较，业主和管理者可以明确自有建筑的节能潜力与改进措施。该工具的评价过程可分为 8 个步骤（图 4-2）。

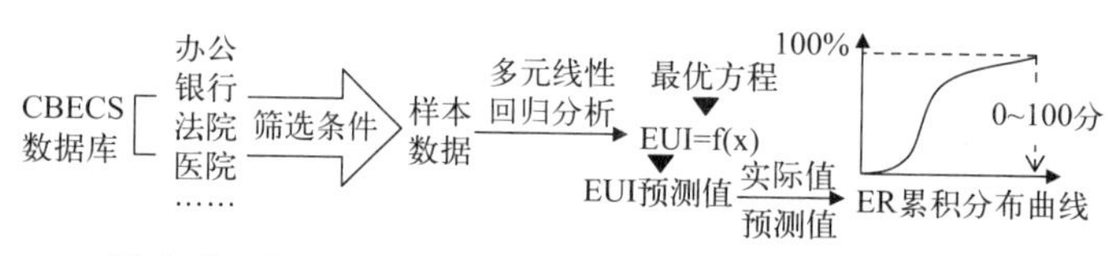

图 4-2　Energy Star Bechmarking Tools 基准评价过程

1）建筑类型的差异对建筑能耗等性能表现影响很大，因此美国“能源之星”对建筑进行了非常细致的分类，从 1999 年针对办公建筑的版本发布至今，已扩展到 15 种建筑类型（表 4-8）。其中，银行、酒店、学校等 12 种建筑类型的基准评价模型已建立并持续更新；宿舍、医院和诊所的基准评价模型也在持续开发中。

1　http://www.energystar.gov/ia/business/evaluate_performance/General_Overview_tech_methodology.pdf.

Energy Star建筑类型 表4-8

银行、金融机构	酒店	零售
法院	宗教场所	高级护理机构
数据中心	K-12学校	超市
宿舍	诊所	仓库
医院	办公楼	污水处理厂

2）数据样本采用具有代表性的全美建筑能耗数据库CBECS（Commercial Buildings Energy Consumption Survey）。每隔大约4年，美国能源部下属的能源信息局对CBECS遍布全美的超过6000栋建筑进行账单和运行细节数据的统计与更新，详细信息及完整的数据文件参见美国能源部官方网站的公开信息[1]。CBECS数据库是Energy Star Benchmarking Tools的评价基础。

3）为便于横向比较，将建筑的各类能源消耗（电力、天然气、原油等）统一转换为一次能源，转换过程考虑制造和输送效率，关于转换的详细信息提供在能源之星的官方网站[2]上。

4）根据参评建筑类型确定相应的CBECS数据筛选范围（表4-9）。

Energy Star办公建筑[3]基准评价模型数据筛选表 表4-9

筛选条件	筛选原则	筛选后样本数量（个）
建筑类型为办公建筑	普通办公楼、法院、银行、金融中心	755
至少需要一台电脑	办公建筑中至少需要一套电脑	750
设备每周至少运行30个小时	办公建筑（包括普通办公楼、法院、银行、金融中心）每周运行时间不得少于30小时	746
设备每年至少运行10个月	办公建筑（包括普通办公楼、法院、银行、金融中心）每年至少运行10个月	727
办公室、银行、金融机构或法院活动区域的比例应大于50%	办公建筑（包括普通办公楼、法院、银行、金融中心）活动所占区域应大于50%	698
面积需小于或等于1000000ft^2	办公建筑（包括普通办公楼、法院、银行、金融中心）面积小于或等于1000000 ft^2	672
面积大于5000 ft^2	办公建筑（包括普通办公楼、法院、银行、金融中心）面积大于5000 ft^2	498

1 http://www.eia.doe.gov/emeu/cbecs/contents.html.

2 http://www.energystar.gov/index.cfm?c=evaluate_performance.bus_benchmark_comm_bldgs.

3 Energy Star 的办公建筑包括普通办公建筑、银行、金融中心及法院。

5）采用多元线性回归方法建立建筑能耗基准模型，以能耗强度EUI（Energy Use Intensity）作为方程因变量，相互独立的影响因子作为方程自变量，方程的数学模型表示如下：

$$EUI_{预测值}=C_0+C_1\times 影响因子_1+C_2\times 影响因子_2 \quad 公式 4\text{-}1$$

式中，C_0是一个常数，表示其他系数C与EUI之间的相关性强弱；C是一个数值，表示该影响因子所描述的建筑参数与EUI之间的相关性强弱。以Energy Star办公建筑能耗基准模型为例，影响因子（自变量）包括：建筑面积、个人电脑数量、工作人数、每周运行时间、天气和气候（采暖度日数和制冷度日数）、建筑供暖和制冷比例、建筑是否是一个银行分理处（小银行具有不同的性能表现）。

在解决实际问题中，人们总是希望从对因变量有影响的诸多自变量中，选择出一部分对因变量影响显著的自变量，剔除掉对因变量影响不显著的自变量，从而建立“最优回归方程”，逐步回归分析就是基于这种原则提出的回归分析方法。同理，在“能源之星”的基准模型建立过程中，针对每一种建筑类型，美国环保署先将CBECS数据库中所有相关参数作为自变量纳入回归方程。由于不确定各自变量之间的相关性，自变量采用输入法对回归方程进行试验性拟合，每一次拟合过程进行残差、拟合度R^2和显著性检验，最终选定该类建筑的“最优能耗基准模型”，即一个多元线性回归方程。

6）在评估一个特定的参评建筑时，建筑的基本情况及每个运行特征（自变量）被输入到这个“最优能耗基准模型”方程中，并乘以相应的系数，得到该参评建筑符合预期的一次能源使用强度EUI（因变量）。这个能源使用量代表基于该参评建筑的实际运行数据，使用Energy Star Benchmarking Tools的建筑能耗基准模型计算得到的EUI预测值。

7）由于CBECS样本数据中有些建筑的实际能耗比该预测值高，有些建筑的实际能耗比该预测值低，因此Energy Star Benchmarking Tools引入“能效比”概念（Efficiency Ratio，ER）来说明建筑能源利用水平的高低。

$$\text{Efficiency Ratio}=\frac{EUI_{实际能耗}}{EUI_{预测能耗}} \quad 公式 4\text{-}2$$

ER值越大，说明实际能耗越高，节能率越低；反之ER值越小，说明实际能耗越低，节能率越高（图4-3）。图中横坐标为建筑能效比，即建筑实际能源使用强度与Energy Star Benchmarking Tools基准模型预测能源使用强度的比值；纵坐标为累积百分比，表示低于某一能效比的建筑数量占总建筑数量的百分比。

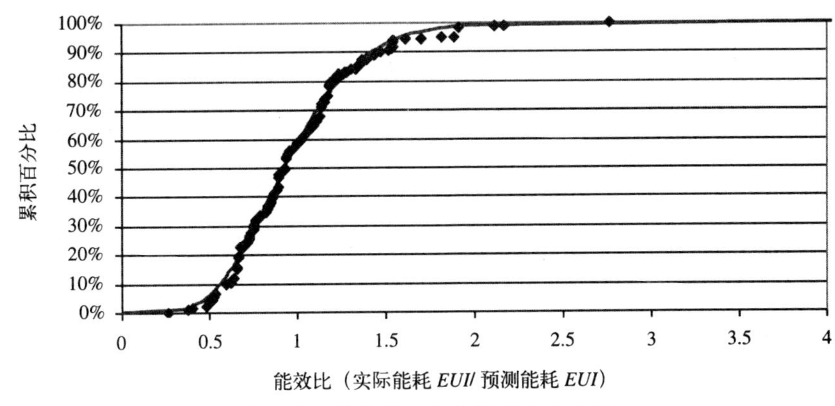

图 4-3　建筑能效比的累积分布曲线

（资料来源：Star E. ENERGY STAR Performance Ratings Technical Methodology[J]. Energy Star. from: http://www. Energy star. gov/index. cfm, 2011.）

8）为了便于多个建筑之间进行节能率高低的比较，Energy Star Benchmarking Tools 建立了 1~100 分的评分系统，每 1 分代表建筑总数的 1%。为了获得分值与建筑能效比之间的关系，对建筑能效比累积分布进行分析，通常情况下，美国环保署采用一个 2 参数的伽玛函数来描述这条光滑的曲线，图 4-3 中的曲线就是一条典型的伽玛函数拟合结果，伽玛函数的概率分布公式如下：

$$f(x)=\frac{(x/\beta)^{\alpha-1}exp(-x/\beta)}{\beta\Gamma(\alpha)} \quad \text{公式 4-3}$$

通过伽玛函数可以计算拟合曲线上每一分值（给定的建筑数量百分比）所对应的建筑能效比，美国环保署根据这个计算过程建立起“能源之星”的查找表（Lookup Table）（表 4-10）。使用查找表，任何参评建筑的能效比都可以简便地找到对应的分值，从而确定参评建筑的“能源之星”等级。例如，伽玛曲线上的 1% 对应的分值是 99 分，代表仅有 1% 的建筑能效水平比参评建筑高。“能源之星”规定 75 分作为基准线，代表所有建筑前“25%”的最佳能效表现，高于 75 分的建筑可以申请获得 Energy Star 认证。

“能源之星”查找表示意图　　表4-10

等级	累计百分比	能效比	
		≥	<
100	0%	0	0.247817
99	1%	0.247817	0.29487
98	2%	0.294870	0.327933

续表

等级	累计百分比	能效比	
		≥	<
97	3%	0.327933	0.354524
……	……	……	……
5	95%	1.697085	1.762166
4	96%	1.762166	1.844307
3	97%	1.844307	1.957174
2	98%	1.957174	2.143675
1	99%	2.143675	>2.143675

（资料来源：康一亭. 公共建筑能耗基准评价方法研究[D]. 西华大学, 2012.）

此外，美国能源署在Energy Star网站上提供了一个公开的能耗基准计算工具Portfolio Manager tool[1]。用户可以在线输入建筑信息，Portfolio Manager tool通过与基于CBECS数据库相同的“能源之星”基准模型计算方法，对这些建筑信息进行评级计算，并对计算结果进行输出，包括建筑信息（建筑面积、年实际能耗强度等）和性能信息（“能源之星”评级、“能源”账单等）。用户可以自主选择输出数据的繁简程度并将性能结果输出到Excel中（图4-4，图4-5）。

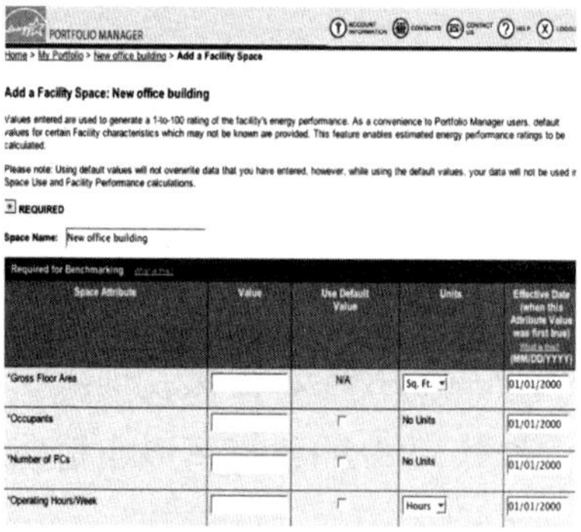

图4-4 Portfolio Manager tool输入界面

（资料来源：Matson N E, Piette M A. Review of California and national benchmarking methods[J]. Working Draft. California Energy Commission Public Interest Energy Research Program. LBNL, 2005 (57364).）

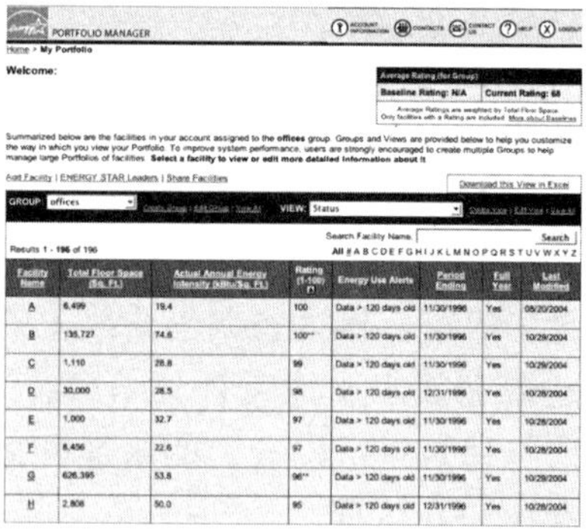

图4-5 Portfolio Manager tool输出界面

（资料来源：Matson N E, Piette M A. Review of California and national benchmarking methods[J]. Working Draft. California Energy Commission Public Interest Energy Research Program. LBNL, 2005 (57364).）

1 http://www.energystar.gov/benchmark

4.3 基于建筑碳排放评价指标项的基准比较

从上述研究可以看出，目前我国的《绿色建筑评价标准》中对于类似建筑碳评价这类可以量化的指标项，如建筑能耗，其指标基准为《节能设计标准》中的相关规定，而《节能设计标准》中对于建筑能耗的规定值则采用性能模拟的方法确定。因此，这类指标基准是建立在物理模型基础上的模拟计算，计算结果直接依赖于参数（边界条件）的选值。以模拟性能作为指标基准线的优点是可以随着社会技术的进步以及政策法规的影响，及时调整模拟计算的边界条件，从而将指标项对性能水平的要求及时准确地反映在基准线变化中。但是，采用模拟性能作为指标基准线的方法有以下两点局限：1）参数设置的合理性直接导致模拟结果的不确定性；2）模拟软件本身物理核算模型的简化间接导致模拟结果的不确定性，如长波辐射、自然通风等算法的简化[1]。因此，采用模拟软件计算的建筑指标基准，有其特定的适用范围。在设计阶段，由于建筑没有投入使用，无法产生实际的运行数据，参评建筑的目标性能值也是基于软件模拟计算出的预测值，此时采用参照建筑或基准建筑的模拟性能作为指标基准线是合理的。因为参评建筑与参照建筑或基准建筑基于同样的软件模型，相同条件下的比较结果具有实际意义。

而在建筑竣工投入使用后，在长期的运行阶段，建筑实际表现出来的性能水平才是衡量参评建筑性能表现等级的关键。因此在绿色建筑评价体系的运行标识中，需要建立基于建筑实测性能的指标基准线。这类基准确定方法的优点在于从大量的实测数据出发，在大数据中挖掘建筑实际性能水平与特征信息的相互关系，通过统计方法建立基准模型，在基准模型中寻求与理想性能水平相对应的指标基准线。目前，国内常见的算数平均值、中位数等统计方法容易丢失较多的样本信息，国外相对成熟的基准评价一般采用多元线性回归分析法。然而，基于实测性能的指标基准线同样具有局限性，特别是在我国目前缺乏国家统一的建筑性能统计数据库的背景下，实测性能指标基准线的实施路线困难重重。

4.4 本章小结

本章系统阐述了绿色建筑评价体系中基准的分类与应用，以《绿色建筑评价标准》和 Energy Star 为例详细研究了以模拟性能或实测性能作为基准线的确定方法。最后，着重比较了两者的异同与适用范围，指出

1 魏峥 . 公共建筑能耗基准工具的研究 [D]. 北京：中国建筑科学研究院 , 2011.

在绿色建筑评价体系中，设计阶段的标识评价选用模拟性能作为指标基准具有良好的及时性与可操作性；运行阶段的标识评价选用实测性能作为指标基准更能真实反映建筑的性能水平，有利于提高评价结果的准确性与科学性。

第五章 权重系统

自 1990 年世界上第一个绿色建筑评价体系 BREEAM 问世至今，世界各国相继建立起适应本国的绿色建筑评价体系，例如美国 LEED、加拿大 SBTOOL、日本 CASBEE、我国的《绿色建筑评价标准》等。虽然这些评价体系的评价视域略有差异，但评价框架均采用了递阶层次结构，即：总目标（Project）—性能类别（Category）—项（Issue）—条目（Item）—子条目（Sub-item）—指标（Indicator），通过低一级指标得分加权求和得到高一级指标的得分。

权重因子反映了绿色建筑评价体系中指标的相对重要程度。当评价视域确定时，一个评价体系的评价结果主要由权重系统所主宰。每个确定的评价体系框架必然有一套最佳的权重系统，这套权重系统最能客观反映各指标项的相对关系，进而通过综合评价值客观反映参评建筑的“绿度”。然而，国际上现有的绿色建筑评价体系都没有找到一个能制定完美权重系统的数学方法，如何科学合理地确定权重体系已然成为各国绿色建筑评价体系共同面对的核心问题。

5.1 权重的形式

现有的绿色建筑评价体系中，权重体系可以分为三种形式：无权重、隐含权重和独立权重（表 5-1）。

权重系统建立方式的选择与绿色建筑评价体系的产生与发展密切相关。从体系框架来看，绿色建筑评价体系大致经历了三代发展。

第一代评价体系没有设置独立的权重系统，它们一般利用每个评价指标项可以获得的最高分的多少对重要性进行区别，或者干脆不对重要性差别进行区分。前一种方式即隐含权重体系，以 LEED 为代表；后一种方式即无权重体系，以早期版本的 BREEAM 和我国的《绿色建筑评价体系》为代表。

第二代绿色建筑评价体系将评价的性能内容从整体到细节逐层展开，根据评价体系层次的多少建立独立的权重系统，通过逐级的加权求和得到总分，这类权重系统一般为 2~4 级，以 SBTool、DGNB 为代表。

第三代绿色建筑评价体系在第二代的基础上，引入“环境效率”(Q/L)

概念，强调在减少建筑环境负荷的同时提高建筑环境质量，此类评价体系以日本的 CASBEE 为代表，其中的独立权重系统本质上与第二代并无差异。

权重系统形式与特征 表5-1

形式	特征	举例
无权重	评价体系结构简单、易于理解，但缺乏合理性	ESGB、LEED早期
隐含权重	评价体系的指标分值和个数直接体现了权重；简洁、容易计算，但是在评价对象和地域改变时，需要对分值进行调整和重新分配	LEED
独立权重	能够根据不同的地区和对象调整权重而不影响评价体系的指标得分，但是其计算过程往往比较复杂	CASBEE、DGNB

无权重的第一代绿色建筑评价体系出现的时间最早，由于结构简单、视域清晰，在评价体系的市场推广中具有较大优势，这也是早期的 BREEAM、LEED 取得商业成功的原因之一。但是其不足之处也十分明显：首先，由于最终的等级评定依据为总分，各指标得分的直接求和过程信息量丢失较大，容易造成指标互偿；其次，由于框架结构简单，参评建筑容易投机选择参评条款与措施，丧失评价建筑环境整体性能的初衷；再者，评级基准与指标项直接挂钩，单一指标项的增减直接影响整体分值分配或认证区间划分，大大降低了评价体系的可扩展性。

具有独立权重系统的第二、三代绿色建筑评价体系结构较为复杂，虽然一般用户对于评价体系的认知相较于第一代而言有些困难，但独立的权重系统大大增强了评价体系的弹性和适应性，例如对评价指标的增减只会影响所在性能类别内部各指标权重的分布，而不会影响其他性能类别的权重因子，权重系统和评价指标的调整彼此独立、互不影响；同时，评价体系结构的复杂性决定了使用者不能直接判断出指标之间的关系，有利于从整体角度考虑改善建筑的性能表现，减少了指标互偿的可能性；而且，由于摆脱了“重要程度与指标得分直接挂钩”的束缚，单一评价指标可以采用相同的 3 分制或 5 分制，既有利于评价体系的调整，也便于等级认证得分区间的划分。

5.2 赋权方法

目前，统计学界提出的常规综合评价体系赋权方法有很多种，其中，按照原始数据性质可大致分为两类：客观赋权法和主观赋权法。客观赋权法的信息源来自统计数据本身，如均方差法、主成分分析法、熵值法等。主观赋权法的信息源来自专家咨询，即利用专家群的知识和经验，如综合指数法、专家咨询法、环比法等[1]。这两类赋权方法特点各异，主观赋权法虽然客观性较差，但解释性强；客观赋权方法虽精度较高，但有时结果难以给出明确的解释。

目前，由于主观赋权法的研究较为成熟，国际上多数绿色建筑评价体系均采用主观赋权法确定权重系统。由于主观赋权法建立在人为的主观判断基础上，因此专家的经验、对实际情况的判断、专家团的选择、调查方式等因素对结果影响很大，尽管采取诸如增加专家数量、仔细挑选专家、改善统计方法等措施能够在一定程度上改善这种主观随意性，但仍无法完全避免。与此同时，主观赋权法也有其优势，即专家可以根据实际问题较为合理地确定各指标之间的排序，也就是说虽然主观赋权法不能准确地确定权重因子，但在一定程度上有效地确定了各指标重要程度的先后次序[2]。

5.2.1 专家咨询法

20 世纪 50 年代初，美国 RAND 公司的专家为避免集体讨论中存在的屈从权威或盲从多数现象，提出了一种有效的群体决策法，即现在的专家咨询法，也称为 Delphi 法。Delphi 法是一种适用于各种领域、基于多数专家经验与主观判断的分析方法，在系统决策中占有重要地位。Delphi 法将大量无法定量研究的专家意见进行概率估算，经过反馈与多轮调整，最终使分散的专家意见逐渐收敛，形成协调一致的统计结果。因此，专家咨询法的结果虽建立在主观判断之上，其分析方法却具有严谨的数学逻辑，当专家样本合理时，Delphi 法的预测结果具有较高的可信度。

5.2.2 层次分析法

1971 年，美国运筹学家 Thomas L. Saaty 将人的主观判断用数量形式表达和处理，首创了层次分析法（Analytical Hierarchy Process，AHP）。AHP 法从决策分析发展而来，是分析多目标、多准则复杂系统的有力工具。AHP 法以群体讨论的方式汇集专家学者及各方面实际参与的决策者的意见，将错综复杂的问题评估系统转化为简明的要素层级系统，借由最大特征值（Maximized Eigenvalue）评比，对比矩阵一致性的强弱，以供决策参考。AHP 法现已被广泛应用于各领域中多准则方案的选取或资源配置的权重分配，通过系统化的分解程序将问题层级化后，采用两两配对比较方式，找出各层级间相对重要性的比值，从而求得各层级间的相对权重及优劣次序，进而通过层级架构的上下串联，求得资源配置的权重或排列出供选择

1　秦寿康 . 综合评价原理与应用 [M]. 北京：电子工业出版社，2003.

2　田蕾 . 建筑环境性能综合评价体系研究 [M]. 南京：东南大学出版社，2009.

方案的优先级，作为最终决策的依据。

采用 AHP 法建立绿色建筑评价体系权重系统的分析程序可大体分为以下两个阶段。

1）建立递阶层次结构

采用层级结构从复杂系统提炼出简明的关键元素，是人类处理现实世界复杂事务所常用的基本方式。由于各层级元素的重要程度是逐层分别比较产生的，所以可以很清楚地观察出较高层级权重结构的变化对较低层级的影响，且若需要在原有结构中扩充元素，也不会对原结构产生较大影响。Thomas L. Saaty 认为，层级结构是将我们对问题所认定的影响因素组成几个“互斥的集合”，形成上下支配的层级关系，并且假设每一层的任一集合只受上一层集合的影响，同层中的集合彼此互斥，集合内因素之间彼此独立（图 5-1）。建立层级结构的方法一般有头脑风暴法、层次结构分析法、专家咨询法、文献回顾法等[1]。

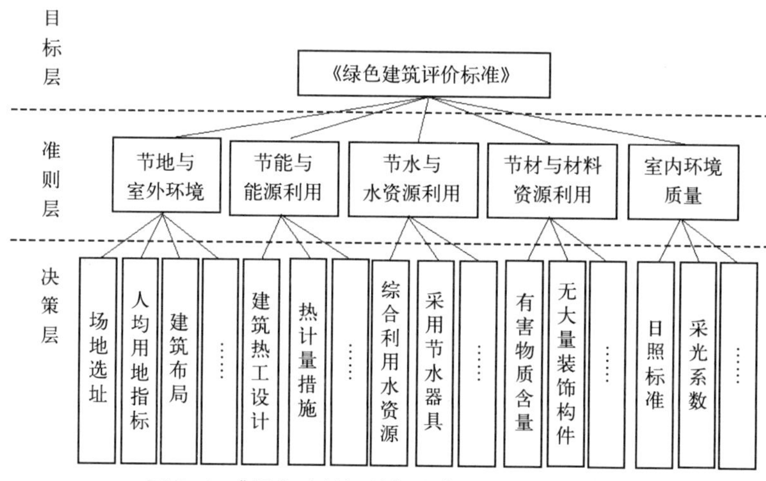

图 5-1 《绿色建筑评价标准》的递阶层次结构

2）计算各层级权重

（1）AHP 法的评估尺度

想要计算各层级权重，首先要进行层级的两两比较。在 AHP 法中，Thomas L. Saaty 引入了 1~9 标度法比较两因素的相对重要程度，其表现形式分为两种：一是文字排序，分别是同等重要、稍重要、重要、很重要和非常重要；二是与之对应的数值排序，分别是 1、3、5、7、9，而介于这 5 个尺度之间的中间数值，则代表折中需要（表 5-2）。

1 张国祯．建构生态校园评价体系及指标权重——以台湾中小学校园为例 [D]. 上海：同济大学，2006:93~97

AHP法的评估尺度 **表5-2**

尺度	定义	说明
1	同等重要	两个因素具有同等的重要性相同重要
3	稍重要	根据经验和判断，认为其中一格因素较另一个重要
5	重要	根据经验和判断，强烈倾向偏好某一因素
7	很重要	实际上非常倾向偏好某一因素
9	非常重要	有证据确定，在两两比较下，某一因素极为重要
2、4、6、8	相邻尺度间的折中值	当折中值需要时

（资料来源：John Wiley & Sons Green Development. Professional Reference and Trade Group, 1998.）

（2）构造判断矩阵

判断矩阵是对同类子指标间相对重要性的比较。假设第I层级有 n 个子指标，分别为 C_1、C_2、……、C_n，则其成对组合有 $n(n-1)/2$ 种，将上述因素成组对比后，填入矩阵对角线右上角，其倒数填入对角线左下角对应位置，判断矩阵可表示为公式5-1，a_{ij} 表示因素 A_i 与因素 A_j 的相对重要性，当 a_{ij} 值越大时，表示 A_i 相对于 A_j 的重要性越大。

$$A=[a_{ij}]=\begin{bmatrix} a_{11} & \cdots & a_{1n} \\ \vdots & \ddots & \vdots \\ a_{n1} & \cdots & a_{nn} \end{bmatrix} \qquad \text{公式 5-1}$$

其中，$a_{ij}>0$ 且 $a_{ji}=1/a_{ij}$，当 $i=j$ 时，$a_{ij}=1$。

（3）计算指标权重

首先，将判断矩阵标准化。标准化的方式是将判断矩阵中的每个输入项除以所在列数值之和，得到新的标准化矩阵 A'，即公式5-2：

$$A'=a_{ij}'=a_{ij}\Big/\sum_{i=1}^{n}a_{ij} \qquad \text{公式 5-2}$$

然后，计算标准化矩阵 A' 中每一列的平均值，即该指标权重 W_j，即公式5-3：

$$W_j=\sum_{i=1}^{n}a_{ij}'\Big/n \qquad \text{公式 5-3}$$

3）一致性检验

为了判断专家意见是否自相矛盾，AHP法引入了“一致性比率”判断因子。当一致性比率（Consistency Ratio，CR）数值小于0.1时，AHP模型认为专家调查的判断矩阵具有良好的一致性，否则需要将结果反馈，重新调整判断矩阵。一致性比率的计算见公式5-4：

$$CR=\frac{CI}{RI} \qquad \text{公式 5-4}$$

其中，CI 为反映结果一致性程度的判断系数，即：$CI=\frac{\lambda_{max}-n}{n-1}$，$\lambda_{max}$ 为判断矩阵的最大特征值，即 $\lambda_{max}=\sum_{i=1}^{n}\frac{(AW)_i}{nW_i}$；$RI$ 为指明该非一致性是否可以接受的“平均随机一致性指标”，其数值通过查表 5-3 获得：

1~9阶平均随机一致性指标表　　表5-3

阶数	1	2	3	4	5	6	7	8	9
RI	0	0	0.52	0.89	1.12	1.26	1.36	1.41	1.46

（资料来源：洪志国，李焱. 层次分析法中高阶平均随机一致性指标（*RI*）的计算[J]. 计算机工程与应用，2002，38(12)：45-47.）

5.3 赋权实例

无权重体系以《绿色建筑评价标准》为代表，隐含权重和独立权重的确定方法各异，但基本原理相同。本节以影响广泛且具有代表性的 LEED 和 SBTool 为例，分别介绍隐含权重系统和独立权重系统的确定方法。

5.3.1 隐含权重的确定——以 LEED 为例

美国绿色建筑评价体系（Leadership in Energy and Environment Design，LEED）由美国绿色建筑委员会（U.S. Green Building Council，USGBC）开发，从最初针对新建建筑和既有办公建筑的 1.0 评价版本不断完善，发展为目前的 LEEDv4 版本。

LEED 评价体系采用得分点（credits）最高分的配置来体现不同评价指标项的相对重要程度，即隐含权重系统。最新版 LEEDv4 的隐含权重制定过程基本沿用了 LEED2009 的分析框架，但方法更加简化、透明，且建立了一套新的专门针对建筑环境问题进行评价的影响类别，这也是与 LEED2009 采用 TRACI[1] 作为影响类别的最大不同。

美国环保署开发的 TRACI 工具，其环境评估对象为建筑材料而非建筑单体，因此它并不涵盖对建筑可持续问题的全面审视。基于此，LEED2009 在采用 TRACI 分类作为其隐含权重制定过程中的影响类别时，在其 12 种影响类别上增加了人类健康影响类别，用以评价建筑环境的质量。LEEDv4 在进行修订时，USGBC 大量分析了国际上现行的绿色建筑评价体

1　美国环保署开发的 TRACI（Tool for the Reduction and Assessment of Chemical and Other Environmental Impacts）工具被广泛应用于生命周期评价，其环境影响分类的评估对象为建筑材料而非建筑单体。TRACI 将环境影响类型分为以下 12 个方面：臭氧耗竭、全球变暖、酸化、致癌、非致癌、颗粒物、富营养化、烟雾、生态毒性、化石燃料消耗、土地使用、水资源消耗。

系，发现没有一个现成的类似于 TRACI 同时又针对建筑环境的分类体系来替代 TRACI。因此，LEED 指导委员会批准了一套新的影响类别，专注于社会、环境和经济三方面目标，并根据评价指标满足这些目标的能力进行分值分配。

5.3.1.1 LEEDv4 结构体系

LEEDv4 具有自愿参加、基于共识和市场驱动三个主要特征，评估策略旨在改善建筑环境性能，涵盖节能、节水、碳减排、室内环境质量和资源监管多个方面，既可作为项目团队的设计指南也是衡量是否实现建筑环境性能目标的认证体系。LEEDv4 将影响建筑环境性能的关键领域分为选址和交通、可持续场地、节水、能源和大气、材料和资源、室内环境质量 6 个指标大类。每一指标大类中包含必选项(Prerequisite)和可选项(Credit)。必选项是进入评估过程的“前提条件”，可选项是“得分点”，得分点的最高分值通过赋权过程确定，每一个得分点由于达成体系目标（即影响类别）的贡献率不同而获得 1~n 分，也就是说该可选项对系统目标的贡献率越高，其最高分值越大。为了获得认证，项目必须提交满足所有必选项和足够分数可选项的文件。在 LEEDv4 版评估中，至少获得 110 总分中的 40 分，建筑项目才能得到认证（表 5-4）。

LEEDv4指标项及分值一览表 表5-4

指标项		得分
		最高分:1
得分点	一体化	1
选址和交通		最高分:16
得分点	社区开发选址	16
得分点	敏感土地保护	1
得分点	基地优先	2
得分点	周边密度和多元利用	5
得分点	高质量交通	5
得分点	自行车设施	1
得分点	降低停车足迹	1
得分点	环保汽车	1
可持续场地		最高分:10
必选项	建筑活动的污染防治	强制要求
得分点	现场评估	1
得分点	基地开发——保护或恢复栖息地	2

续表

指标项		得分
得分点	开放空间	1
得分点	雨水管理	3
得分点	减少热岛效应	2
得分点	减少光污染	1
节水		最高分:11
必选项	减少室外用水	强制要求
必选项	减少室内用水	强制要求
必选项	建筑水计量	强制要求
得分点	减少室外用水	2
得分点	减少室内用水	6
得分点	冷却塔用水	2
得分点	用水计量	1
能源和大气		最高分:33
必选项	基本调试与核查	强制要求
必选项	最低能源表现	强制要求
必选项	建筑电计量	强制要求
必选项	基本制冷管理	强制要求
得分点	加强调试	6
得分点	优化能源表现	18
得分点	高级电计量	1
得分点	需求响应	2
得分点	可再生能源生产	3
得分点	加强制冷管理	1
得分点	绿色能源和碳补偿	2
材料和资源		最高分:13
必选项	存储和回收	强制要求
必选项	建筑及拆除废料管理计划	强制要求
得分点	降低建筑生命周期影响	5
得分点	建筑产品信息披露和优化——环保声明	2
得分点	建筑产品信息披露和优化——原材料货源	2
得分点	建筑产品信息披露和优化——材料成分	2
得分点	建筑及拆除废料管理	2
室内环境质量		最高分:16
必选项	最低室内空气质量表现	强制要求
必选项	环境控烟	强制要求

续表

指标项		得分
得分点	加强室内空气质量策略	2
得分点	低挥发性材料	3
得分点	建筑室内空气质量管理计划	1
得分点	室内空气质量评估	2
得分点	热舒适	1
得分点	室内照明	2
得分点	日照	3
得分点	视野	1
得分点	声学性能	1
创新		最高分: 6
得分点	创新	5
得分点	LEED咨询师（LEED AP）	1
地域优先		最高分:4
得分点	地域优先	4
总分		110

（资料来源：LEED官网. www.usgbc.org/LEED）

5.3.1.2 分值赋权方法

LEEDv4新建建筑草案版中有43个得分点，根据对7个影响类别（Impact Categories）贡献度的高低，每个得分点最高分值为1~18分不等（图5-2）。

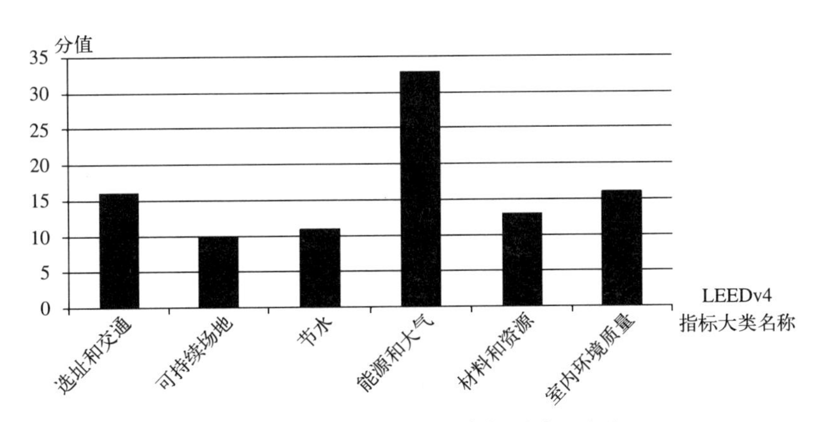

图5-2 LEEDv4指标大类权重分配方案

各得分点最高分值采用多准则分析方法确定，通过独立评估每一个得分点与影响类别的相对关系，建立关系矩阵。其中，得分点为行向量，影响类别为纵向量，二者强弱关系作为独立单元（cell）。根据矩阵中的单元数值确定得分点权重（credit outcome weighting），若某一得分点和某一影响类别之间的单元数值为“0”，则代表该得分点与该影响类别之间没有相互联系（图 5-3）。

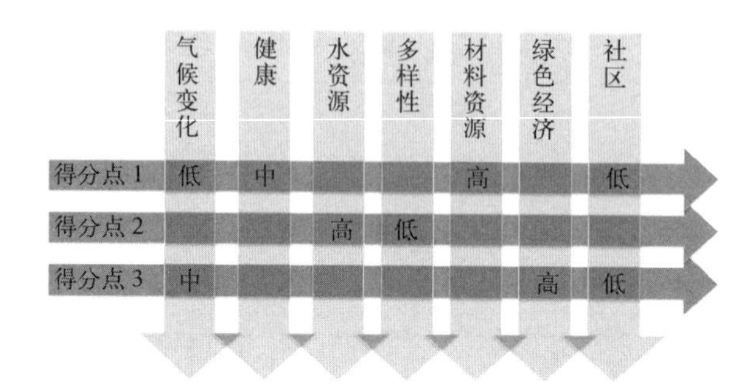

图 5-3　影响类别与各指标项在评价体系中的相对关系

（资料来源：USGBC，LEEDv4 Impact category and point allocation development process）

LEEDv4 分值权重的设置过程可分为以下 4 步。

1）确定影响类别

LEED 指导委员会将 LEEDv4 评价体系目标分成了 7 个影响类别，包括：减缓全球气候变化；提高人类健康和幸福度；保护和恢复水资源；保护、提高和恢复生物多样性和生态服务；促进可持续和再生材料的循环利用；构建绿色经济；增强社会公正、环境公平和社区生活品质。这些影响类别共同回答了一个问题：通过 LEED 认证的项目应该满足什么样的系统目标？LEEDv4 指标大类中必选项和可选项的设置以整合的方式涵盖了上述 7 个影响类别（图 5-4）。

图 5-4　LEEDv4 的 7 个影响类别

2）建立影响类别权重

采用 AHP 法确定 7 大影响类别之间的相对重要性，即影响类别权重（Impact Category Weighting）。LEEDv4 对影响类别的赋权过程与 LEED2009 类似，均采用美国国家标准技术学会（NIST）为 BEES 制定的 TRACI 影响类别权重方案，即挑选生产商、用户及专家在内的多人组成的权重制定团队，参考 NIST 提供的能耗、排放、水耗等数据，先后组织三次 AHP 流程，分别是“长期环境影响”（100 年以上）、“中期环境影响”（10~100 年）和“短期环境影响”（10 年之内）。根据三次不同的权重结果得出整体时间维度上各环境影响类别的权重方案。由于建筑环境对每一个影响类别在规模、范围、严重程度和贡献率上均不相同，影响类别权重因子不是均分的。例如，类似气候变化这种由建筑环境带来的影响深远的全球性问题，相较于其他影响类别，会被赋予较大比例的权重值；反之，某些影响范围小、影响结果不确定性大或建筑层面缺乏解决该问题能力的影响类别，则会被赋予较小比例的权重值，最终分配给与之相关的得分点（图 5-5）。

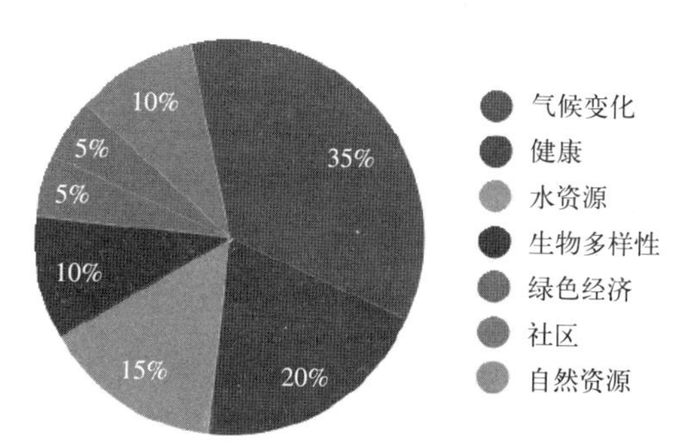

图 5-5　LEEDv4 影响类别权重分配方案

（资料来源：根据 LEEDv4 打分表绘制）

3）细分影响类别

由于每一个影响类别背后的含义非常广泛，为了提高得分点赋权过程中的透明度，每个影响类别又被细分为 1~n 个关键指针（key indicator），这些关键指针在 LEEDv4 版中被称为要素（components）。由于这些要素与得分点之间的关联更为直接，因此得分点与影响类别之间的相对关系是在要素层面核算的。LEEDv4 版中 7 个影响类别及其包含的要素如表 5-5 所示，每个要素的系统边界、定义和实例详见《LEEDv4 影响类别和赋分过程》[1] 的附录 A。通常情况下，某一影响类别内各要素之间的权重是等分的，但在一些特殊情况下有必要进行调整，例如某一得分点与该要素所属影响类别的相对关系仅包含在一个要素内。

1　http://cn.usgbc.org/resources/leed-v4-impact-category-and-point-allocation-process-overview.

各影响类别所包含的要素　　表5-5

减缓气候变化		促进可持续和再生材料的循环利用	
要素	建筑运行期能耗减少的GHG排放	要素	减少原材料开采
	交通能耗减少的GHG排放		可再生、可循环材料
	材料和水蕴能减少的GHG排放		材料生命周期降低负面环境影响
	节水蕴能减少的GHG排放	构建绿色经济	
	清洁能源利用减少的GHG排放	要素	提高绿色建筑的价值定位
	非能源活动降低的全球变暖潜势		增强绿色建筑产业和供应链
提高人类健康和幸福度			促进绿色建筑产品和服务的创新和集成
要素	提高人员舒适度和幸福度		激励长期增长和投资机会
	保护人类远离直接对健康有害的影响		支持当地经济
	全球性和建筑环境全生命周期中的人类健康	增强社会公正、环境公平和社区生活品质	
保护和恢复水资源		要素	创建场所感
要素	节水		提供经济、公正和灵活性的社区
	保护水质		促进社区资源完善
	保护和恢复水文水情		促进人权和环境公平
保护、提高和恢复生物多样性和生态服务			
要素	当地生物多样性、物种保护和空地		
	全球生物多样性、物种保护和土地节约		
	可持续利用和生态管理		

（资料来源：USGBC，LEEDv4 Impact category and point allocation development process）

4）细分要素

在影响类别的要素层面，LEED 得分点与影响类别之间的相对关系需要从 3 个角度进行核算和比较，该过程尽量采用定量方法，无法进行定量核算的情况下则采用定性方法，LEEDv4 版中的定量核算与 LEED2009 版相同，即采用 LCA 工具 SimPro 计算原型建筑（prototype）的环境影响（表 5-6）。

LEED2009中办公原型建筑的参数　　表5-6

建筑系统	办公建筑；12541m²；气候区3（4750采暖度日数，1800空调度日数）；建筑能耗的80%来自于电力；“能源之星”评分为50分；无现场可再生能源；碳排放强度为全国平均水平
交通	工作制：一周5天，朝九晚五，一年工作250天；每日通勤交通平均为20.5英里；油耗平均为21英里/加仑（合11.4L/百公里）；74%的员工单独驾车，12%员工拼车，4%员工轻轨，3%员工乘坐公交，1%员工乘坐火车，1%员工骑自行车，1%员工步行；建筑来访人员交通占员工通勤量的25%。 540个全职员工

续表

水	生活用水：男女比例1:1；使用传统大便器（1.6GPF，合6.1L/次），传统小便器（1GPF，合3.79L/次），传统水龙头（2.5GPM，合9.5L/min）以及淋浴器（2.5GPM）。 景观用水：$1hm^2$景观面积；用水量等同于气候3区的典型乔木、灌木用水量，使用传统的喷灌灌溉系统，使用饮用水灌溉，用水含能为全国平均水平，碳排放强度为全国平均水平
材料	2层钢结构，$10215m^2$的地面停车场，建筑寿命50年
固体废弃物	$0.05t/m^2$ 固体废弃物
土地利用	建筑基底面积$6271m^2$，$10215m^2$的地面停车场，$1hm^2$景观面积

（资料来源：USGBC，LEED2009 weighting overview.）

LEEDv4 版将要素层面的 3 个角度称为关系因子（association factors）。3 个关系因子的乘积产生一个单一的权重数值，即要素层面的关系权重，表示得分点与影响类别该要素之间的相对关系。这 3 个关系因子分别是：

（1）相对有效性（relative efficacy）：度量得分点与要素之间相对关系的强弱。判断流程为：该得分点是否与要素相关？若相关，判断关系强弱程度。在 LEED 提供的权重计算工具中，该因子包括 5 个选项：不相关；弱相关；中相关；强相关；负相关。

（2）持续时间（duration）：预测得分点产生的影响的持续时间。该因子选项包括：1~3 年；4~10 年；11~30 年；30+ 年（建筑或社区生命周期）

（3）控制性（control）：个人行为对得分点负有的直接责任大小。若得分点的实施对使用者的行为依赖程度高，则确定性最低，对要素权重的折扣最大；反之，如果得分点的实施不是依赖于个人，例如设置蓄热体作为被动式采暖制冷的策略，则这种结果的确定性是最高的，其相应的要素权重不打任何折扣。该因子选项包括：使用者；运行和维护员工（或结构团队）；业主（或开发商）；被动。

图 5-6 显示了采用 LEED 赋权工具确定得分点“基地评价”和影响类别要素“保护和恢复水文水情”之间相对关系的界面。在这个例子中，两者的相关有效性为“中等水平”；持续时间为“30+ 年”，如按照项目的最低寿命，因为一旦项目开发，项目基地本身将保持不变；最后，二者关系被认为是一个“被动性影响”，因为一旦项目开发，基地将会被动地保持原样而不会积极参与改变。

5）建立得分点权重

通过上述的定量和定性方法可以确定得分点与影响类别的相对关系，定量方法常被用于气候变化影响类别，如计算项目边界内的碳足迹，进而通过核算数据可以对与该影响类别相关的得分点进行排序。而对于不能量

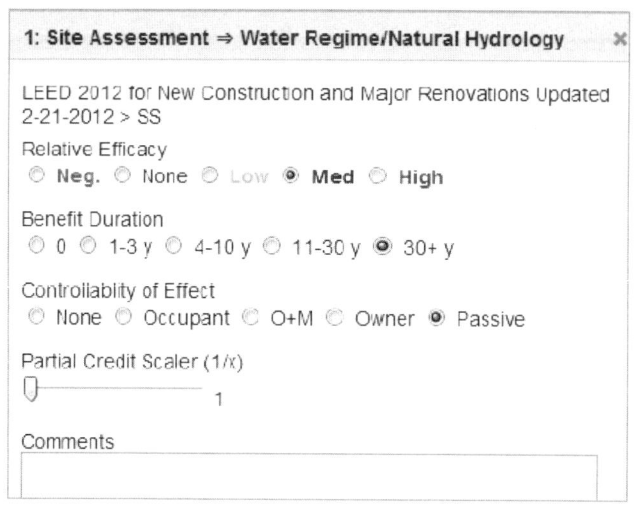

图 5-6　权重工具赋权实例

（资料来源：LEEDv4 Impact category and point allocation development process）

化的影响类别，各得分点的排序则是通过弱、中、强的定性关系驱动的，典型例子就是社会公平影响类别，因为很难找到与该影响类别相关的能够定量核算的得分点。在 LEEDv4 版中，超过 4000 组关系因子层面的得分点权重被确定。

至此，在总分 100 分的限定下，所有得分点（可选项）的最高分值，也就是 LEED 的分值权重（隐含权重）被计算出来，形成一个总分 100 分的记分卡（scorecard），每个得分点的最低分为 1 分（表 5-7）。

5.3.2　独立权重的确定——以 SBTool 为例

可持续建筑评估工具（Sustainable Building assessment method and tool，SBTool）由国际可持续发展建筑环境组织（International Initiative for a Sustainable Built Environment，iiSBE）开发，最新版为 SBTool2012。SBTool 自 1996 年开发伊始，就将评价的重点放在了评价体系的适应性和可扩展性方面，SBTool 为建筑环境性能提供了一个通用框架，第三方可以根据地域条件和建筑类型对评价体系进行调整。SBTool 被视为评价体系的工具箱。

SBTool2012 评价体系包括指标大类（Categories）、项（Issues）和指标（Criteria）三个层次。一、二级指标结构如表 5-8 所示。在三级指标层面，SBTool2012 提供最小、中等、最大 3 个尺度选项（Scope Options）供第三方选择，不同的尺度选项对三级指标项进行筛选。表 5-9 为 SBTool2012 通用版中 3 个尺度选项下包含的三级指标项个数。

LEEDv4 分值权重（隐含权重）系统的内在逻辑结构

表 5-7

影响类别 (Impuact Categorles)	全球变暖 (Climate Change)																		人类健康 (Human Health)	水资源 (Water Resource)	生物多样性 (Bio-dverslty)	绿色经济 (Green Economy)	社区 (Community)	自然资源 (Natural Resource)
影响类别权重 (100%)	35%																		20%	15%	10%	5%	5%	10%
要素 (Compo-nents)	建筑运行阶段减少的温室气体排放 (GHG Emissions Reduction from Building Operations Energy Use)			交通减少的温室气体排放 (GHG Emissions Reduction from Transportation Energy Use)			建材和水利用减少的温室气体排放 (GHG Emissions Reduction from Materials and Water Embodied Energy Use)			节水减少的温室气体排放 (GHG Emissions Reduction by Emeodied Energy of Water Reduction)			清洁能源利用减少的温度气体排放 (GHG Emissions Reduction from a Cleaner Energy Sup-ply)			非能源消耗减少的全球变暖潜势 (Global Warming Potential Reduction from Non-Energy Related Drivers)			3个要素	3个要素	3个要素	3个要素	3个要素	3个要素
要素权重 (100%)	16.67%			16.67%			16.67%			16.67%			16.67%			16.67%			等分	等分	等分	等分	等分	等分
关系因子 (Associa-tion Factors)	相对有效性 (Rela-tive Effi-cacy)	持续时间 (Dura-tion)	控制性 (Con-trol)	相对有效性 (Rela-tive Effi-cacy)	持续时间 (Dura-tion)	控制性 (Con-trol)	相对有效性 (Rela-tive Effi-cacy)	持续时间 (Dura-tion)	控制性 (Con-trol)	相对有效性 (Rela-tive Effi-cacy)	持续时间 (Dura-tion)	控制性 (Con-trol)	相对有效性 (Rela-tive Effi-cacy)	持续时间 (Dura-tion)	控制性 (Con-trol)	相对有效性 (Rela-tive Effi-cacy)	持续时间 (Dura-tion)	控制性 (Con-trol)	3个关系因子	3个关系因子	3个关系因子	3个关系因子	3个关系因子	3个关系因子
关系因子权重 (100%)	33.33%	33.33%	33.33%	33.33%	33.33%	33.33%	33.33%	33.33%	33.33%	33.33%	33.33%	33.33%	33.33%	33.33%	33.33%	33.33%	33.33%	33.33%	等分	等分	等分	等分	等分	等分
得分点1 (Credit1)	Credit1 分值权重																							
																			1×3×3	1×3×3	1×3×3	1×3×3	1×5×3	1×4×3
得分点2 (Credit2)	Credit2 分值权重																							
得分点3 (Credit3)	Credit3 分值权重																							
……	Credit 分值权重																							
得分点43 (Credit43)	Credit43 分值权重																							
总分 (Toral Points)	100																		100	100	100	100	100	100
	100分																							

SBTool一级、二级指标结构　　　　表5-8

<table>
<tr><td colspan="4">指标大类S仅适用于设计前期阶段</td></tr>
<tr><td rowspan="3">S（基地选址、周边服务与基地特征）</td><td colspan="3">场地选址</td></tr>
<tr><td colspan="3">基地外服务</td></tr>
<tr><td colspan="3">基地特征</td></tr>
<tr><td colspan="4">指标大类A~G适用于设计、建造和运行阶段</td></tr>
<tr><td>指标大类</td><td>项</td><td>指标大类</td><td>项</td></tr>
<tr><td rowspan="3">A（场地选址、项目规划与开发）</td><td>场地选址</td><td rowspan="5">D（室内环境质量）</td><td>室内空气质量</td></tr>
<tr><td>项目规划</td><td>通风</td></tr>
<tr><td>城市设计与场地开发</td><td>空气温度和相对湿度</td></tr>
<tr><td rowspan="5">B（能源与资源消耗）</td><td>全生命周期不可再生能源</td><td>日光与照明</td></tr>
<tr><td>设施运行的用电高峰需求</td><td>噪声与隔声</td></tr>
<tr><td>可再生能源</td><td rowspan="6">E（服务质量）</td><td>运行安全</td></tr>
<tr><td>材料</td><td>功能与效率</td></tr>
<tr><td>饮用水</td><td>可控性</td></tr>
<tr><td rowspan="6">C（环境负荷）</td><td>温室气体排放</td><td>灵活性与适应性</td></tr>
<tr><td>其他大气排放</td><td>设施系统的计量</td></tr>
<tr><td>固体废弃物</td><td>运行性能维护</td></tr>
<tr><td>雨水、暴雨和废水</td><td rowspan="2">F（社会与经济）</td><td>社会因素</td></tr>
<tr><td>场地影响</td><td>成本与经济</td></tr>
<tr><td rowspan="2">其他负荷和地区影响</td><td rowspan="2">G（文化和直觉）</td><td>文化遗产</td></tr>
<tr><td>直觉</td></tr>
</table>

（资料来源：Larsson N, Macias M. Overview of the SBTool assessment framework[J]. Internationd Initiative for a Sustainable Built Envirenment, Ontario, Canada, 2012.）

SBTool 2012通用版中根据项和开发阶段筛选的三级指标个数　　　　表5-9

项	尺度	设计前期	设计	建造	运行
基地选址、周边服务与基地特征	大	35			
	中	20			
	小	8			
基地恢复与开发、城市设计与基础设施	大		22	0	21
	中		12	0	11
	小		2	0	2
能源和资源消耗	大		10	6	10
	中		8	4	7
	小		4	2	3

续表

项	尺度	设计前期	设计	建造	运行
环境负荷	大		19	7	18
	中		6	1	6
	小		2	0	2
室内环境质量	大		18	0	19
	中		10	0	10
	小		2	0	2
服务质量	大		20	9	25
	中		10	4	13
	小		2	1	2
社会、文化与感知	大		10	2	10
	中		5	1	5
	小		1	0	1
成本与经济	大		4	1	4
	中		3	1	3
	小		1	0	1
完整体系	大	35	103	25	107
	中	20	54	11	55
	小	8	14	3	13

（资料来源：Nils Larson. User Guide to the SBTool assessment framework[Z]. iiSBE, 2012,10.）

SBTool2012 的权重系统是一个半确定性的权重系统，旨在保持科学性和实用性之间的平衡。简单来说，就是 SBTool2012 包括三级权重系统，高一级权重因子由低一级权重因子加和而来。作为赋权基础的三级指标项权重被划分为 A、B、C、D 4 个影响因素，它们是：潜在影响程度、潜在影响时间、潜在影响强度、系统的主要直接影响。三级指标项权重即为这 4 个影响因素赋值的乘积，而各影响因素的默认值由 SBTool 开发团队采用专家调查的层次分析法确定。同时，SBTool 允许第三方对该乘积结果进行适当的调整，即根据当地情况对三级指标项权重进行上下 10% 以内的浮动（表 5-10）。

A、B、C、D影响因子选项及对应得分 **表5-10**

得分	影响因子		得分	影响因子	
	A（潜在影响程度）			D（系统的主要直接影响）	
1		建筑	1		可维护性
2		基地、项目	1		成本和经济性

续表

得分	影响因子	得分	影响因子
3	社区	2	人类舒适和幸福度
4	城市、地域	2	非能源消耗
5	全球	3	能源消耗
	B（潜在影响时间）	3	水耗
1	1~3年	4	人类健康影响
2	3~10年	4	生态系统影响
3	10~30年	5	人身安全影响
4	30~75年	5	气候影响
5	＞75年		地域修正
	C（潜在影响强度）	–10%	很少
1	小	–5%	少
2	温和	0	不变（OK）
3	主要	+5%	多
		10%	很多

（资料来源：Nils Larson, User Guide to the SBTool assessment framework[Z]. iiSBE, 2012,10.）

图 5-7 表示的是 SBTool2012 赋权过程的工具表。首先需要选择评价体系的尺度版本。图中实例选择的是“中等尺度”版本，该版本下评价体系设计阶段共包含 50 个三级指标项。其中，图的左方块标记表示该三级指标项是可选项还是必须项。可选项可由第三方自行保留或关闭，必选项则在任何尺度模式中均不能删除。图中实例右侧 A、B、C、D 4 列显示的是三级指标项下影响因素的默认值，地域调整（橙色列）选项为“OK”，根据表 5-10 中的数值可知此时影响因子的乘积结果保持不变。所有三级指标项权重的总和定为 100%，当可选项数目发生变化时，其权重因子被自动分配到其余的三级指标项中。

5.4　本章小结

本章系统阐述了绿色建筑评价体系中权重系统的分类及确定方法，并以 LEEDv4 和 SBTool2012 为例详细介绍了隐含权重系统和独立权重系统的赋权过程。LEEDv4 的分值权重设计便于使用者对评价体系的结构一目了然，利于市场推广。但同时，这种非独立权重系统的设置造成了 LEED 结构体系的封闭性，任何指标项的调整或删减都会牵一发而动全身，降低了评价体系的灵活性。SBTool 的三级独立权重设计使得评价体系兼顾了通用性和适用性，单一指标项的选取与否不会对评价体系整体的打分认证造

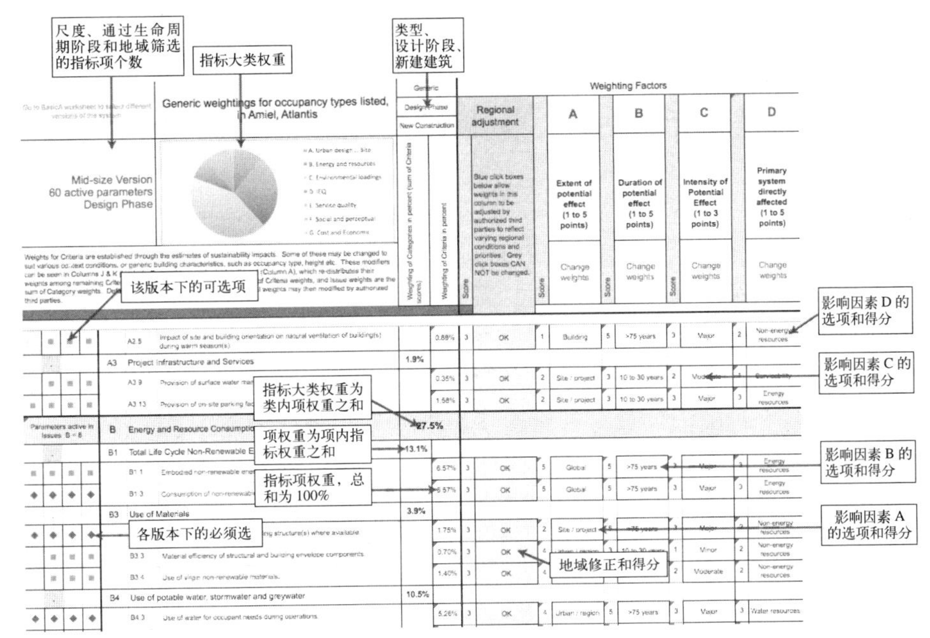

图 5-7　SBTool 指标项赋权工具表

成影响。然而，正是 SBTool 的这一特征，使其权威性受到质疑。目前大多数国家和地区在使用 SBTool 时都对其默认的权重因子不信任，对权重系统的自由调整使得评价结果的随意性大大增加，失去了整体层面比较的意义。

第六章　综合评价体系理论模型

目前，虽然国际上现有的绿色建筑评价体系经过多年的市场检验与研究发展，在体系框架、系统规则、系统要素及评价结果等方面取得了诸多成功经验。但由于建筑环境系统自身的复杂性与矛盾性，理想的建筑环境性能评价体系并不存在，这些评价体系无一例外存在这样或那样的不足。本章基于前文对国内外典型低碳建筑评价体系的系统研究，尝试建立一个能发挥现有综合评价体系优点、克服其缺点的理论模型，进而为优化我国《绿色建筑评价标准》，构建“整合碳排放评价的中国绿色建筑评价体系”提供理论指导。

6.1　综合评价体系基本特征及理论模型

整合碳排放评价的中国绿色建筑评价体系本质上是一个建筑环境性能综合评价体系，因此其理论模型应符合建筑环境性能综合评价体系的所有特征。(1) 成为引导市场改革的有力工具。评价体系的目标在于其良好的市场导向作用，因此，一个理想的评价体系应当在评价现有技术措施的同时鼓励建筑创新。(2) 对建筑环境性能进行有效度量。理想的评价体系能够对建筑的环境性能进行准确而有效的度量，能够采用科学的方法对每个评价指标进行清晰的打分，并且在综合的过程中不丢失任何信息，最终用客观而准确的结果来反映建筑的实际环境性能。(3) 评价过程公开。综合评价体系的评价过程由专业权威的第三方机构完成，整个评价过程公开、透明，评价结果具有公信力。建筑活动的参与者能够和评价者之间进行有效的互动和沟通，弥补相互之间信息的不对称。(4) 对不同的评价对象具有通用性。理想的评价体系框架应当能够适用于不同地域、不同建筑类型、不同生命周期阶段的建筑，即一系列包含不同视域、基准及权重的评价工具群。(5) 评价结果具有区分度。建筑环境性能评价体系的评价结果能够对建筑市场上不同的环境性能进行客观有效的区分，评价结果包含了整体的综合性能值以及关键的性能信息。(6) 评价体系简洁易懂、容易操作。评价体系过于复杂不利于市场应用于推广，这一点对于标签类工具尤为重要。

从上述讨论可以看出，一个理想建筑环境性能综合评价体系所具有的各种特征，有些是彼此协调的，有些却是相互制约甚至顾此失彼的。这些特征及要求不是一个独立的评价标准所能完全满足的，需要一系列互相独立、同时又互为补充的评价工具构成一个完整的评价工具群来实现，而这个评价工具群需要建立在同一个综合评价体系框架之下，相互协作从而满足建筑环境性能评价的多样化需求。

因此，综合评价体系理论模型包含评价体系框架和评价工具两个层次。首先，需要明确建筑环境性能的评价者、评价对象、评价目的、构建方法及框架系统规则；然后依据规则要求，在充分调查研究的基础上，确定评价体系框架的系统要素，包括指标集、数学模型、指标基准、权重体系、评级基准和评价结果；最后，在评价体系框架下，以系统要素为基石，开发一系列具有特定适用范围的评价工具。

通常，一个成熟完善的评价体系会相继开发针对不同地域、建筑类型和生命周期阶段的十几甚至几十种评价工具。为便于用户选取与操作，同时得益于这些评价工具基于统一的体系框架（遵循统一的系统原则及系统要素），评价体系一般会将评价工具群集成在一个评价软件内。同一软件在强大的数据库背景下输入地域、建筑类型和生命周期阶段，可以得到不同的评价标准版本，即评价体系框架下衍生出的评价工具群（图 6-1）。

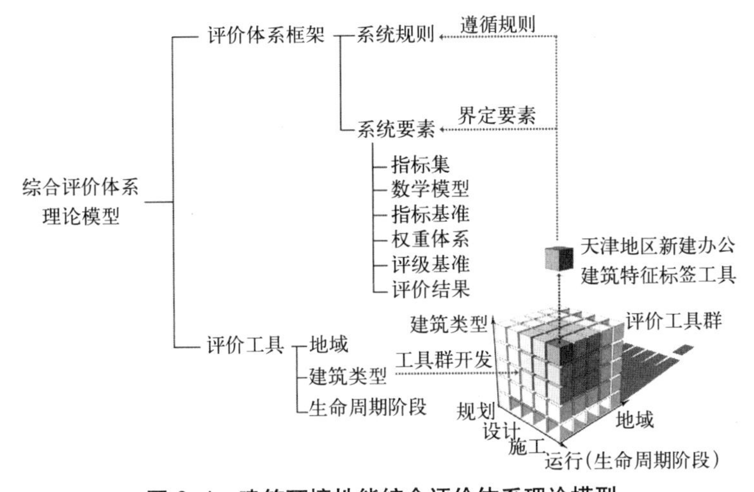

图 6-1　建筑环境性能综合评价体系理论模型

6.2　评价体系框架的系统规则

在系统规则中，包含一套控制整个评价体系发展方向的指导原则，例如，如何确定评价视域，以保证体系的专业性和完备性；评价目标是鼓励优异的环境性能还是惩罚较差的环境性能等。为便于直观了解体系框架的系统规则，表 6-1 列出了某建筑环境性能综合评价体系系统规则的实例。

理论模型系统规则示例 **表6-1**

规则项目	规则要求
体系目标	促进市场朝向更优建筑环境性能的方向发展；鼓励设计人员在设计过程中更多地关注建筑环境性能
评价视域	包含生态环境类指标；包含社会类中与人类建筑舒适便利相关的指标；不包含社会类中美学、安全相关的指标；不包含经济类指标，但可以作为设计辅助工具的独立参照系
指标性质	指标项定量评价优先；对于只能定性评价的指标，采用措施得分率减少其主观性
评分方式	采用5分制，不设负分：1分表示未达到绿色建筑的要求，但是仍可参评，达到了当时当地法规的最低限要求；3分表示达到了当时当地常规做法的水平；5分表示采用了超过当时、当地常规做法的先进技术
指标基准	必须满足国家和地方的强制性法规，项目参评前要对此进行审核，评价体系不再对这些强制性法规进行二次审核；国家、行业、地方的非强制性法规中，与建筑环境性能密切相关的条目，纳入评价体系中，其中一部分作为控制项，另一部分作为1分的评分基准
工具开发顺序	标签工具—设计辅助工具—决策辅助工具
时效性	项目建成前到项目建成一年之内，由特征标签工具进行评价，有效期三年；项目建成一年之后，由绩效标签工具进行评价，有效期三年；评价体系的评价工具更新周期为三年

（资料来源：田蕾. 建筑环境性能综合评价体系研究[M]. 东南大学出版社, 2009.）

6.3 评价体系框架的系统要素

6.3.1 指标集

系统的运行状况可用一个向量 x 来表示，其中每一个分量都从不同侧面刻画了系统所具有的某种特征的现状，故称 x 为系统的状态向量，它构成了评价对象系统运行状况的指标集。一般来说，指标集的建立应遵循系统性、科学性、可比性、可取性和独立性的原则。

然而，在实际的综合评价活动中，评价指标并非越多、越全就越好。当然，也不是越少越好，关键在于评价指标在评价过程中所起作用的大小。简而言之，就是以尽量少的“主要”指标来评价评价对象，并得到科学合理的评价结果。但在初步建立的指标集中必然存在着一些“次要”评价指标，因此需要按照某种原则，如多元统计筛选法、决策树生成法等对这些评价指标进行筛选、分清主次，最终形成合理的评价指标集。

具体到建筑环境性能综合评价体系，由于建筑环境性能自身的庞杂性，首先应根据系统规则确定的评价视域建立一个尽可能完备的指标库；然后根据评价目标筛选出相应的指标项；最后根据不同评价工具的要求，对指标项进行调整，最终得到满足该评价工具要求的特定指标集。

6.3.1.1 指标收集

指标收集过程可以采用频度统计法、理论分析法或专家咨询法等。频度统计法主要是对目前国内外各种绿色建筑评价标准的指标项进行频度统计，选择那些频度较高的指标。理论分析法是综合分析并比较与建筑环境性能相关的各要素、问题，进而挑选能反映性能水平的关键性指标项。专家咨询法通过征询有关专家的意见，对指标进行调整和补充。

6.3.1.2 指标筛选

在保证评价指标完整、全面的基础上，可以对指标项进行筛选，指标筛选采用主、客观相结合的方法。首先，对指标项进行相关性分析。相关分析法（correlation）是研究变量间密切程度的一种常用的统计方法，用它可以较好地进行指标的独立性筛选。然后，对相关性较高的指标项在主观分析后进行取舍。主观分析的原则包括：指标数量尽可能精简；指标具有代表性和差异性；指标具有可操作性，数据易于收集。

6.3.1.3 指标层级结构

为了增加评价视域的逻辑性，需要对筛选出的指标项组织层级架构。通常，一个完善的指标结构包含了：项目（Project）—性能类别（Category）—项（Issue）—条目（Item）—子条目—（Sub-item）—指标（Indicator）。各国绿色建筑评价体系的指标层级结构根据国家和当地的情况差异很大，图 6-2 为绿色建筑评价体系理论模型的指标层级结构示意图。对现有的国内外可持续建筑评价标准研究发现，指标层级结构一般为 2~4 级，3 级结构“指标大类（Categories）—项（Issues）—指标（Indicator）”最为合适。这是因为过少的层级结构导致性能的划分不够清晰，容易让使用者觉得从宏观一下子陷入细节；而层级过多，则使系统过于繁杂，较低层级指标权重的作用变得不太明显，影响评价体系的可操作性。

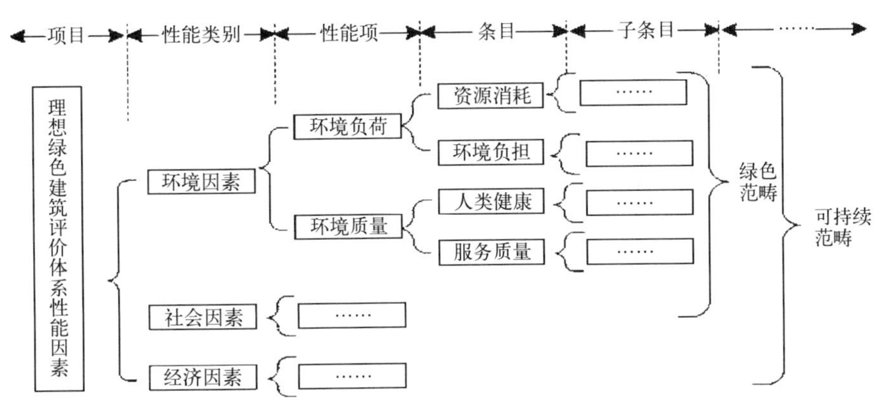

图 6-2　理想的绿色建筑评价体系理论模型的指标层级结构

（资料来源：李涛．基于性能表现的中国绿色建筑评价体系研究 [D]. 天津大学，2012.）

6.3.1.4 指标集调整

理论模型中的指标项需要根据不同的评价尺度进行调整，每一个指标都有其特定的使用范围，而评价目标的明确又会进一步限定某一指标集的范围。建筑环境性能综合评价体系的指标集可以从4个方面进行归纳、调整。

1）地域性

指标项的适用范围在空间上存在从一般到特殊的阶梯分布。这种差异性不光体现在了建筑气候分区的不同，还体现在经济发展水平和城乡差别等方面，例如，城市建筑和乡土建筑在施工组织和适用技术上都存在很大差异，因此此类评价指标的设计也会有所不同。

2）建筑类型

指标项的适用范围在建筑类型上存在从一般到特殊的阶梯分布。有的指标项适用于所有的建筑类型，有的指标项仅适用于公共建筑，或者公共建筑中的医疗建筑，甚至需要限定医疗建筑的规模和等级。此外，对于普适性的指标项还需考虑不同建筑类型对于指标项性能要求的调整。

3）生命周期阶段

指标项的适用范围在建筑生命周期阶段上存在从一般到特殊的阶梯分布。有的指标项在规划、设计、施工、运行各阶段均需要监测评价，而有的指标项则仅适用于建筑运行阶段。

4）建设规模

指标的适用范围在建设规模上存在从一般到特殊的阶梯分布。这里的建设规模指的不是建筑单体的面积，而是“单体、组团、群体、区域”的规模变化。

只有将待评估项目在上述四个层次上进行梳理，即同一地区、同一建筑类型、同一建设规模的待评估项目采用特定生命周期阶段的同一套指标集进行评估，其评价结果才具有可比性。

6.3.2 数学模型

建立理论模型的数学模型需要解决两个问题：一是如何把性质不同、量纲各异的不同指标值转化为可以综合的相对数——评价值，即指标项的无量纲化方法；二是选用什么样的方法把无量纲化的单个评价值综合在一起，即评价体系框架的数学模型[1]。

6.3.2.1 指标无量纲化

一般来说，指标 x_1，x_2……x_n 之间由于各自量纲的不同而存在着不可

1 邱东. 多指标综合评价方法的系统分析 [M]. 北京：中国统计出版社，1991.

公度性，这就给生成及比较综合评价结果带来了不便。因此，需要在评价初期，通过建立评价函数，将量纲不同的各指标项转化为量纲相同的评价值，进而通过对评价值的加权集结，得到最终的评价结果。在这一过程中，指标项的评价值对最终评价结果具有较大的影响，因此指标无量纲化的合理性直接关系到最终评价结果的合理性。对此，学者们提出了多种行之有效的无量纲化方法，主要分为线性无量纲化方法和非线性无量纲方法。前者包括标准化处理法、极值处理法、线性比例法、归一化处理法、向量规范法、功效系数法等；后者包括指数功效系数法、幂函数功效系数法、对数功效系数法等。其中，线性无量纲化方法是绝大多数评价工作中首选的指标处理方法。

在建筑环境性能综合评价体系理论模型中，一般同时包含定性和定量两类评价指标项，将这两类指标值转化为评价值的方法常见于以下三种。

1）强制打分法

强制打分法是根据某一评价指标项不同的表现给出对应分值。这种打分方法的优点是同时适用于定性和定量指标，操作简单、容易理解，它是建筑环境性能综合评价中最为常用的无量纲化方法。但同时它也有明显的缺点，即评价指标项的表现被强制性地割裂为若干段。例如从表 6-2 中对层高指标强制打分的实例中可以看出，当层高是 3.29m 时只能得 2 分，当层高 3.31m 时可以得 3 分，而实际上层高上的这 2cm 并无实质性的差别。

定量指标强制打分法实例 **表6-2**

得分	要求
1	层高3.0m以下
2	层高3.0~3.3m
3	层高3.3~3.6m
4	层高3.6~3.9m
5	层高3.9m以上

2）极值无量纲法

极值无量纲方法的函数如下：

$$y_i=\frac{X_i-\min_{1\leqslant i\leqslant n}X_i}{\max_{1\leqslant i\leqslant n}X_i-\min_{1\leqslant i\leqslant n}X_i}\times p \qquad \text{公式 6-1}$$

当 $X_i<\min X_i$，则 $y_i=q$，其中，p 是此项指标的最高评价值，q 是此项指标的最低评价值。以冷热源和能源转换系统效率为例：

$$\text{评价值}=\frac{\text{待评建筑 ECC 值}-\text{当地 ECC 常规值（最低值）}}{\text{当地 ECC 最高值}-\text{当地 ECC 常规值（最低值）}}\times 5\text{（最高评价值）} \qquad \text{公式 6-2}$$

极值无量纲方法适用于定量评价指标，其优点在于无需将环境性能表现生硬地割裂为若干段，得分是连续的；同时由于转化函数采用的是计算参数，其基准可以根据各地实际水平进行具体设定，因此增加了评价指标的适应性。但这种方法的缺点在于计算略显繁琐，适合采用计算机软件进行评价的工具。

3）措施得分率法

定性指标的无量纲化除了上述的强制打分法以外，还有一种在强制打分法基础上发展而来的措施得分率法（表 6-3），首先判断定性指标的性能优劣程序，计算措施得分率，然后将措施得分率对应评分标准进行打分（表 6-4）。

CASBEE措施得分率——措施评价表　　表6-3

<table>
<tr><th rowspan="2">办学商参会</th><th rowspan="2" colspan="2">评价内容</th><th colspan="3">性能优劣程度</th></tr>
<tr><th>大</th><th>小</th><th>无</th></tr>
<tr><td colspan="3">1. 考虑原有地貌的保持与当地文化的继承</td><td>4</td><td>2</td><td>0</td></tr>
<tr><td colspan="3">……</td><td>2</td><td>1</td><td>0</td></tr>
<tr><td colspan="3">12. 提高外部设施的舒适性（营造宽大空间等）</td><td>2</td><td>1</td><td>0</td></tr>
<tr><td colspan="3">13. 其他（ ）</td><td>2</td><td>1</td><td>0</td></tr>
<tr><td>②最高点数</td><td>点</td><td>①总点数</td><td colspan="3">点</td></tr>
<tr><td colspan="2"></td><td>③得分率（①÷②）</td><td colspan="3"></td></tr>
</table>

（资料来源：CASBEE for New Construction Technical Manual 2010）

CASBEE措施得分率——评分标准　　表6-4

评价值	办学商参会
1	表6-3中的得分率：0≤③<0.2
2	表6-3中的得分率：0.2≤③<0.4
3	表6-3中的得分率：0.4≤③<0.6
4	表6-3中的得分率：0.6≤③<0.8
5	表6-3中的得分率：③≥0.8

（资料来源：CASBEE for New Construction Technical Manual 2010）

6.3.2.2　数学模型

通过数学模型将所有指标评价值综合为一个能反映整体性能的无量纲评价结果，是一个综合评价体系的核心要素（表 6-5）。

综合评价数学模型一览表　　表6-5

种类	名称	函数	特征	应用实例
1	加权线性和法	$x=\sum_{i=1}^{n}x_i$	计算简单，易于理解；指标需要彼此独立；指标间评价结果有互偿的可能；无独立权重	LEED
2		$x=\sum_{i=1}^{n}w_ix_i$	计算简单，易于理解；指标需要彼此独立；指标间评价结果有互偿的可能；权重作用明显	BREEAM、SBTool
3	乘法合成	$x=(\prod_{i=1}^{n}x_i)^{\frac{1}{n}}$	计算较为复杂，评价结果不具有实际含义；指标间可以彼此关联，适合于处理类内指标；权重作用不明显；强调性能的均好性	—
4	加乘混合法	$x=\sum_{i=1}^{n}w_ix_i/\sum_{i=n}^{m}w_ix_i$	计算较为复杂；可以吸收加法合成与乘法合成的优点；指标需要彼此独立；权重作用明显	CASBEE
5		$x=\sum_{k=1}^{n}\prod_{i=1}^{n}w_ix_i$	计算较为复杂；可以吸收加法合成与乘法合成的优点；类内指标可互相关联；类间权重作用明显	—

（资料来源：田蕾. 建筑环境性能综合评价体系研究[M]. 南京：东南大学出版社, 2009.）

可以说，数学模型是一个评价体系最本质的特征，数学模型选取的不同导致了评价体系框架巨大的差异。从表6-5中可以看出，对于建筑环境性能综合评价体系所适用的各种数学模型而言，没有绝对的优劣差异，因为每一种数学模型都有其适用范围和优、缺点，对数学模型的选择过程也是对这些优、缺点的权衡过程。

当一个评价体系的开发旨在促进市场改革，对早期革新者进行奖励时，“加权线性和法”的数学模型具有明显优势[1]。此时市场对于建筑环境性能评价尚处于了解和认知阶段，这种简单、容易理解的数学模型容易为非专业人士所接受和认可。

当一个评价体系的开发旨在引导市场的均衡发展，对所有参与者都进行评价时，“乘法合成”及“加乘混合法”具有明显的优势。当建筑评价市场经过了早期起步阶段，各方参与者对综合评价体系有了更为全面的认识与了解时，评价体系结果的客观性也就变得更为重要。“乘法合成”及“加乘混合法”虽然数学模型较为复杂，但在计算机技术飞速发展的当今，评价辅助软件的开发已使得评价过程本身的复杂性不再是难以逾越的问题。

1　通常来说一个典型的市场可以分为5个部分：革新者（innovators）、早期采用者（early adopters）、早期主体（early majority）、晚期主体（late majority）、落后者（laggard）。革新者、早期采用者和早期主体执行行业基础上的自愿行为，而晚期主体和落后者执行法规和标准基础上的强制行为，对它们应当采用不同的政策和程序进行引导。

由于这两种数学模型强调各指标项的均好性，不允许有明显的指标互偿，因此，有利于建筑整体环境性能的均值提升。通常情况下，采用“乘法合成”及“加乘混合法”的指标体系，其评价结果的客观性优于采用“加权线性和法”的指标体系。

6.3.3 相关要素

理论模型中的相关要素是指评价工具中所有可以独立出来的部分，包括权重系统、基准模型、评级基准等。将评价工具的主体称为模块 A，将独立要素的集合称为模块 B（图 6-3）。

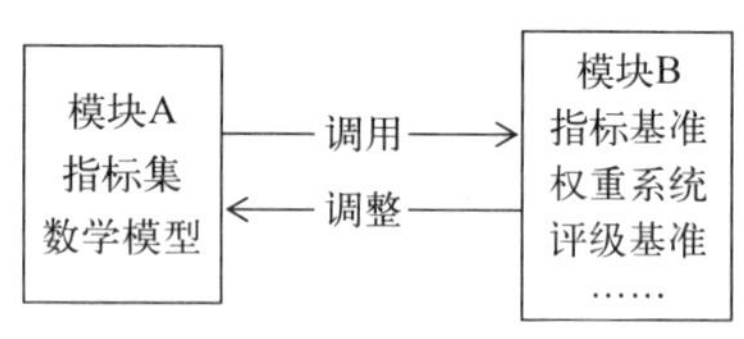

图 6-3　理论模型相关要素构成

一般来说，一个评价体系会在一定的时间周期进行更新，以适应技术的发展与法规的升级。将模块 B 的因素独立出来的意义在于，它们可以随时因时空而发生变化，对它们进行单独调节，彼此之间以及对评价工具主体模块 A 均不会产生影响，这样有助于增强评价体系的灵活性。

6.3.3.1　指标基准

建筑环境性能综合评价体系的指标基准在第五章中已经作了详细的介绍。指标基准是评价体系更新时的主要更新对象，是理论模型中重要的独立要素。指标基准能否从评价指标中独立取决于指标的评分方式。在 6.3.2.1 节中提到的极值无量纲法就是可以达到这一目的的一种方法，仍以冷热源和能源转换系统效率为例，公式 6-2 中作为基准的参数可以被提取出来，放在模块 B 中。这样，如果技术水平发生变化，只要修正模块 B 中的基准参数（实测或模拟性能值），模块 B 与模块 A 之间的映射关系以及模块 A 本身都不需要改变[1]。

另一种实现这一目的的方式是指标基准援引相关的法律、法规要求，作为独立变化的参数。例如，表 6-6 对建筑围护结构进行评价，模块 A 中每个得分点对应的性能表现是给定的，模块 B 中只需给出相应的“当时当地节能法规中对围护结构设计要求的值”即可。这样，当评价体系在不同

1　田蕾 . 建筑环境性能综合评价体系研究 [M]. 南京：东南大学出版社 , 2009.

地域推广或进行系统升级时，只要修改模块B中援引的法规参数即可，模块B与模块A之间的映射关系以及模块A本身都不需要改变。

评价指标中援引相关法规要求 表6-6

得分	要求
1	法规要求≤节能率＜法规要求+15%
2	—
3	法规要求+15%≤节能率＜法规要求+25%
4	—
5	法规要求+25%≤节能率

（资料来源：田蕾. 建筑环境性能综合评价体系研究[M]. 南京：东南大学出版社, 2009.）

6.3.3.2 权重系统

建筑环境性能综合评价体系的权重系统在第六章中已经展开了详细的介绍，无权重系统和隐含权重系统的数学模型如表6-5中的函数1所示，以我国《绿色建筑评价标准》为代表的无权重体系对指标之间的相对重要性不加量化区分，而是直接采用控制项、一般项和优选项的设置进行定性划分；以美国LEED为代表的隐含权重体系则是通过指标项可以获得的最高分的多少对其重要性进行区别。这两种情况下，对于模块A中指标集的删减会影响到评价体系整体的等级认证，或者对某一指标项的重要性进行调整时，评价体系内所有指标的最高分值都需要重新确定。而当权重体系作为相关要素从模块A中独立出来时，评价体系的弹性和适应性大大增加，这在很多现有的绿色建筑评价体系的升级换代、建立地域性版本等实践过程中已经得到了充分体现。

6.3.3.3 评级基准

在建筑环境性能综合评价中，最终评价结果的分级依据，是行业实践水平的实际分布情况，例如LEED等评价体系。因此，在理论模型中，评级基准也是一组独立的参数，可以放在模块B中，随着行业实践的不断发展进行灵活调整。

6.3.3.4 评价结果

理论模型输出的性能值包括单项性能、大类性能和综合性能三种，其中，单项性能如建筑的能耗、水耗、碳排放量等；大类性能为各单项性能通过数学模型整合后的大类评价值；综合性能为评价体系的最终评价值，但不能直接用于评估认证，需要以市场其他建筑的综合环境性能作为评级基准确定认证等级。理论模型的评价结果可以通过星级、等级、Q-LR 图、雷达图、柱状图、指标值等形式表达。“星级、等级和 Q-LR 图”反映了该建筑的综合环境性能在整个建筑市场中所处的位置；“雷达图”反映了各指标大类的达标率及相对关系；“柱状图”反映了类内各性能指标的达标率及相对关系；“指标值”反映了指标性能的绝对值。

6.4 评价工具的系统开发

建筑环境性能表现由于各地社会、经济发展水平以及资源、气候等条件差异巨大，同一建筑环境性能综合评价工具显然难以满足不同地域、不同建筑类型以及不同生命周期阶段使用者的具体需求。因此，需要建立评价体系理论模型，在统一的系统规则和框架之下，开发针对不同地域、建筑类型和生命周期阶段的评价工具。虽然每种工具在指标集、权重值和基准值上有所不同，但它们遵循共同的原则，即达到同一认证等级的难度是相同的，以此保证各评价工具评价结果之间的可比性。

6.4.1 按建筑生命周期阶段开发评价工具

评价工具是连接评价体系与用户的窗口，了解并满足用户需求是一个评价工具基本的功能要求。建筑作为一个特殊的商品，具有很长的生命周期，牵涉众多的利益主体，各相关方都有特定的目标、兴趣与信息需求。图 6-4 将参与建筑生命周期评价的各方主体归纳为：决策者、投资方、规划设计人员及用户。决策者包括政府管理部门、开发商或业主；投资方包括开发商或业主；设计方包括规划师、建筑师等专业的设计团队；使用方即业主。

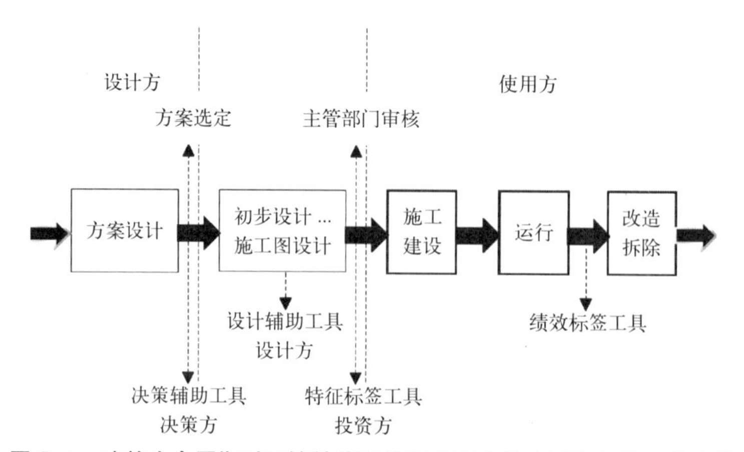

图 6-4　建筑生命周期对环境性能评价具有需求的人群与评价工具分类

在项目初期，包括招投标、概念设计和方案设计阶段，设计方和决策者都有对多方案进行比选的需求，此时单独依靠建筑审美已不能满足取舍需求，决策辅助工具就是在这种情况下帮助用户从建筑环境性能表现的角度对多选方案进行评判。

在设计方案深化阶段，设计辅助工具可以协助设计师以性能表现为目标优化调整设计方案，同时还可以与甲方就评价结果进行沟通交流。

当设计全部完成时，在一些国家，通过特征标签工具评价的项目评价结果可以作为主管部门对项目进行环境性能审核的依据；在另一些国家和地区，特征标签工具的评价结果可以作为市场销售的一种策略，向潜在购买者说明该项目的环境性能。

项目投入使用后，绩效标签工具的评价结果可以作为投资者判断建筑环境性能的技术依据。既有建筑绿色化改造前期，也可以采用绩效标签工具评价待改造建筑，以了解其具体情况并制定相应的改造计划。

至此，上述根据建筑生命周期各用户不同需求而开发的评价工具可归纳为以下三种：标签工具、设计辅助工具和决策辅助工具，其中标签工具又可分为特征标签和绩效标签两类。决策辅助工具是指在方案设计阶段，能够通过建筑环境性能综合评价，帮助决策方在多方案比较中找到性能表现最优者的评价工具。设计辅助工具是指在深化设计阶段，能够通过建筑环境性能综合评价，帮助设计方进行设计方案环境性能审核与优化的评价工具。特征标签工具是指对建设项目设计方案的特征值进行评价，得到预期的综合环境性能表现，并以此为依据授予环境性能标签预认证的评价工具。绩效标签工具是指在建筑建成后，对一定时间内建筑环境性能的实际监测值进行评价，得到真实的综合环境性能表现，并以此为依据授予环境性能标签正式认证的评价工具。

6.4.1.1 标签工具

从过去几十年来各国绿色建筑评价体系的发展来看，在各类评价工具中，标签工具的发展最为迅速。这主要是因为研究人员和政府机构将标签工具作为推动建筑市场向更高性能表现发展的重要手段之一。人们意识到，建筑性能水平的提高依赖于市场需求的变化，只有投资方和业主能够通过一种简便的方法甄别高环境性能表现的建筑，才能更好地推动绿色建筑市场转型。标签制度通过消费者的力量改变市场诉求、促进市场转变，同时激励业主和相关从业人员更好地了解绿色建筑信息。由于标签工具最终作用于建筑市场，所以其市场公信力十分重要。因此，标签工具需要权威的第三方评价机构对参评建筑的资料进行审核与认证。

在评价体系理论模型中，一个完整的标签工具包括 4 个模块，分别是：

输入、评价（调整）、输出和解释模块（图 6-5）。

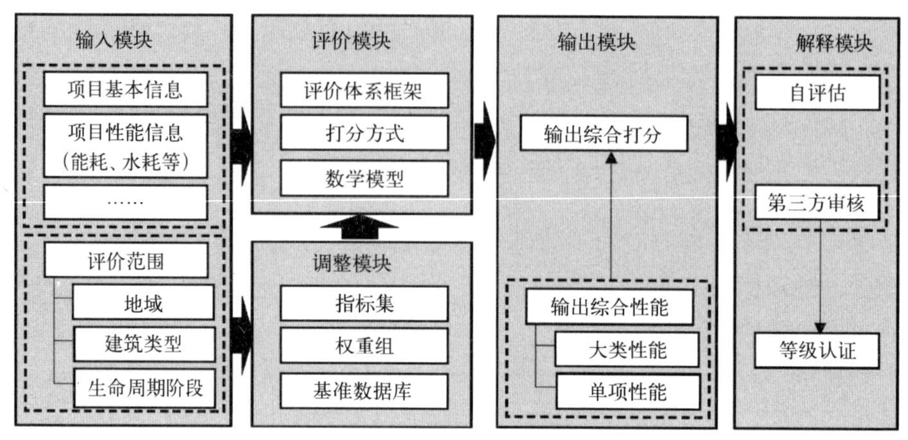

图 6-5　标签工具理论模型

标签工具的输入模块包含了项目的基本信息和性能信息两部分。基本信息用于对评价尺度进行限定，一般包括地域、建筑类型和生命周期阶段。性能信息包括与评价指标相关的各项环境性能值，这些性能值在特征标签工具中（设计阶段）通过模拟和计算得出，在绩效标签工具中（运行阶段）通过实测得出。对输入模块最重要的要求是其界面的友好型，便于评估师之外的非专业人士能够方便使用。

评价模块是整个工具的核心部分，其中包含复杂的数学模型及各种模拟过程。同时，权重、评价基准等的调整也在评价模块中进行。一般情况下，为保证标签工具的公平性以及认证建筑之间的可比性，普通用户无法修改评价模块当中的权重与基准信息。第三方专业人员在评价模块中根据输入模块提供的项目基本信息，将参评指标的实际值与基准值相比较，得到各个指标的评价值，再利用数学模型加以综合。虽然评价模块中的关键参数对于普通用户是锁定的，但是评价模块中各个评价指标计算、模拟方法的原理、机制以及参数设定的数值本身应当是公开与透明的。操作的透明性与结果的可信性是标签工具的生命力所在。

评价模块的评价值被传递到输出模块。在输出模块，用户可以看到建筑基本信息与评价总得分和评价等级，关键性能指标值等多种信息构成的综合评价结果。

解释模块是对输出信息的解释，通常包含两种形式：一是根据综合打分进行自评估；二是经第三方评价机构对输入信息审核后，根据综合打分对项目评价结果进行等级认证，颁发等级标签。

在实际应用中，标签工具分为特征标签工具（设计标识）和绩效标签工具（运行标识）两种。前者是根据建筑设计方案或者新建建筑为改善环境性能而采用的特征措施进行评价；后者是建筑运行一段时间后（通常为 1 ～ 2 年）对建筑实际检测的环境性能值进行评价。一般认为绩效标签更能反映真实的建筑环境性能，但是市场又需要特征标签对建筑产品进行推广。因此，理论模型同时需要这两种标签工具。这两类标签的主要差别在于评价模块具体指标的计算方式上。典型的例子如能源消耗量，在设计标识中，该指标可能会基于围护结构、设备系统以及环境需求等情况模拟计算得到；而运行标识则根据运行期的实际能源账单来进行推算。但是由于能耗的实际需求成分比较复杂，所以要得到真实的建筑能耗数据并不简单[1]。

6.4.1.2 设计辅助工具

目前，国内外很多绿色建筑评价体系都宣称具有辅助设计的功能。但实际上，所有成功的标签工具都不是成功的设计辅助工具。这是由设计辅助工具的本质需求决定的。

设计是一个互动和综合的过程，而评价是一个分析化的过程，他们始于不同的出发点。建筑设计是一个自上而下、从感性趋于理性的决策过程，最初的整体概念被逐步发展为细节上的实施。相反，性能评价自下而上发生，对一个给定的设计，根据提供的信息和技术细节进行整体环境性能的综合。理论模型中的设计辅助工具就是将这两个互逆的过程统一起来。

设计辅助工具也不同于设计指南。设计指南的目标是提供环境性能和技术措施之间关系的指导。如为使建筑某一性能指标达到给定的性能水平，应如何设计或采用某个技术措施。设计指南给出的建议往往是彼此割裂的，无法显示某些措施综合应用后的效果。而设计辅助工具的意义在于能够给出采用多种技术策略时对于建筑整体环境性能的影响。

目前能够达到上述目的的设计辅助工具一般分为两种形式：一是较为简单的清单形式（checklist），有时配合设计指南，可以指导建筑师根据评价结果对设计进行优化，如 BREEAM 的自评版本；另一种是借助计算机，通常整合了材料数据库与各种模拟软件的设计辅助工具。基于计算机平台的设计辅助工具大致可分为三个层次：

1）建筑材料

如 BEES、Athena 等。这些工具主要用于产品采购阶段，一般在含有环境性能数据的同时也包含了经济性评价所需的数据，通常采用对建筑材料进行全生命周期评价（LCA）的方式。这类评价工具目前在世界各地开

---

1 田蕾 . 建筑环境性能综合评价体系研究 [M]. 南京：东南大学出版社 , 2009.

发了不少，它们对建立建筑环境性能数据库以及在采购阶段对建筑构件进行环境性能比较很有价值，但是只能用于较为简单的建筑系统，局限性较大。

2）建筑整体的单一环境性能

如建筑整体的采光、通风效果、生命周期能耗等。这类工具通常为数据导向型，尽量采用客观的评价方式，并尝试与ISO、ASTM（American Society for Testing and Materials，美国材料与试验协会）以及其他标准规范相接轨。它们为层次3的工具提供非常重要的输入数据。

3）建筑整体的综合环境性能

该类工具通常混合客观与主观评价指标。由于建筑系统的庞杂性，该类工具通常需要提供一个框架或者平台系统，为层次2的工具提供接口，以便输入层次2工具的数据。评价体系中的设计辅助工具属于层次3。

与标签工具相比，设计辅助工具应当具有以下特征：

1）在数据输入、性能模拟等方面易于操作；

2）设计是一个不断修正的过程，所以输入的数据量不能太大，否则会降低实用性；

3）计算引擎强大，允许在较短时间内进行反复多次评价；

4）提供经济评价接口，以便设计师能够在保证不超出预算的情况下获得最佳的环境性能；

5）能够对核心性能指标进行单指标评价；

6）结果输出模块应该能够显示不同层次的细节评价结果。

评价对设计的辅助作用体现在：帮助设计师从整体上把握建筑环境性能的各个方面；提供各专业交换环境信息的平台；建立“设计--评价—找到问题—修正问题—反馈—评价”的良性循环过程；为各方在建筑环境性能方面达成合意提供依据。

由于设计辅助工具的目的是改善设计中的建筑环境性能，而不是授予认证标签，因此设计辅助工具仅包含了标签工具中的前三个模块，即：输入、评价和输出模块。需要注意的是，在设计辅助工具的输入模块，用户不仅需要提供建筑的基本信息与各个评价指标的设计值，还需要根据设计的倾向性对权重甚至指标基准进行调整。例如，设计团队对某些性能的要求比工具提供的默认基准更为严格，将减少建筑全生命周期能耗作为本次设计的重点等。在设计辅助工具的评价模块，环境性能目标的确定是核心问题，理论模型中要把预期的环境性能通过参考建筑的形式表达出来，利用这种方式进行优化设计的过程可以概括为：

1）根据设计方案建立与其基本条件一致的参考建筑。

2）将能够在设计方案中采用的所有改善环境性能的综合措施用于参考建筑，获得一个理论模型。

3）将各个环境性能优化措施单独运用于参考建筑，并分别评价。根据这一系列的评价结果，可以获得一套大致的优化策略，综合评价结果较高的措施，应当优先考虑；以环境性能辅以不同策略对应的建筑生命周期经济性评价绘制二维图，帮助找到那些对环境性能改善作用大、同时全生命周期成本较低的措施。

4）根据步骤3获得的优先策略，将筛选后的环境性能优化措施应用于参考建筑，得到一个综合评价值，这个综合评价值是设计方案的环境性能目标值。

5）对设计方案进行环境性能评价，其综合评价值（设计方案的综合评价值）与环境性能目标值相比较，如果达到预期目标，则过程结束；如果未达到，采取优化措施，重复上述过程，直到达到目标值为止[1]。

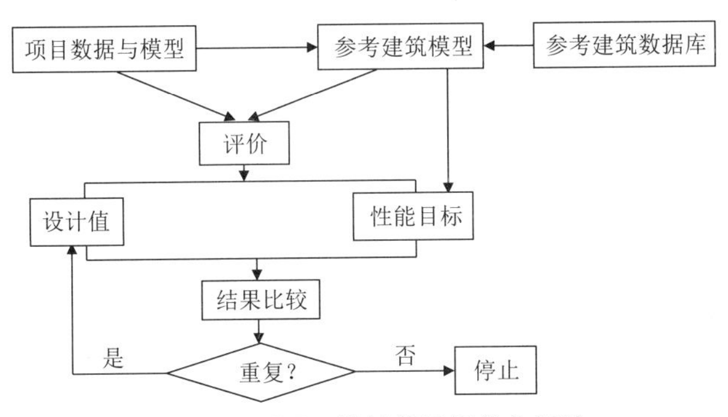

图 6-6　利用环境性能目标优化设计

（资料来源：田蕾．建筑环境性能综合评价体系研究 [M]. 南京：东南大学出版社，2009.）

6.4.1.3　决策辅助工具

研究表明，建筑环境性能改善潜力及成本在建筑生命周期各阶段差异很大（图 6-7）。而项目初期的决策过程中，往往需要在专家、政府官员、业主等不同背景人士之间进行交流，信息量有限的同时，对于建筑环境性能信息的不同理解容易引发误会。因此，决策辅助工具需要面对如下几个特殊问题：

1. 此时可以获得的建筑环境性能的信息较少；

2. 由于是对多个备选方案进行环境性能的甄别，决策方可以根据当时当地的特定条件与项目的特殊性，对某些特定环境性能提出特殊要求；

3. 由于同时备选的方案可能有若干个，所以要在保证全面性的同时控制评价的工作量，否则会降低评价工具的实用性。

1　田蕾．建筑环境性能综合评价体系研究 [M]. 南京：东南大学出版社，2009.

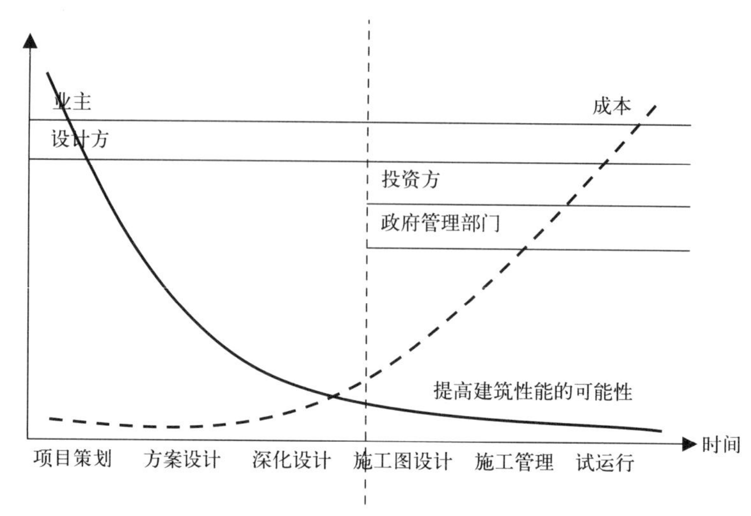

图 6-7　环境性能改善与建筑生命周期的相对关系

对于问题 1，可以利用一些具有针对性的评价方法来尽量减少由于信息不充分可能带来的评价误差，例如灰色关联度综合评价法等；对于问题 2，决策辅助工具的权重、指标基准应当向决策者（即用户）开放，以便根据当时当地以及项目的特殊性进行个性化定制；对于问题 3，需要在保证全面性的同时，控制评价指标的数量，找到方案决策阶段最核心的环境性能影响因子（与问题 1 综合考虑），另外数学模型的合理选择也有助于减少评价工作量。

与设计辅助工具一样，决策辅助工具也分为输入模块、评价模块和输出模块三部分。在输入模块，用户除了输入建筑基本信息与各评价指标的设计值之外，还应该能对权重和指标评价的基准进行调整，以适合于项目的特定情况。同时，由于各参评方案采用的是同一套权重与指标评价基准，并不会影响方案比选的公平性。在评价模块，评价工具对各个备选方案依照评价指标进行评价，并将综合的比较结果提交到输出模块。在输出模块，可以看到各个方案的综合评价值，通过排序，可以找到综合性能最优的方案。通过查看各个环境性能的评价细节，还能够进一步了解不同方案的优、劣势所在[1]。

6.4.1.4　评价工具之间的独特性与连续性

决策辅助工具、设计辅助工具和标签工具分别服务于建筑全生命周期不同阶段的不同用户，它们具有各自鲜明的特征。但是同时，同一系统框架赋予它们相同的系统规则、评价指标库、数学模型以及相关因素，使得

1　田蕾 . 建筑环境性能综合评价体系研究 [M]. 南京：东南大学出版社 , 2009.

它们彼此之间具有内在的连续性。也就是说，这种连续性使得决策辅助工具的评价结果与下一阶段设计辅助工具的评价结果，直至最终标签工具的评价结果，即便不能完全一致，仍会具有相同的趋势。

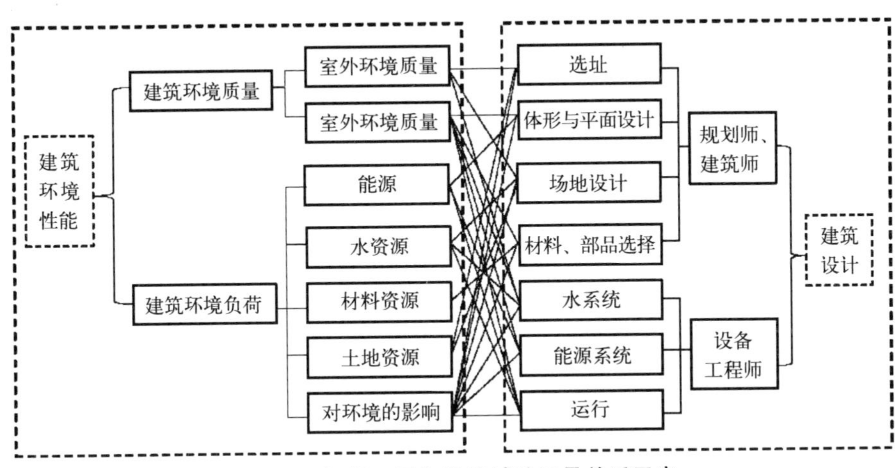

图 6-8　标签工具与设计辅助工具关系示意

（资料来源：田蕾 . 建筑环境性能综合评价体系研究 [M]. 南京：东南大学出版社，2009.）

图 6-8 是一套虚拟的环境性能因子，用来说明标签工具与设计辅助工具的差异性。标签工具与设计辅助工具的用户不同，因此，虽然拥有相同的系统规则、指标库以及数学模型，但是，标签工具的指标组织方式一般依据建筑环境性能的类别，如室内环境、室外环境、能源利用等；而设计辅助工具的指标组织方式则依据设计人员的设计过程以及需要处理的问题，如室外环境质量与土地资源的一些指标被整合在“选址”之中，材料资源、室内环境质量的一些评价指标被整合在建筑“体形与平面设计”之中[1]。

6.4.1.5　开发顺序

对理论模型按生命周期阶段开发评价工具的顺序提出如下设想：首先开发绩效标签工具，根据系统规则从指标库中筛选出需要的运行评价指标，对这些运行评价指标进行分析，找到每个影响类别中的若干核心评价指标；然后在绩效标签的基础上，在指标库中找到绩效评价指标所对应的特征评价指标，也就是说，特征评价工具可由绩效评价工具扩充而来，以特征标签工具为基础，结合设计过程，利用设计师语言开发设计辅助工具；最后，对设计辅助工具进行简化，提取在决策阶段具有实施可能的核心指标，浓缩为决策辅助工具。

1　田蕾 . 建筑环境性能综合评价体系研究 [M]. 南京：东南大学出版社，2009.

6.4.2 按地域范围开发

在确定评价工具生命周期阶段使用者的基础上，需要从地域范围和建筑类型层面对评价工具进行进一步的区别开发。在地域范围层面，可以将评价体系划分为全球、国家、地方、当地从大到小4类评价工具（图6-9）。首先，根据全球性的建筑环境性能指标要素建立全球层面通用的评价工具，然后逐渐增加不同层面的指标限制因素，并相应调整评价模块中的权重和基准模型，从而将普适的全球评价工具扩展为特殊性的地域评价工具（图6-9）。

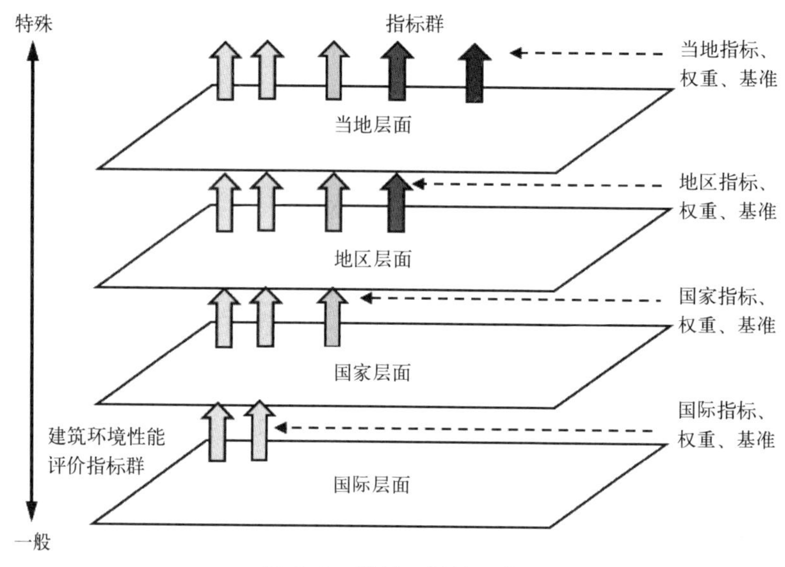

图6-9 地域工具的开发

（资料来源：李涛.基于性能表现的中国绿色建筑评价体系研究[D].天津大学，2012.改绘）

全球工具的影响范围是整个人类社会共同承担的，包括温室气体排放导致的气候变化、不可再生资源的消耗等问题。这类工具的权重应由国际组织协商决定，基准应参照ISO标准。

国家工具的影响范围缩小到各国的边界范围内，它在全球指标的基础上增加了针对各国国情的评价指标。国家工具的权重应由本国专家进行修改调整，反映本国问题的重要性关系，基准参照本国规范和建筑市场性能水平。

地区工具的影响范围是一个地域，包括气候因素和技术水平。地区工具的评价指标突出了本地区面临的首要问题，权重由该地区专家进行调整，基准参照地区规范和地区建筑市场性能水平。

当地工具的影响范围缩小到具体的某一城市。当地工具的评价指标加入了该城市的具体问题，体现了当地经济发展水平并具有鲜明的地方特色。

当地工具的权重由该城市的专家进一步调整，基准参照当地规范和建筑市场性能水平。

6.4.3 按建筑类型开发

不同建筑类型对建筑环境性能表现的影响很大，如能耗、水耗、电耗等，因此，不能采用相同的基准进行衡量。各国绿色建筑评价标准均在本国建筑市场的具体情况之下，有针对性地开发了不同建筑类型版本的评价工具，有些多达十几种。目前，我国的《绿色建筑评价标准》评估对象分为居住建筑和公共建筑两类，其中公共建筑包含办公、商场和旅馆三种高能耗的公建类型。这对于建筑环境性能综合评价工具的建筑类型开发来说，划分不够细致、边界过于宽泛，需要进一步完善。表6-7是LEED家族中建筑类型评价工具群。此外，需要注意的是，某一建筑类型评价工具的指标基准不应超过该评价体系理论模型所限定的基准阈值；权重由相关专家协商确定，如办公建筑采光指标项相较于居住建筑应具有更高的权重。

LEED家族评价工具群　　表6-7

LEED BD+C：新建建筑	LEED ID+C：商业装修
LEED BD+C：业主和租户	LEED ID+C：零售
LEED BD+C：学校	LEED ID+C：医院
LEED BD+C：零售	LEED O+M：既有建筑
LEED BD+C：诊所	LEED O+M：学校
LEED BD+C：数据中心	LEED O+M：零售
LEED BD+C：医院	LEED O+M：数据中心
LEED BD+C：仓储和配送	LEED O+M：医院
LEED BD+C：住宅	LEED O+M：仓储和配送
LEED BD+C：多层公寓	LEED ND：规划
LEED意大利	LEED ND：项目

6.5 本章小结

本章对建筑环境性能综合评价体系特征进行了分析，在此基础上研究了综合评价体系理论模型的体系框架（系统规则、系统要素）和评价工具群的系统开发。在理论模型系统要素层面，讨论了指标集的收集、筛选、层级结构和调整；指标无量纲化和综合评价数学模型；指标基准、权重系统、评级基准和评价结果等相关要素。在理论模型评价工具群层面，探讨了服务于建筑生命周期不同阶段、面向不同建筑类型和地域范围的各个评价工具的特征与结构，以及彼此之间的关系，明确了评价工具群系统开发规则。本章提出的建筑环境性能综合评价体系理论模型是构建整合碳排放评价的中国绿色建筑评价体系的重要理论基础。

第七章　整合碳排放评价的中国绿色建筑评价体系框架构建

本章在建筑环境性能综合评价体系框架理论模型的指导下，构建了整合碳排放评价的中国绿色建筑评价体系框架，开发了体系框架下适用于天津地区（地域）新建办公建筑（建筑类型）设计阶段（生命周期阶段）的评价标准，即天津地区新建办公建筑特征标签工具（评价工具）。同时，针对天津地区新建办公建筑的特点，对体系框架中的关键要素——指标项、数学模型、评价基准、权重系统、评价结果表达做了详细研究与明确界定。由于天津大学刘丛红教授工作室长期致力于绿色建筑评价体系的研究，之前的研究成果《基于性能表现的中国绿色建筑评价体系研究》已对《绿色建筑评价标准》2006版进行了性能评价角度的优化。因此，本研究建立在《绿色建筑评价标准》性能评价优化版的基础之上，以控制建筑碳排放为目标，进行了中国绿色建筑评价体系的优化再开发。

7.1 《绿色建筑评价标准》2006版

2006年，根据住房和城乡建设部文件，中国建筑科学研究院等多家单位共同制定了《绿色建筑评价标准》(GB/T 50378-2006)，这是我国第一个也是目前为止唯一一个绿色建筑评价体系。评价体系的依据分为管理文件和技术文件两类（表7-1）。参评建筑遵循管理办法，根据技术文件进行星级认证和星级内水平判定。认证结果根据《绿色建筑使用规定（试行)》分为两类，分别是有效期一年的绿色建筑评价设计标识（设计标识），和有效期三年的绿色建筑评价标识（运行标识）。截至2014年3月25日，住房与城乡建设部网站上公示的绿色建筑标识项目已达到1399个。图7-1~图7-3是2008年至今绿色建筑标识项目的整体分布情况。

我国绿色建筑评价体系管理文件及技术文件　　表7-1

管理文件	《绿色建筑评价标识管理办法（试行）》
	《绿色建筑使用规定（试行）》
	《一、二星级绿色建筑评价标识管理办法（试行）》

续表

技术文件	《绿色建筑评价标准》
	《绿色建筑评价技术细则（试行）》
	《绿色建筑评价技术细则补充说明（规划设计部分）》
	《绿色建筑评价技术细则补充说明（运行使用部分）》

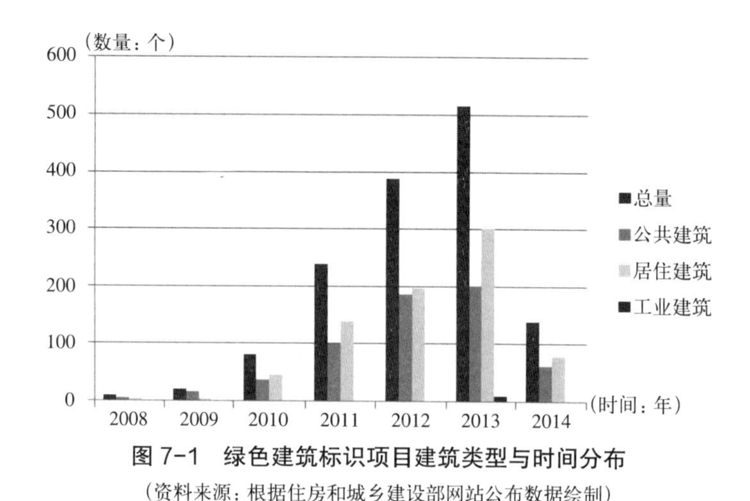

图 7-1　绿色建筑标识项目建筑类型与时间分布

（资料来源：根据住房和城乡建设部网站公布数据绘制）

从图 7-1 可以看出，我国绿色标识项目认证呈现逐年增长的趋势，从 2008 年的 10 个项目到 2013 年的 516 个项目，数量翻了 50 余倍。其中，以 2013 年为例，公建项目 202 个，约占总量的 39%；住宅项目 304 个，约占总量的 59%；工业建筑 10 个，约占总量的 2%，虽然比重较低，但体现了我国绿色建筑评价体系架构日臻完善的趋势。

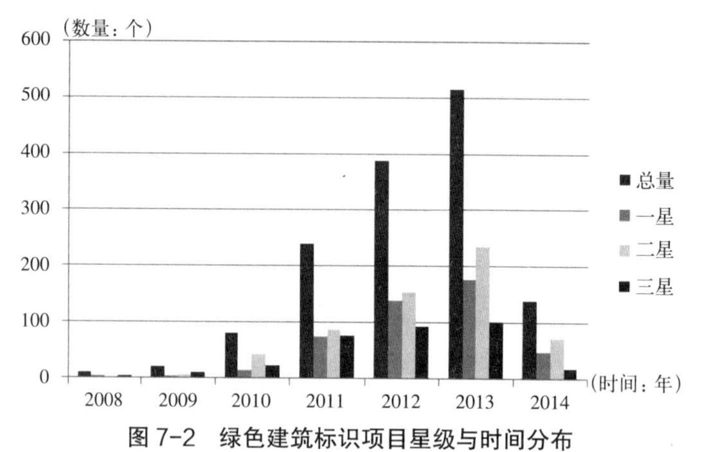

图 7-2　绿色建筑标识项目星级与时间分布

（资料来源：根据住房和城乡建设部网站公布数据绘制）

图 7-2 体现了历年绿色标识项目的星级分布。从图中可以看出，2008~2009 年的初始阶段，通过评估的各星级项目都非常少，随着绿色建筑评价标识工作的逐步推进，二星级项目的增幅最大，其次是一星级，反映了近年来我国参评建筑质量的不断提高，但从数量上看，高性能绿色建筑项目的比例仍有上升空间。

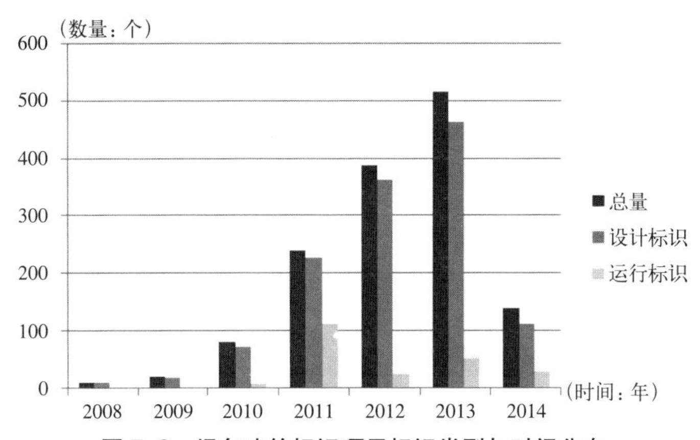

图 7-3 绿色建筑标识项目标识类型与时间分布

（资料来源：根据住房和城乡建设部网站公布数据绘制）

图 7-3 是绿色标识项目的类型分布。2008 年第一批项目中没有出现运行标识，自 2009 年开始，通过运行标识的项目数量有所增加，2011 年最多达到了 113 个。但之后回落明显，而且总体来看远不及设计标识的认证数量，这从一定程度上说明了绿色建筑运行标识工作的实施难度。

《绿色建筑评价标准》2006 版制定之初，评价对象仅包括住宅和公建两类，其中公建指办公、商场和旅馆三种建筑类型。随着近年来绿建认证范围的扩大，参与评价以及通过认证的建筑类型已远不限于办公、商业和酒店，此时的评价体系需要更加多元的评价工具，以满足快速发展的绿色建筑评价的市场需求。因此，近年来我国住房和城乡建设部、各地方主管部门、绿色建筑评价标识管理办公室、中国绿色建筑与节能委员会和各大科研院所在《绿色建筑评价标准》2006 版的体系框架之上，从建筑类型角度编制颁布了一系列的国家标准、行业标准和学会标准（表 7-2）。

《绿色建筑评价标准》类型版本开发　　表7-2

标准级别	标准名称	实施日期
国家标准	《绿色建筑评价标准》GB/T 50378—2006	2006年6月1日
	《建筑工程绿色施工评价标准》GB/T 50640—2010	2011年10月1日
	《绿色超高层建筑评价技术细则》	2012年5月23日

续表

标准级别	标准名称	实施日期
国家标准	《绿色工业建筑评价标准》GB/T 50878—2013	2014年3月1日
	《绿色办公建筑评价标准》GB/T 50908—2013	2014年5月1日
	《绿色商店建筑评价标准》	通过审查
	《绿色饭店建筑评价标准》	在编
	《既有建筑改造绿色评价标准》	在编
	《钢结构建筑绿色评价标准》	在编
行业标准	《绿色工业建筑评价导则》（废止）	2010年8月23日
学会标准	《绿色校园评价标准》CSUS/GBC04—2013	2013年4月1日
	《绿色医院建筑评价标准》CSUS/GB2—2011	2011年7月1日
	《绿色生态城区评价标准》	在编

从表7-2可以看出，最近几年，我国绿色建筑评价体系完善工作逐年加快。除上述全国性评价工具，已有北京、浙江、广东等20余省市依据《绿色建筑评价标准》2006版框架因地制宜地颁布了地方版本，从地域层面进一步完善了我国绿色建筑评价体系（表7-3）。下文中将以核心版本——国标《绿色建筑评价标准》2006版——为例，对我国绿色建筑评价体系进行简要探讨。

《绿色建筑评价标准》地方版本开发 **表7-3**

地方版本名称	颁布时间
浙江省《绿色建筑评价标准》DB33/T 1039—2007	2008年1月1日
广西壮族自治区《绿色建筑评价标准》DB45/T 567—2009	2009年2月23日
江苏省《绿色建筑评价标准》DBJ32/TJ 76—2009	2009年4月1日
深圳市《绿色建筑评价规范》SZJG 30—2009	2009年9月1日
重庆市《绿色建筑评价标准》DBJ/T 50-066—2009	2010年2月1日
福建省《绿色建筑评价标准》DBJ/T13-118—2010	2010年3月1日
江西省《绿色建筑评价标准》DB36/J 001—2010	2010年5月1日
天津市《绿色建筑评价标准》DB/T 29-204—2010	2011年1月1日
河北省《绿色建筑评价标准》DB13(J)/T 113—2010	2011年3月1日
广东省《绿色建筑评价标准》DBJ/T 15-83—2011	2011年7月15日
北京市《绿色建筑评价标准》DB11T825—2011	2011年12月1日
河南省《绿色建筑评价标准》DBJ41/T109—2011	2012年1月1日
上海市《绿色建筑评价标准》DG/TJ08-2090—2012	2012年3月1日

续表

地方版本名称	颁布时间
山东省《绿色建筑评价标准》DBJ/14-082—2012	2012年3月1日
辽宁省《绿色建筑评价标准》DB21/T 2017—2012	2012年10月1日
四川省《绿色建筑评价标准》DBJ51/T 008—2012	2012年11月1日
云南省《绿色建筑评价标准》DBJ53/T49—2013	2013年8月1日
贵州省《绿色建筑评价标准》DBJ52/T065—2013	2013年12月1日
宁夏回族自治区《绿色建筑评价标准》DB64/T 954—2014	2014年4月1日
湖北省《绿色建筑评价标准（试行）》	2010年6月
陕西省《绿色建筑评价标准实施细则》	2010年6月
湖南省《绿色建筑评价技术细则》	2012年3月
海南省《绿色建筑评价标准》	送审

7.1.1 评价体系介绍

《绿色建筑评价标准》2006 版包含六大类 76/83 个（住宅建筑 / 公共建筑）指标项（表 7-4，7-5）。同时，绿标将所有指标项分为控制项、一般项和优选项 3 类。控制项为必须满足的门槛条件，一般项和优选项为等级认证的可选条件。其中，优选项难度较大，实施后绿色性能较好。

《绿色建筑评价标准》（住宅建筑）指标项一览表　　表7-4

指标大类	控制项（项）	一般项（项）	优选项（项）	总计（项）	备注
节地与室外环境	8	8	2	18	环保减污6项，绿化3项，节地施工、热岛效应、风环境、透水地面各1项，其他5项
节能与能源利用	3	6	2	11	强调执行标准规范5项，计量1项，合理设计1项，照明节能1项，可再生能源2项，能量回收1项
节水与水资源利用	5	6	1	12	非传统水源6项，绿化用水1项，管网漏损1项，节水用具1项，景观用水1项，规划管理2项
节材与材料资源利用	2	7	2	11	循环利用4项，钢筋混凝土2项，装修到位1项，设计合理1项，强调执行规范标准1项，本地材料1项，新结构体系1项
室内空气质量	5	6	1	12	日照和采光2项，自然通风和换气3项，声环境、空气质量、视线干扰、结露、温控、遮阳、功能材料各1项
运营管理	4	7	1	12	垃圾5项，管理制度4项，绿化2项，智能化1项
总计	27	40	9	76	

《绿色建筑评价标准》（公共建筑）指标项一览表　　表7-5

指标大类	控制项（项）	一般项（项）	优选项（项）	总计（项）	备注
节地与室外环境	5	6	3	14	环保减污6项，绿化2项，噪声、节地施工、热岛效应、风环境、透水地面、地下空间利用各1项
节能与能源利用	5	10	4	19	强调执行标准规范6项，节能技术6项，通风3项，窗户气密性1项，可再生能源1项，分项计量1项，照明节能1项
节水与水资源利用	5	6	1	12	合理用水4项，非传统水源4项，绿化灌溉1项，管网漏损1项，节水用具1项，计量1项
节材与材料资源利用	2	8	2	12	循环利用4项，钢筋混凝土2项、装修到位、一体化施工、本地材料各1项，强调执行规范标准1项，新结构体系2项
室内环境质量	6	6	3	15	日照和采光4项，自然通风和换气3项，声环境2项，空气质量2项，无障碍、结露、遮阳、空调末端调节各1项
运营管理	3	7	1	11	排污2项，管理制度6项，智能化2项，计量1项
总计	26	43	14	83	

《绿色建筑评价标准》通过对控制项、一般项、优选项的指标要求确定认证等级。一星、二星和三星认证建筑除应满足全部控制项的要求外，还应满足表7-6和表7-7中对一般项和优选项的数量要求。《绿色建筑评价标准》中指标项的评价方式为“通过/不通过/不参评”3种。当参评建筑由于自身无法控制的地域、气候或建筑类型条件，无法满足某些条文时，该指标项可在评价时删除。此时，评级基准中对一般项和优选项的要求按参评指标项总数的比例进行调整。

划分绿色建筑等级的项数要求（住宅建筑）　　表7-6

等级	一般项数（共40项）						优选项（9项）
	节地（8项）	节能（6项）	节水（6项）	节材（7项）	室内环境质量（6项）	运营管理（7项）	
★	4	2	3	3	2	4	–
★★	5	3	4	4	3	5	3
★★★	6	4	5	5	4	6	5

划分绿色建筑等级的项数要求（公共建筑）　　表7-7

等级	一般项数（共43项）						优选项（14项）
	节地（6项）	节能（10项）	节水（6项）	节材（8项）	室内环境质量（6项）	运营管理（7项）	
★	3	4	3	5	3	4	–
★★	4	6	4	6	4	5	6
★★★	5	8	5	7	5	6	10

7.1.2 现存问题

《绿色建筑评价标准》是我国政府主导，借鉴国际经验，针对我国地域、经济和社会情况而建立起的建筑环境性能综合评价体系，多年来对我国绿色建筑市场发展起到了良好的引导作用。然而，《绿色建筑评价标准》2006 版在以下方面仍存在诸多问题：

1）评价对象的涵盖范围有限，需要进一步开发针对多种建筑类型评价的评价工具群。

2）没有建立起综合打分体系。《绿色建筑评价标准》现有的列表式评价体系框架缺乏对建筑环境性能的综合评判，以及对不同地域或建筑类型的适应能力。

3）指标项以措施评价为主。限于我国基础数据库的薄弱，《绿色建筑评价标准》将部分本应量化的指标项进行定性评价或直接排除在评价标准之外。例如，对“建筑碳排放”的关注仅见于节地与室外环境大类中控制项“4.1.8 施工过程中制定并实施保护环境的具体措施，控制由于施工引起的大气污染、土壤污染、噪声污染……”，该指标项的设置过于笼统，参评建筑难以根据评价标准对大气污染方面的环境影响进行自评。

4）评价过程的操作性较差，国外绿色建筑评价体系通常都附带一个评价软件，复杂的评价过程被集成在软件内部，用户只需输入建筑基本信息和运行参数等数据，软件便可自动计算并输出评价结果。而现阶段，我国《绿色建筑评价标准》的申报流程则首先需要申请者根据自评估报告的要求，提供大量详尽的纸质文件；进而绿色建筑评价标识管理办公室组织专家对申请材料进行审核并出具评审结果；材料不符合要求时需重复这一程序。可以看出，我国《绿色建筑评价标准》的评价流程本身就没有贯彻绿色低碳思想，整个过程耗时耗财耗力，十分低效。而且，近年来为完善我国绿色建筑评价体系，国家各部委、地方主管部门和行业协会围绕核心版本——国标《绿色建筑评价标准》2006 版，相继开发了一系列针对不同建筑类型和地域特点的评价工具（表 7-1，表 7-2），这些不同版本的评价标准都进一步增加了我国绿标评价过程的复杂性。

7.1.3 《绿色建筑评价标（准征求意见稿）》(2013)

在此基础上，2012 年，根据住房和城乡建设部文件，中国建筑科学研究院等多家单位在对绿标 2006 版执行和实施情况展开大量调查研究的基础上，发布了《绿色建筑评价标准（征求意见稿）》，经过几轮的评审与论证，最新版为《绿色建筑评价标准（征求意见稿）》(2013)。

7.1.3.1 主要修订内容

该《征求意见稿》(2013) 修订的主要内容包括：

1) 将评价对象由住宅和办公建筑扩展至各类民用建筑。

2) 明确区分设计标识和运行标识。设计标识在建筑施工图审查通过后进行，运行标识在建筑通过竣工验收并投入使用一年后进行。设计评价的重点在于参评建筑采取的“绿色措施”和预期效果上；运行评价则评价“绿色措施”及其产生的实际效果，此外还关注参评建筑的绿色施工以及运营后的科学管理。

3) 在“四节一环保”的基础上增加“施工管理”指标大类，旨在实现对建筑全生命周期各环节和阶段的覆盖。

4) 增设创新项，鼓励绿色建筑的技术创新和提高。

《绿色建筑评价标准(征求意见稿)》(2013)指标项与2006版指标项对比　表7-8

○原有内容　☆调整内容　●新增内容　↓位置调整

节地	控制项		项目选址	○
			场地安全	○
			场内无排放物超标	○
			日照标准	○
	得分项	土地利用	土地集约利用	↓从控制项调至得分项
			绿化用地	↓从控制项调至得分项
			地下空间利用	○
		室外环境	光污染	○
			环境噪声	○
			风环境	○
			热岛效应	☆增加遮阴面积等
		交通与公共设施	公交便捷	☆人行通道
			无障碍设计	●
			停车场所	●
			公共服务	☆细化
		场地设计与生态	场地保护	○
			雨水规划	●
			绿化方式	○
			雨水径流控制	●
节能	控制项		围护结构热工性能	○
			外窗气密性	○

续表

○原有内容　☆调整内容　●新增内容　↓位置调整				
节能	控制项		空调系统冷热源负荷	○
			采暖空调系统热源	○
			分户热计量、室温控制	○
			分项计量	○
			照明功率密度控制	○
	得分项	建筑与围护结构	优化设计（被动）	○
			开启通风	☆
			集中采暖空调建筑	○
		采暖、通风与空调	冷热源能效	○
			空调耗电功率	○
			空调能耗降低幅度	●
			全空气空调	○
			分区控制	○
		照明与电气	分区、定时、照度调整	●
			照明功率密度	○
			节能电梯	●
			变压器	●
		能量综合利用	排风回收	○
			蓄冷、蓄热系统	●
			热回收	○
			热、电、冷连供	○
			可再生能源	☆可再生能源替代率
节水	控制项		水资源利用方案	○
			给排水系统	○
			节水器具	○
	得分项	节水系统	平均日用水量	●
			避免管网渗漏	○
			给水系统	○
			用水计量	●
		节水器具与设备	节水卫具	○
			节水灌溉	○
			循环冷却水	●
			其他设备	○

续表

○原有内容　☆调整内容　●新增内容　↓位置调整				
节水	得分项	非传统水源利用	非传统水源利用率	○
			生活杂用水采用非传统水源	●
			冷却水	●
			景观水设计	●
节材	控制项		不采用禁止的材料	○
			高强度钢	↑调整至控制项
			造型简约	○
	得分项	设计优化	已有建筑利用	↓从节地调整至此
			结构优化设计	●
			减少现浇和抹灰	●
			预制装配率	●
			装修一体化	○
			灵活隔断	○
			整体厨卫	●
		材料选用	高性能材料	○
			装饰材料耐久性	●
			再生材料	○
			废弃物原料材料	○
室内环境质量	控制项		噪声	○
			隔声	○
			照度	○
			温湿度	○
			新风量	○
			外墙隔热	○
			室内污染物浓度	○
			建材有害物质	↓从节材调至此
	得分项	声环境	噪声级	○
			隔声	○
		光环境	视野	○
			天然采光	○
			大进深和地下空间自然采光	●
		热湿环境	遮阳	○
			采暖空调	○

续表

○原有内容　☆调整内容　●新增内容　↓位置调整				
室内环境质量	得分项	室内空气质量	通风换气次数	○
			气流组织	●
			空气质量监测	○
			一氧化碳监测	●
施工管理	控制项		施工管理计划	●
			人员健康	●
			设计变更管理	●
	得分项	资源节约	用能管理办法	●
			用水管理办法	●
			预拌混凝土	↓从节材调至此
			预拌砂浆	●
			钢筋现场安装	●
			模板周转次数	●
			废弃物减量计划	●
		过程管理	绿色建筑设计专项落实	●
			建筑质量检测	●
			建筑精装交验	↓从节材调至此
			机电试运行	●
运行管理	控制项		“四节”管理计划	○
			垃圾管理	○
			节能、节水监控	○
			废水、废气排放管理	○
	得分项	管理制度	物业管理	○
			管理和运行记录	●
			宣传制度	●
			管理机制	○
		技术管理	智能化系统	○
			空调系统维护	○
			设备系统优化	●
			信息化管理	○
		环境管理	无害技术	○
			植物成活率	○
			垃圾清运	○

续表

○原有内容　☆调整内容　●新增内容　↓位置调整				
运行管理	得分项	环境管理	可回收垃圾	○
			垃圾降解	○
			水质记录	○
创新项			BIM	●
			废弃场地	↓从节地调至此
			地方性	●
			技术创新	●
			水环境	●
			结构选型	●
			建材碳排放计算书	●
			新型建材	●
			改善室内环境质量	↓从室内环境质量调至此
			空气质量控制	●
			高强度钢筋	↓从节材调至此
			全装修	●
			其他技术	●

5）保留2006版中的控制项，将一般项和优选项改为评分项，建立评价标准的打分体系，每类指标的评分项总分为100分。指标体系统一设置创新项。建立独立权重系统。

6）采用总得分率Q确定评价等级。总得分率为七类指标评分项的加权得分率与创新项的附加得分率之和。一星级、二星级、三星级的最低总得分率分别为50%、65%、80%。

$$\sum Q = w_1Q_1+w_2Q_2+w_3Q_3+w_4Q_4+w_5Q_5+w_6Q_6+w_7Q_7 \quad \text{公式 7-1}$$

绿色建筑分项指标权重　　**表7-9**

指标大类		节地与室外环境（w_1）	节能与能源利用（w_2）	节水与水资源利用（w_3）	节材与材料资源利用（w_4）	室内环境质量（w_5）	施工管理（w_6）	运行管理（w_7）
设计评价	居住建筑	0.20	0.30	0.20	0.15	0.15	0	0
	公共建筑	0.15	0.35	0.10	0.20	0.20	0	0
运行评价	居住建筑	0.15	0.20	0.20	0.10	0.15	0.10	0.10
	公共建筑	0.10	0.25	0.15	0.15	0.15	0.10	0.10

（资料来源：《绿色建筑评价标准（征求意见稿）》（2013）

7.1.3.2 现存问题

该《征求意见稿》（2013）增加和修订了一些内容过于笼统的指标项，使得指标设定更加详细化，同时将很多定性的措施条款变为定量的性能指标进行评价，如建材利用率等。在《绿色建筑评价标准》2006版之上增加了“施工管理”指标大类，基本实现了对建筑生命周期的全覆盖。此外，还建立了打分体系和独立权重系统，增加了评价体系框架的可扩展性和灵活性。可以看出，《征求意见稿》（2013）在参考了国外绿色建筑评价体系诸多经验的基础上对《绿色建筑评价标准》2006版进行了不少改进，但仍存在一定的问题。

1）将该标准的适用对象扩展到所有民用建筑类型是否合理；

2）虽然《征求意见稿》（2013）建立了综合打分体系，但各指标项的最高分值体现了内在的隐含权重关系，同时指标大类层面又叠加了独立权重系统，《征求意见稿》（2013）并没有给出复合权重系统设置的依据；

3）在创新大类中明确提出“11.2.7 对主要建筑材料提交碳排放计算书”。具体条文说明如下：

11.2.7　本条适用于各类民用建筑的设计、运行阶段评价。

绿色建筑离不开绿色建材，建筑材料生产过程的含能（碳排放）是建筑生命周期能耗（碳排放）的重要组成部分。据不完全统计，国内外建筑材料含能（碳排放）占建筑全生命周期能耗（碳排放）的20%。国外绿建标准如CASBEE、DGNB等也是通过碳排放或全生命周期环境负荷作为建筑材耗与节材的归一化控制指标。由于我国对于建筑材料的含能和碳排放基础研究起步较晚，数据很不完善，现阶段本标准难以通过利用建筑材料的碳排放来作为对各类建筑单位平方米材耗与节材的归一化控制指标。但从政府引导的角度，本标准拟通过条文设置鼓励绿色建筑提交钢材、水泥、铝材、玻璃、卫生陶瓷、混凝土砌块和保温材料等主要建筑材料的碳排放计算书，引导建筑材料生产企业通过工艺革新降低材料碳排放，降低绿色建筑全生命周期碳排放，同时为今后量化指标的提出积累数据。

本条的评价方法为：设计阶段查阅绿建方案、设计文件及根据材料用量和行业平均数据的碳排放计算书；运行阶段查阅由国家认证认可监督管理委员会授权的具有资质的第三方检验认证机构出具的主要建筑材料单位产品能耗核查报告，并查阅工程决算材料清单。

从条文说明可以看出：(1)《征求意见稿》（2013）没有将该指标项作为评价体系的强制要求；(2) 只考虑了建筑材料层面的碳排放，而不是建筑整体生命周期的碳排放；(3) 没有给出具体的核算方法和排放因子，申请方提交的结果难以确保科学性和一致性。

基于上述问题，且《征求意见稿》（2013）尚未正式颁布，不能作为绿色建筑评价的依据，因此本文选择在《绿色建筑评价标准》2006 版的基础上，对整合碳排放评价的中国绿色建筑评价体系框架的构建进行探讨。

7.2 《绿色建筑评价标准》性能优化版

《基于性能表现的中国绿色建筑评价体系研究》，将评价体系框架优化为 A、B 两个部分。“文件 A”以《绿色建筑评价标准》的控制项为基础，作为项目参评的强制性审核，包括了人均用地面积、日照标准等必须满足的指标项，评价方式为是否满足条件，由第三方机构独立判断作为项目参评资格审查的依据。“文件 B”以《绿色建筑评价标准》的一般项和优选项为基础，保持“四节一环保”的评价框架不变，建立二级加权线性和法的综合打分体系，对于可以量化的指标项采用强制打分法直接评价，对于只能定性研究的指标项，根据措施得分率进行打分，最后将所有指标项的得分综合为一个评价值以反映建筑的环境性能水平。为了避免指标间的过多互偿，“文件 B”中的每类指标都要满足一定的得分率。《绿色建筑评价标准》性能优化版的指标结构与考察内容如表 7-10 所示。

《绿色建筑评价标准》性能优化版的指标结构与考察内容　　表7-10

指标大类	指标项	考察内容	性能评价	措施打分
节地与室外环境	公共交通	鼓励公共交通和自行车，减少小汽车数量		✓
	环境噪声	减少室外噪声影响，获得良好的声环境	✓	
	室外风环境	减少不利的风环境		✓
	绿化量	提高植物的固碳量，鼓励复层绿化和本地植物	✓	
	减少热岛效应	控制室外透水地面比率，降低城市热岛效应		✓
节能与能源利用	自然资源直接利用	鼓励自然通风、采光、遮阳等被动设计手段，通过评估专家对被动设计进行考核		✓
	最低运行能耗设计	对建筑的整体运行能耗进行模拟评估，鼓励最低能耗的设计	✓	
	可再生能源利用	考察可再生能源利用率，鼓励因地制宜利用可再生能源	✓	
节水与水环境利用	减少用水	考察建筑的节水率，鼓励采取各种措施减少用水量	✓	
	非传统水源利用率	考察非传统水源利用率，鼓励利用雨水和中水等非传统水源	✓	

续表

指标大类	指标项	考察内容	性能评价	措施打分
节材与材料资源利用	材料资源利用	考察设计中使用材料的含能占总材料含能的比例，鼓励降低材料含能设计	√	
	旧材料再利用	考察设计中能够重复利用和回收材料的含能占总材料含能的比例	√	
	延长建筑寿命	鼓励建筑采用高性能材料和结构体系，提高结构和空间的灵活性		√
室内空气质量	室内空气质量	鼓励自然通风，获得良好室内空气质量		√
	室内热环境	将室内温湿度控制在人体舒适的合理范围，防止结露		√
	室内声环境	提高围护结构隔声性能，防止噪声影响	√	
	室内光环境	室内空间具有良好的视野和光线，光环境满足人工作和生活需要	√	
设计与创新	设计与创新	对于前5大类中的创新性技术或设计给予的额外奖励分，由评估专家评定		√

（资料来源：李涛. 基于性能表现的中国绿色建筑评价体系研究[D]. 天津大学. 2012.）

7.3 框架构建及工具开发

本节以第六章中的综合评价体系框架理论模型为脉络，以第三、四、五章的研究内容为依据，从评价指标、数学模型、指标基准、权重体系、评级基准、结果表达和评价工具等共 7 个角度全面构建适应我国国情与地域特征的整合碳排放评价的中国绿色建筑评价体系框架，并针对适用于设计阶段评价的天津地区新建办公建筑类型，对评价体系框架的各要素进行了详细界定，开发了天津地区新建办公建筑特征标签工具。

7.3.1 指标集

7.3.1.1 建筑碳排放评价指标项的确定

评价指标项的确定是一个评价体系能否被开发成功的基本条件。为了保证评价体系内容的紧凑性，一般会优先纳入重要程度高的性能指标，排除一些重要程度相对较低的性能指标。由于国家或地区经济、技术水平的特殊性，各国绿色建筑评价体系在评价指标的筛选上表现出明显的差异性，但随着绿色建筑评价的日趋成熟，其评价内容越来越趋于标准化发展。表 7-11 将几个具有代表性的绿色建筑评价体系与国际标准化组织发布的 ISO/

TC59(2002a)[1] 中建议的环境性能评价指标进行比较，可以看出这些评价体系在评价视域（所包含的指标项内容）上基本涵盖了ISO建议的必选项，尤其是CASBEE几乎涵盖了全部必选项和可选项。

ISO/TC59(2002a)与典型绿色建筑评价体系指标项对比　表7-11

类别	评价视域	必选项/可选项	BREEAM	LEED	SBTool	CASBEE	绿标性能优化版
室内环境	热舒适	M	√	√	√	√	√
	采光与照明	M	√	√	√	√	√
	空气质量	M	√	√	√	√	√
	声环境	M	√	—	√	√	√
能源	运行能耗	M	√	√	√	√	√
	运行效率	M	√	√	√	√	√
	热负荷	M	√	√	—	√	√
	自然资源利用	M	√	√	√	√	√
	建筑系统效率	M	—	√	—	√	—
材料与资源	水资源	M	√	√	√	√	√
	资源生产力	M	√	√	√	√	√
	避免材料污染	M	√	√	√	√	√
对周边环境的冲击	污染	M	√	√	√	√	√
	基础设施荷载	M	√	√	√	√	√
	风害	O	—	—	√	√	√
	光污染	O	√	—	√	√	√
	热岛效应	O	√	√	√	√	√
	其他基础设施荷载	O	—	—	√	√	—
服务质量	服务能力	O	√	—	—	√	—
	耐久性	O	—	—	√	√	—
	弹性与可适应性	O	—	—	√	√	—
室外环境	生态环境营建	O	√	√	√	√	√
	城市景观与风景	O	—	—	√	√	—
	当地文化与特征	O	—	—	√	√	—

从表7-11中可以看出，绿标性能优化版基本上涵盖了ISO建议的必选指标项。具体到“对周边环境的冲击——污染”指标项，我国《绿色

1　ISO/TC 59/SC3N459. Building and constructed assets – Sustainable building – General principles.

建筑评价标准》2006版及性能优化版中都没有明确的控制与说明。美国TRACI规定的12类环境影响类型中，有8类属于环境污染，即：臭氧耗竭、全球变暖、酸化、致癌、颗粒物、富营养化、烟雾和生态毒性。目前最受国际社会关注的CO_2排放仅是导致全球变暖数十种温室气体中的一种，但同时也是所有温室气体中占比最大、增温效应最为明显的一种。因此，在我国建筑业节能减排的时代背景下，鉴于国内建筑环境污染相对薄弱的研究现状，本文在《绿色建筑评价标准》现有评价视域中增加"建筑生命周期碳减排"指标项，旨在从性能角度采用定量手段细化绿标对建筑环境污染的评价。指标项中的"碳减排"仅核算CO_2一种气体。

"建筑生命周期碳减排"是评价建筑环境影响中全球变暖类型的重要性能指标，旨在最大限度地控制因建筑和设备系统建造、运行直至拆除的建筑全生命周期内所产生的CO_2排放量。根据ISO/TC59/SC17N236中对环境影响的描述，一般采用LCA或LCI方法核算建筑环境污染指标项的污染程度[1]。因此，本指标项引入评价参数"建筑生命周期碳减排率"，计算公式如下所示：

$$\text{建筑生命周期碳减排率} = 100\% \times \left(1 - \frac{\text{建筑生命周期碳排放量}}{\text{建筑生命周期碳排放量基准值}}\right) \quad \text{公式 7-2}$$

式中，建筑生命周期碳排放量是对参评建筑年CO_2排放量的核算值，单位为$kgCO_2/(m^2 \cdot yr)$；核算范围覆盖建材生产及运输、建筑施工、建筑运行、建筑拆除、废料回收及处理全生命周期；核算方法详见本书第三章3.6.4节。其中，建筑运行期碳排放量的核算在设计阶段采用专业能耗软件模拟获得，在运行阶段建立计量系统通过实测数据获得。

建筑生命周期碳排放量基准值是指建筑在全生命周期内所允许产生的最大CO_2排放量，单位为$kgCO_2/(m^2 \cdot yr)$，建筑生命周期碳排放量基准值的确定详见本章7.3.3节。

采用参数"建筑生命周期碳减排率"而非绝对值"建筑生命周期碳排放量"评价"建筑生命周期碳减排"指标项，一是便于按地域、建筑类型或生命周期阶段及时调整建筑生命周期碳排放基准值；二是旨在依据当时当地情况下，参评建筑减碳表现的难易程度给予奖励分值。

7.3.1.2 建筑碳排放评价指标项所属指标大类的确定

通过对各国典型绿色建筑评价体系中指标大类的对比分析，发现虽然各评价体系的评价视域（所包含的指标项内容）相近，但指标大类层面的划分却差异较大。有些评价体系将材料、水、能源等单独设类；有些评价体系将它们统一归为"资源与能源"大类；还有的评价体系将能源与资源

---

1 ISO/TC59/SC17N236. Building construction-Sustainability in building construction-Sustainability indicators.

分开，强调能源大类的重要性；而我国《绿色建筑评价标准》则将“节地”单独归类，以体现我国土地利用问题的紧迫性。表 7-12 为各国典型绿色建筑评价体系指标大类划分方式的比较。评价体系指标大类层面划分方式的不同，不仅反映了开发团队对建筑环境性能类别理解方式的不同，也反映了在各国具体国情下，建筑环境性能类别在重要程度上的差异。

典型绿色建筑评价体系指标大类划分方式对比　　表7-12

<table>
<tr><th>评价体系</th><th>BREEAM</th><th>LEED</th><th>SBTool</th><th>CASBEE</th><th>绿标</th></tr>
<tr><td rowspan="14">指标大类</td><td>交通</td><td>选址与交通</td><td>—</td><td>—</td><td>—</td></tr>
<tr><td>土地利用与生态</td><td>可持续场地</td><td>场地选择</td><td>室外环境</td><td rowspan="2">节地与室外环境</td></tr>
<tr><td>污染</td><td rowspan="2">能源与大气</td><td>环境负荷</td><td>建筑用地外环境</td></tr>
<tr><td>能源</td><td rowspan="3">能源与资源消耗</td><td>能源</td><td>节能与能源利用</td></tr>
<tr><td>材料</td><td>材料与资源</td><td rowspan="2">资源与材料</td><td>节材与材料资源利用</td></tr>
<tr><td>水</td><td>用水效率</td><td>节水与水资源利用</td></tr>
<tr><td>健康和舒适</td><td>室内环境</td><td>室内环境质量</td><td>室内环境</td><td>室内环境质量</td></tr>
<tr><td>垃圾</td><td>—</td><td>—</td><td>—</td><td>—</td></tr>
<tr><td>管理</td><td></td><td>服务质量</td><td>服务质量</td><td>—</td></tr>
<tr><td>—</td><td>—</td><td>社会与文化</td><td>—</td><td>—</td></tr>
<tr><td>—</td><td>—</td><td>经济</td><td>—</td><td>—</td></tr>
<tr><td>创新</td><td>创新</td><td>—</td><td>—</td><td>—</td></tr>
<tr><td>—</td><td>地域优先</td><td>—</td><td>—</td><td>—</td></tr>
<tr><td>—</td><td>—</td><td>—</td><td>—</td><td>运营管理</td></tr>
</table>

在表 7-12 的基础上，挑选各绿色建筑评价体系中包含“建筑碳排放评价指标项”的指标大类，并将该大类内所有指标项列出以进行横向比较（表 7-13）。可以看出，英国 CSH 标准中控制建筑碳排放的指标项为“住宅 CO_2 排放率”，所属指标大类为“能源与 CO_2 排放”；德国 DGNB 标准中控制建筑碳排放的指标项为“全球变暖潜值”，所属指标大类为“生态质量”；加拿大 SBTool 标准中控制建筑碳排放的指标项为“温室气体排放”，所属指标大类为“环境负荷”；日本 CASBEE 中控制建筑碳排放的指标项为“全球变暖”，所属指标大类为“建筑用地外环境”。此外，各绿色建筑评价体系的该指标大类中，除控制建筑碳排放的指标项外，其余指标项由于各国评价体系在指标大类划分时的侧重不同，差异很大：英国 CSH 的“能源与 CO_2 排放”指标大类将能源与碳排放综合在一起；德国 DGNB 的“生态质量”指标大类包含了大气、水体、微气候和能源等多方面指标项；加拿大 SBTool 的“环境负荷”

指标大类包含了场地内外的大气、水体和固体废弃物污染；日本 CASBEE 的“建筑用地外环境”则包括大气和声、光、热、风等微环境。

相较之下，我国《绿色建筑评价标准》2006 版及其性能优化版中并没有专设明确控制建筑碳排放的指标项。通过对《绿色建筑评价标准》中各指标大类划分方式及其类内指标项，并和表 7-13 中 CSH、DGNB、SBTool、CASBEE 除控制建筑碳排放以外的其余指标项进行横向比较，可以发现我国《绿色建筑评价标准》的“节地与室外环境”指标大类与 CASBEE 的“建筑用地外环境”指标大类所涵盖的评价视域基本一致。《绿色建筑评价标准》2006 版及其性能优化版中“节地与室外环境”的评价视域比 CASBEE“建筑用地外环境”的评价视域少了“全球变暖”、“大气污染”2 个指标项，多了“绿化量”1 个指标项。

包含碳排放指标项的绿色建筑评价体系类内指标比较　　表7-13

指标大类	CSH	DGNB	SBTool	CASBEE	《绿色建筑评价标准》性能优化版
	能源与CO_2排放	生态质量	环境负荷	建筑用地外环境	节地与室外环境
该类内评价指标项	住宅CO_2排放率	全球变暖潜值	温室气体排放	全球变暖	公共交通
	围护结构热工性能	臭氧破坏潜值	其他大气排放	防止大气污染	室外环境噪声
	能耗显示装置	光化学反应潜值	固体和液体废弃物	改善热环境	室外风环境
	干燥空间	酸化潜值	场地影响	区域基础设施负荷	绿化量
	能源标识白色家电	富营养化潜值	其他负荷与区域影响	噪声、振动与恶臭的防止	减少热岛效应
	外部照明	当地环境风险	—	风害与日照	（光污染）[1]
	低碳和零碳技术	其余全球环境影响	—	光污染	—
	车库	微气候	—	—	—
	家庭办公	不可再生初级能源需求	—	—	—
	—	初级能源需求和可再生初级能源比例	—	—	—
	—	饮用水消耗和污水	—	—	—
	—	区域利用	—	—	—

1　在《绿色建筑评价标准》性能优化版中，光污染作为必选项设置在“文件 A”中，未包含在建立综合打分体系的“文件 B”中。

至此，貌似将“建筑生命周期碳减排”指标项纳入《绿色建筑评价标准》“节地与室外环境”指标大类最为合适，但细究“节地与室外环境”的类内指标项则发现，这里的声、光、热、风等“室外环境”指标项控制的是建筑周边的区域环境影响，与全球变暖、大气污染等影响更为广泛的全球环境影响在内涵上存在本质差异。因此本文对《绿色建筑评价标准》“四节一环保”框架进行优化，增设“全球环境影响”指标大类，形成“四节二环保”的评价体系框架，将旨在控制全球变暖的“建筑生命周期碳减排”指标项设置在“全球环境影响”指标大类中。同时，由于“建筑生命周期碳减排”指标项中对建筑碳排放量的核算已经涵盖了建筑基地内绿化系统的固碳效应，为避免评价指标重复，将绿标中的“绿化量”指标项删除。今后，随着我国建筑环境污染领域研究的深入，“全球环境影响”指标大类将持续完善评价视域，增加诸如臭氧破坏、酸雨、光化学烟雾等全面反映建筑对全球环境造成负面影响的评价指标项。

7.3.2 数学模型

7.3.2.1 建筑碳评价指标无量纲化

我国政府在2009年哥本哈根气候大会上承诺：“到2020年，中国单位GDP的CO_2排放量比2005年降低40%~45%。”从中可知，我国政府承诺的2020年“建筑生命周期碳减排率”的最低限要求为40%，将40%的最低碳减排率平均分布在2005~2020的15年中，得到各年度相较于2005年的最低碳减排率（表7-14）。其中，2014年度的最低碳减排率为24%。

最低碳减排率年度表　　表7-14

年度	2005	2006	2007	2008	2009	2010	2011	2012
最低碳减排率	0%	3%	5%	8%	11%	13%	16%	19%
年度	2013	2014	2015	2016	2017	2018	2019	2020
最低碳减排率	21%	24%	27%	29%	32%	35%	37%	40%

采用强制打分法将“建筑生命周期碳减排”指标项的性能值（最低碳减排率）转化为评价值（奖励分值）。该指标项的最高奖励分值与《绿色建筑评价标准》性能优化版中其余指标项的最高奖励分值相同，均设为5分。以2014年为例，将1~5分的奖励分值线性分布在24%~100%的碳减排率上，得到“建筑生命周期碳减排”指标项2014年度的评分标准，即：参评建筑的生命周期碳减排率不低于24%时，该指标项得1分；不低于43%时，该指标项得2分；不低于62%时，该指标项得3分；不低于81%时，该指

标项得 4 分；不低于 100%，即达到零碳建筑标准时，获得最高分 5 分。以此类推，建立“建筑生命周期碳减排”指标项 2014~2020 年度的评分标准，如表 7-15 所示。

“建筑生命周期碳减排”指标项2014~2020年度评分标准　　　　表7-15

碳减排率		年度						
		2014	2015	2016	2017	2018	2019	2020
得分	1	≥24%	27%	29%	32%	35%	37%	40%
	2	≥43%	45%	47%	49%	51%	53%	55%
	3	≥62%	64%	65%	66%	68%	69%	70%
	4	≥81%	82%	82%	83%	84%	84%	85%
	5	≥100%	100%	100%	100%	100%	100%	100%

7.3.2.2　综合评价数学模型

目前，我国低碳建筑甚至绿色建筑市场都仍处于早期发展阶段，评价体系的制定初衷是希望鼓励更多的建筑参与绿色或低碳评价。因此，本文构建的整合碳排放评价的中国绿色建筑评价体系，选用模型简单、易于理解的加权线性和法作为综合打分体系的数学模型，从而将各指标评价值转化为一个最终评价值，以表征参评建筑的综合性能表现。这与《绿色建筑评价标准（征求意见稿）》（2013）的修订思路相吻合。本研究规定整合碳排放评价的中国绿色建筑评价体系中，“四节二环保”各指标项总和为 100 分，此外，“设计与创新”指标大类附加奖励 10 分。因此，参评建筑可得的最高分值为 110 分。综合评价数学模型的公式如下所示：

$$x=\sum_{j=1}^{6}\sum_{i=1}^{n} W_j \cdot w_{i,j} \cdot x_{i,j}+10 \qquad \text{公式 7-3}$$

式中，j 代表指标大类的种类；i 代表类内指标项个数；W_j 代表指标大类 j 的权重因子；$w_{i,j}$ 代表指标大类 j 中指标项 i 的权重因子；$x_{i,j}$ 代表指标项 i 的得分。

然而，加权线性和法会导致各指标项之间的得分互偿，为改善这一弊端，保证参评建筑各大类性能的均衡度，本研究通过控制各指标大类的最低得分来约束指标互偿。评价体系的得分门槛原则详见本书 7.3.5 节。

7.3.3　指标基准

“建筑生命周期碳减排率”计算公式中，建筑碳排放量基准值根据评价工具的不同，其确定方法分为模拟和实测两类。

7.3.3.1 设计标识

在设计阶段使用特征标签工具进行建筑碳排放评价时，该基准值采用“参照建筑”的方法确定，即以模拟性能作为基准线的指标基准值。

参照建筑是与参评建筑的形状、大小、朝向、内部空间划分和使用功能完全一致的假想建筑。由于我国政府减排承诺的基准年为2005年，因此参照建筑的体形系数、窗墙面积比、围护结构热工性能等参数取值于2005年典型办公、住宅建筑（或某一建筑类型）的性能参数（基于分建筑气候区的统计数据）。进而通过本书第三章3.6.4节中的“建筑生命周期碳排放核算模型”计算参照建筑的生命周期碳排放量，以此作为设计标识中“建筑生命周期碳减排”指标项的基准值。

7.3.3.2 运行标识

在运行阶段使用绩效标签工具进行建筑碳排放评价时，该基准值采用“多元线性回归分析”的方法确定,即以实测性能作为基准线的指标基准值。

为了避免平均数法、中位数法等简单统计方法容易丢失样本数据信息的弊端，本书采用美国“能源之星”基准模型的构建思路，建立整合碳排放评价的中国绿色建筑评价体系绩效标签工具中“建筑生命周期碳减排”指标项的基准值，具体步骤如下：

1）建立分地区、分建筑类型的建筑碳排放量监测系统，记录完整的建筑碳排放账单和运行细节数据，建立中国建筑碳排放数据库。该数据库是低碳建筑的评价基础。

2）采用多元线性回归分析方法对数据库进行统计分析，建立类型建筑碳排放基准模型方程，以建筑生命周期碳排放量为方程因变量，以影响建筑生命周期碳排放的参数作为方程自变量，方程的数学函数表示如下：

$$\text{建筑生命周期碳排放量} = C_0 + \sum_{i=1}^{n} C_i x_i \qquad \text{公式 7-4}$$

式中，C_0是一个常数，表示其他系数C_i与建筑生命周期碳排放量之间相关性的强弱；C_i是一个数值，表示x_i影响因子所描述的建筑参数与建筑生命周期碳排放量之间相关性的强弱。

3）将参评建筑的基本情况及运行参数（自变量）输入到上述方程中，得出建筑生命周期碳排放量的预测值。这个预测值代表基于该参评建筑实际运行数据的预计碳排放量，即运行标识中“建筑生命周期碳减排”指标项的基准值。

可以看出，不论设计标识还是运行标识，建立分地区、分建筑类型的建筑性能数据库是基准研究工作的基础，而这又是一个长期的数据收集分析过程，艰巨而繁琐。美国从 1976 年开始从国家层面推进建筑能源审计，建立起覆盖全美的 CBECS 数据库，并且每 4 年对数据库中的 6000 余栋建筑的能源账单和运行细节进行统计与更新。反观我国，目前该领域研究工作基本空白。因此，限于基础资料的匮乏，以及凭一己之力难以获得较为完善的建筑性能实测数据库，本研究中“建筑生命周期碳减排”指标项的基准值暂时采用自上而下的宏观估算方法替代。

基准值估算过程如下：根据美国能源信息署公布的 2005 年中国 CO_2 排放总量[1]（54.64 亿 t）、IPCC 对全球建筑业 CO_2 排放比率的研究[2]（36%）和我国建设部公布的 2005 年城镇房屋建筑面积[3]（164.51 亿 m^2），得到我国 2005 年单位建筑面积碳排放量为 119.56kg/m^2 · yr，将计算值化整得到本研究中的“建筑生命周期碳减排”指标基准 120kg/m^2 · yr。

其中：1）由于我国目前尚无国内各部门 CO_2 排放量的官方统计数据，因此估算中“中国 2005 年 CO_2 排放总量”选取美国能源信息署公布的数据，即由能源消耗所产生的中国境内 CO_2 排放量。2）“建筑业 CO_2 排放比率”选取政府间气候变化专门委员会第三次评估报告的研究数据，即全球建筑业 CO_2 排放比率的平均值。由于国际能源机构仅报告工业和交通部门的数据，建筑 CO_2 排放信息归为“其他”部门，未作单列，其数值通过分配法估算，电力转换系数采用标准值 33%。同时，经济转型国家的数据来源与其余国家（中东、拉美、非洲、亚太发展中国家和工业化国家）不同，由英国石油公司统计提供。因此，由于经济转型国家以及建筑部门中商业和居住建筑子部门的数据存在不确定性，“建筑业 CO_2 排放比率为 36%”的数据来源虽最为权威，但其数据质量本身存在不确定性。3）“2005 年城镇房屋建筑面积”选取建设部网站 2006 年公布的官方数据，较为准确。

从上述数据来源及数据说明可以看出，国内外针对建筑业碳排放的官方统计尚不系统，各数据来源虽尽量兼顾其权威性及准确性，仍难以做到统一研究边界，因此该指标基准估算值较为粗糙。但通过与德国绿色建筑评价体系 DGNB 的建筑碳排放量基准值[4]（办公建筑 79.8kg/（m^2 · yr），居住建筑 24kg/（m^2 · yr）进行比较，可侧面印证其在我国低碳办公建筑评价中的实际操作意义，数据具有一定的可信度。

需要注意的是，该基准估算值存在一定的适用范围。江亿院士在《中

1 http://www.eia.gov/cfapps/ipdbproject/IEDIndex3.cfm?tid=90&pid=44&aid=8

2 IPCC. Climate Change 2001: Mitigation，Contribution of Working Group III to the Third Assessment Report of the Intergovernmental Panel on Climate Change［M］. UK：Cambridge University Press，2001.

3 建设部 . 2005 年城镇房屋概况统计公报 [J]. 网址：http://www.mohurd.gov.cn/hytj/dtyxx/zfhcxj sbxx/200804/t20080423_160502.htm,2006.

4 德国建设部 BNB 细则，网址：www.nachhaltigesbauen.de.

国建筑节能年度发展研究报告》中指出，建筑节能研究中的公建可分为一般公建和大型公建两类。一般公建是指单体面积低于 20000m^2 或超过 20000m^2，但没有配备中央空调系统的公共建筑；大型公建是指单体面积超过 20000m^2，且全面配备中央空调系统的公共建筑。一般公共建筑的单位面积耗电量通常在 30~50kWh/m^2·yr，大型公共建筑的单位面积能耗通常是一般公共建筑的 3~8 倍 [1]。目前我国既有公共建筑中能耗水平较低的一般公共建筑面积占公共建筑总面积的 70% 以上，数量占 95% 以上，是我国公共建筑的主体。但目前有两个明显的发展趋势：一是新建公共建筑中一般公建已经很少，大型公建成为新建公建的主要形式；二是一些原本能耗水平较低的一般公共建筑，通过改造，变为外窗不可开启、加装中央空调系统和电梯，导致能耗大幅上升，其能耗特征转为大型公建水平。因此，从基准估算值的数值，以及适用对象“天津地区新建办公建筑特征标签工具”两方面来看，120kg/（m^2·yr）的指标基准适用于 2 万 m^2 以上，且配备中央空调系统的新建大型公共建筑。

7.3.4 权重研究

《绿色建筑评价标准》性能优化版采用专家调查的层次分析法建立了天津地区新建办公指标大类和指标项的一级、二级权重系统，两级权重因子相乘即得到评价体系各指标项的整体权重分配。《绿色建筑评价标准》性能优化版的权重体系（天津地区新建办公建筑）如表 7-16 所示。

《绿色建筑评价标准》性能优化版天津地区新建办公建筑权重表　　表7-16

指标大类	一级权重	指标项	二级权重	总权重
节地与室外环境	0.20	公共交通	0.20	0.0400
		室外环境噪声	0.16	0.3200
		室外风环境	0.18	0.0360
		绿化量	0.26	0.0520
		减少热岛效应	0.20	0.0400
节能与能源利用	0.32	自然资源直接利用	0.25	0.0800
		最低运行能耗设计	0.51	0.1632
		可再生能源利用	0.24	0.0768
节水与水资源利用	0.14	减少用水量	0.58	0.0812
		非传统水源利用	0.42	0.0588

1　清华大学建筑节能研究中心 . 中国建筑节能年度发展研究报告 2010[M]. 北京：中国建筑工业出版社，2010.

续表

指标大类	一级权重	指标项	二级权重	总权重
节材与材料资源利用	0.12	材料资源利用	0.32	0.0384
		旧材料再利用	0.26	0.0312
		延长建筑物寿命	0.42	0.0504
室内空气质量	0.22	室内空气质量	0.33	0.0726
		室内热环境	0.33	0.0726
		室内声环境	0.15	0.0330
		室内光环境	0.19	0.0418

（资料来源：李涛. 基于性能表现的中国绿色建筑评价体系研究[D]. 天津大学. 2012.）

得益于独立权重评价体系框架的灵活性和可扩展性，本文在保持《绿色建筑评价标准》性能优化版“节能、节水、节材、室内空气质量”四组类内二级权重因子不变的基础上，对整合碳排放评价的中国绿色建筑评价体系框架下，天津地区新建办公建筑特征标签工具开发中发生变化的一级权重因子，以及“节地与室外环境”类内二级权重因子，采用专家调查的层次分析法重新构建权重分配方案。

7.3.4.1　*构建层次分析模型*

1）建立整合碳排放评价的中国绿色建筑评价体系的递阶层次结构（图7-4）。

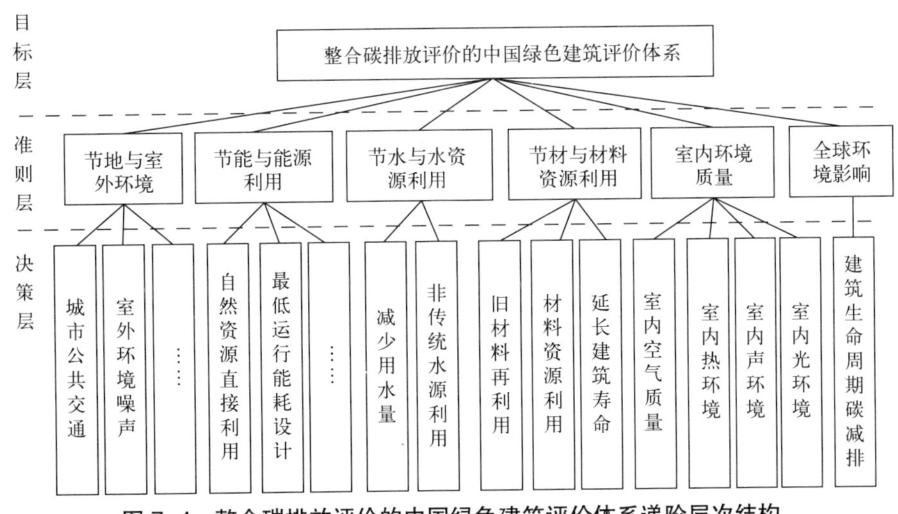

图 7-4　整合碳排放评价的中国绿色建筑评价体系递阶层次结构

2）采用1~9标度法构造天津地区新建办公建筑特征标签工具指标大类一级权重,以及“节地与室外环境”类内指标项二级权重的判断矩阵（表7-17，表7-18）。

指标大类判断矩阵 表7-17

	非常重要	很重要	重要	稍重要	一样重要	稍重要	重要	很重要	非常重要	
	9:1	7:1	5:1	3:1	1:1	1:3	1:5	1:7	1:9	
全球环境影响										节地与室外环境
全球环境影响										节能与能源利用
全球环境影响										节水与水资源利用
全球环境影响										节材与材料资源利用
全球环境影响										室内空气质量
节地与室外环境										节能与能源利用
节地与室外环境										节水与水资源利用
节地与室外环境										节材与材料资源利用
节地与室外环境										室内空气质量
节能与能源利用										节水与水资源利用
节能与能源利用										节材与材料资源利用
节能与能源利用										室内空气质量
节水与水资源利用										节材与材料资源利用
节水与水资源利用										室内空气质量
节材与材料资源利用										室内空气质量

“节地与室外环境”类内指标项判断矩阵 表7-18

	非常重要	很重要	重要	稍重要	一样重要	稍重要	重要	很重要	非常重要	
	9:1	7:1	5:1	3:1	1:1	1:3	1:5	1:7	1:9	
公共交通										室外环境噪声
公共交通										室外风环境
公共交通										减少热岛效应
室外环境噪声										室外风环境
室外环境噪声										减少热岛效应
室外风环境										减少热岛效应

7.3.4.2 专家调查问卷

本次权重调查工作（权重调查问卷参见本书附录B）共有34位专家参加，筛选有效问卷30份。专家的专业领域、职称、工作性质、从业时间等数据统计见下文。

1）专业领域

从专业领域看，参与调查工作的专家中，建筑学专业背景的专家最多，占到56.7%；其次是规划专业专家，占16.7%。这两个专业的专家总数占到73%以上。此外，建筑物理专业、结构专业专家比重也较高，各占10%。其他专业的专家数比重相对较低（表7-19）。

权重调查所有参与专家的专业领域分布 表7-19

专业	建筑学	规划	景观	结构	暖通	给排水	电气	材料	建筑物理	总数
人数	17	5	0	3	1	0	0	0	3	30
百分比	56.7%	16.7%	0	10%	6.6%	0	0	0	10%	100%

2）职称

从专家职称来看，工程师最多，占调研人群的50%。此外，教授（教授级高工）以及副教授（高级工程师）共占20%，其他（高校研究人员）占30%（表7-20）。

权重调查所有参与专家的职称分布 表7-20

职称	教授（教授级高工）	副教授（高级工程师）	工程师	其他	总数
人数	2	4	15	9	30
百分比	6.7%	13.3%	50%	30%	100%

3）工作性质

从专家从业的工作性质来看，高校专家占到一半以上，加上比重较高的设计院、研究部门的专家，三者共占被调查专家的90%（表7-21）。

权重调查所有参与专家的工作性质分布 表7-21

工作性质	高校	设计院	政府部门	企业	研究部门	社会团体	总数
人数	17	6	2	1	4	0	30
百分比	56.7%	20%	6.7%	3.3%	13.3%	0	100%

4）从业时间

分析专家的从业时间，大部分集中在“3~5年”及“5~10年”，占专家总数的 73.3%（表 7-22）。

权重调查所有参与专家的从业时间分布 表7-22

从业时间	3年以下	3~5年	5~10年	10年以上	总数
人数	5	13	9	3	30
百分比	16.7%	43.3%	30%	10%	100%

7.3.4.3 一致性检验与权重确定

通过对整合碳排放评价的中国绿色建筑评价体系一级、二级权重的专家调查进行 2 轮修改，计算结果趋于收敛。采用层次分析法软件 yaahp V6.0 对矩阵进行一致性检验，各权重调查表计算结果的一致性比率（CR）均小于 0.1 的限值，一致性良好。表 7-23、表 7-24 为天津地区新建办公建筑特征标签工具一级，以及“节地与室外环境”指标大类二级权重专家调查问卷的软件计算结果。对每个指标大类或评价指标项的权重因子计算值求“算数平均值”，即得到 30 位专家对天津地区新建办公建筑特征标签工具权重分配方案的整体看法。

天津地区新建办公建筑一级权重计算 表7-23

专家	节地与室外环境	节能与能源利用	节水与水资源利用	节材与材料资源利用	室内环境质量	全球环境影响	CR值
1	0.0546	0.2135	0.3125	0.1951	0.0208	0.2109	0.0988
2	0.0418	0.0552	0.4170	0.0505	0.3336	0.0248	0.0331
3	0.2780	0.0980	0.1344	0.0392	0.2868	0.1330	0.0983
4	0.3951	0.1396	0.0940	0.1276	0.0937	0.1748	0.0331
5	0.0367	0.1002	0.2483	0.2752	0.2353	0.0264	0.0917
6	0.0901	0.2046	0.2664	0.1871	0.1521	0.0779	0.0956
7	0.2290	0.1759	0.1475	0.2763	0.0400	0.1358	0.0897
8	0.1976	0.1682	0.0729	0.0795	0.2717	0.1799	0.0546
9	0.3642	0.5491	0.0575	0.0503	0.0460	0.0431	0.0093
10	0.1408	0.1492	0.1252	0.1095	0.3003	0.1241	0.0532
11	0.0776	0.1275	0.0356	0.0312	0.3986	0.2545	0.0774
12	0.0776	0.1275	0.0356	0.0312	0.3986	0.2545	0.0774
13	0.1175	0.4074	0.0440	0.1121	0.2468	0.0734	0.0431
14	0.2143	0.3965	0.0613	0.0292	0.0267	0.3491	0.0877
15	0.0534	0.3577	0.1000	0.1527	0.0580	0.3055	0.0532

续表

专家	节地与室外环境	节能与能源利用	节水与水资源利用	节材与材料资源利用	室内环境质量	全球环境影响	CR值
16	0.0759	0.3942	0.1544	0.0244	0.1043	0.2892	0.0684
17	0.1401	0.2049	0.3935	0.0430	0.0580	0.1886	0.0963
18	0.1016	0.4312	0.0422	0.0845	0.0168	0.3882	0.0566
19	0.0503	0.1421	0.0957	0.1299	0.2543	0.2740	0.0425
20	0.2328	0.1980	0.1660	0.0937	0.1655	0.1472	0.0437
21	0.0462	0.0813	0.1618	0.1953	0.2919	0.1409	0.0943
22	0.0508	0.4183	0.2261	0.0614	0.2254	0.0259	0.0664
23	0.0948	0.2151	0.0602	0.1966	0.2480	0.1406	0.0737
24	0.2301	0.0914	0.2300	0.0605	0.2292	0.1330	0.051
25	0.1587	0.2609	0.1757	0.2386	0.0906	0.0785	0.0546
26	0.0743	0.4882	0.0251	0.0270	0.0862	0.3609	0.0918
27	0.1113	0.1470	0.0794	0.2597	0.2374	0.1047	0.0909
28	0.2122	0.3926	0.0607	0.0289	0.0264	0.3555	0.0877
29	0.3834	0.0886	0.3077	0.0897	0.1022	0.0468	0.0969
30	0.0250	0.4109	0.0430	0.1560	0.0701	0.3242	0.0529
平均值	0.1452	0.2412	0.1458	0.1145	0.1705	0.1789	0.0688
化整（保留到百分位）	0.15	0.24	0.15	0.11	0.17	0.18	0.07

天津地区新建办公建筑“节地与室外环境”大类二级权重计算　　表7-24

专家	公共交通	室外环境噪声	室外风环境	减少热岛效应	CR值
1	0.5147	0.2374	0.0765	0.1716	0.0751
2	0.5471	0.1479	0.1539	0.1509	0.073
3	0.5270	0.2159	0.1161	0.1410	0.0546
4	0.1307	0.1597	0.3950	0.3146	0.0909
5	0.0938	0.2435	0.3855	0.2772	0.0979
6	0.2774	0.2196	0.2256	0.2774	0.0437
7	0.1805	0.3835	0.0872	0.3488	0.0978
8	0.1696	0.2081	0.4113	0.2111	0.0664
9	0.4327	0.2759	0.1472	0.1442	0.0774
10	0.2500	0.2500	0.2500	0.2500	0
11	0.1199	0.2287	0.3626	0.2887	0.0664
12	0.1199	0.2287	0.3626	0.2887	0.0664

续表

专家	公共交通	室外环境噪声	室外风环境	减少热岛效应	CR值
13	0.1979	0.0994	0.4562	0.2465	0.0922
14	0.5900	0.0937	0.2130	0.1033	0.0918
15	0.4596	0.2117	0.2177	0.1111	0.0532
16	0.2953	0.4109	0.1410	0.1528	0.099
17	0.1840	0.1024	0.3193	0.3942	0.0721
18	0.0911	0.3102	0.3162	0.2828	0.0452
19	0.1110	0.2933	0.2993	0.2963	0.0093
20	0.2494	0.3078	0.3138	0.1290	0.0331
21	0.3252	0.1512	0.4586	0.0651	0.0478
22	0.1145	0.0406	0.4240	0.4210	0.0953
23	0.4546	0.1858	0.1247	0.2352	0.0546
24	0.1131	0.2159	0.5300	0.1410	0.0546
25	0.5902	0.1598	0.1658	0.0843	0.0509
26	0.5475	0.1989	0.1074	0.1462	0.059
27	0.3924	0.1278	0.0873	0.3924	0.0774
28	0.6260	0.0880	0.1373	0.1486	0.0904
29	0.4142	0.2380	0.2740	0.0737	0.0346
30	0.1365	0.0805	0.5319	0.2508	0.0532
平均值	0.3085	0.2037	0.2698	0.2179	0.06411
化整（保留到百分位）	0.31	0.20	0.27	0.22	0.06

将表7-23、表7-24中专家调查问卷的AHP法计算结果与《绿色建筑评价标准》性能优化版的权重分配方案整合，得到整合碳排放评价的中国绿色建筑评价体系框架下，天津地区新建办公建筑特征标签工具的权重分配方案（表7-25）。

天津地区新建办公建筑特征标签工具权重表　　表7-25

指标大类	一级权重	指标项	二级权重	总权重
节地与室外环境	0.15	公共交通	0.31	0.0465
		室外环境噪声	0.20	0.03
		室外风环境	0.27	0.0405
		减少热岛效应	0.22	0.033

续表

指标大类	一级权重	指标项	二级权重	总权重
节能与能源利用	0.24	自然资源直接利用	0.25	0.05
		最低运行能耗设计	0.51	0.102
		可再生能源利用	0.24	0.048
节水与水资源利用	0.15	减少用水量	0.58	0.087
		非传统水源利用	0.42	0.063
节材与材料资源利用	0.11	材料资源利用	0.32	0.0416
		旧材料再利用	0.26	0.0338
		延长建筑物寿命	0.42	0.0546
室内空气质量	0.17	室内空气质量	0.33	0.0726
		室内热环境	0.33	0.0726
		室内声环境	0.15	0.033
		室内光环境	0.19	0.0418
全球环境影响	0.18	建筑生命周期碳减排	1	0.18

可以看出，在整合碳排放评价的中国绿色建筑评价体系天津地区新建办公建筑版本中，“节能与能源利用”指标大类被赋予了最高的权重；其次是“全球环境影响”和“室内空气质量”；“节地与室外环境”和“节水与水资源利用”的权重因子相同，均为0.15；“节材与材料资源利用”权重最小（图7-5）。

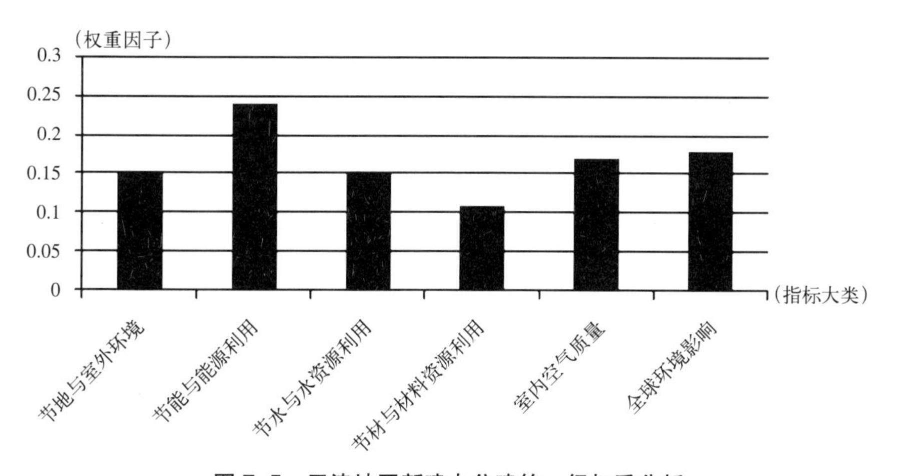

图7-5 天津地区新建办公建筑一级权重分析

在整合碳排放评价的中国绿色建筑评价体系天津地区办公建筑版本中，由于“全球环境影响”指标大类现阶段只设置“建筑生命周期碳减排”一个指标项，因此其总权重因子最大；其次总权重较高的指标项包括“最低运行能耗设计”、“减少用水量”、“非传统水源利用”和“自然资源直接利用”；“室内声环境”、“室内光环境”、“室外环境噪声”、“减少热岛效应”和“旧材料再利用”权重因子较小（图 7-6）。

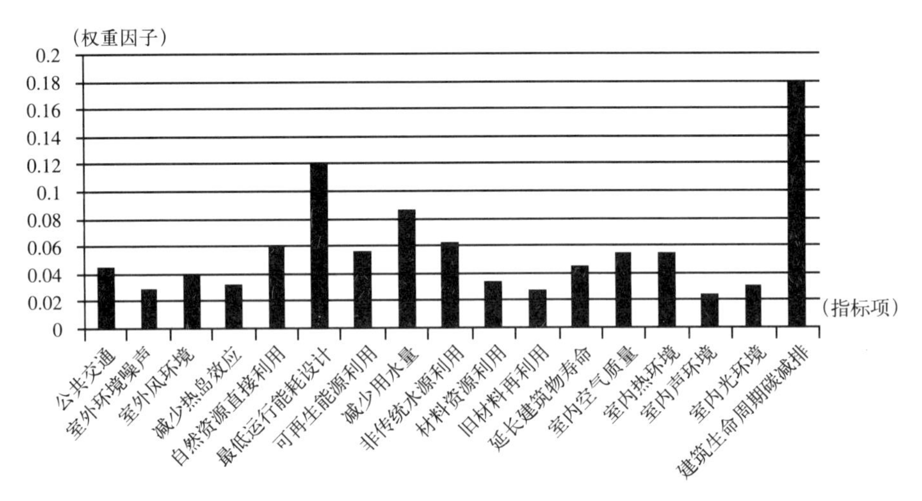

图 7-6　天津地区新建办公建筑指标项总权重分析

7.3.5　评级基准

理想状态下，应按照参评建筑数据库的得分概率分布确定等级评级基准，如本书 4.2.3 节中介绍的美国 Energy Star Benchmarking Tools 等级评分规则，但这种方法所需的大量基础数据，往往是从国家层面推动收集的。因此现阶段考虑我国具体国情，本研究根据《绿色建筑评价标准》中规定的“星级认证指标通过率”计算整合碳排放评价的中国绿色建筑评价体系的评级基准参考值。

由于本文的研究基础，《绿色建筑评价标准》性能优化版的综合打分体系是建立在《绿色建筑评价标准》2006 版的一般项和优选项之上。因此，指标通过率的计算仅考虑《绿色建筑评价标准》中的这两类指标项。《绿色建筑评价标准》规定获得一星级认证的参评建筑，不论住宅或公建，指标项总通过率约为 40%；获得二星级认证的参评建筑，住宅版本总通过率为 55%，公建版本总通过率为 61%；获得三星级认证的参评建筑，住宅版本总通过率为 71%；公建版本总通过率为 81%（表 7-26）。

《绿色建筑评价标准》星级认证的指标项通过率　　表7-26

星级	住宅建筑				公共建筑			
	一般项		优选项		一般项		优选项	
	个数（40）	通过率	个数（9）	总通过率	个数（43）	通过率	个数（14）	总通过率
☆	18	45%	—	37%	22	51%	—	39%
☆☆	24	60%	3	55%	29	67%	6	61%
☆☆☆	30	75%	5	71%	36	84%	10	81%

将《绿色建筑评价标准》中参评建筑获得星级认证的指标通过率与综合打分体系的满分（100分）相乘，即得到整合碳排放评价的中国绿色建筑评价体系的评级基准：住宅建筑版本中，一星认证建筑的评级基准值为40分，二星认证建筑的评级基准值为55分，三星认证建筑的评级基准值为70分；公共建筑版本中，一星认证建筑的评级基准值为40分，二星认证建筑的评级基准值为60分，三星认证建筑的评级基准值为80分(表7-27)。

整合碳排放评价的中国绿色建筑评价体系评级标准　　表7-27

星级	住宅建筑	公共建筑
☆	40~55分	40~60分
☆☆	55~70分	60~80分
☆☆☆	70~110分	80~110分

在指标大类层面，为避免加权和法带来的指标互偿，按照评价体系一星认证门槛的得分比例，设置各指标大类的最低得分门槛，即各指标大类总得分的40%。其中，“设计与创新”指标大类是鼓励性得分，不做最低分值要求。

在指标项层面，为突出某些特定指标项在评价过程中的重要性，需根据参评建筑的认证等级设置强制性门槛。本研究中为突出现阶段我国建筑碳排放评价的重要性和紧迫性，整合碳排放评价的中国绿色建筑评价体系对“建筑生命周期碳减排”指标项进行了强制性规定，即：不同星级的建筑需要满足不同的生命周期碳减排率要求，认证等级越高，建筑生命周期碳减排率越高。2014年度“建筑生命周期碳减排”指标项的评分标准和星级认证强制性门槛：一星认证建筑的碳减排率最低为24%，奖励分值为1分；二星认证建筑的碳减排率最低为43%，奖励分值为2分；三星认证建筑的碳减排率最低为62%，奖励分值为3分(表7-28)。

2014年度“建筑生命周期碳减排”指标项评分标准及星级认证门槛　　表7-28

建筑生命周期碳减排率	得分	星级认证门槛
≥24%	1	☆
≥43%	2	☆☆

续表

建筑生命周期碳减排率	得分	星级认证门槛
≥62%	3	☆☆
≥81%	4	☆☆☆
≥100%	5	☆☆☆

7.3.6 评价结果与表达

基于上述研究成果，本文制定了“整合碳排放评价的中国绿色建筑评价体系”天津地区新建办公建筑特征标签工具评分表，各指标大类及其类内指标项的最高得分通过百分制按其权重比例换算得到（图 7-7）。对参评建筑使用评分表进行评价时，指标项根据各自的评分标准[1]获得相应得分，然后乘以其指标总权重因子，即可计算出各指标的实际得分，最终加和得到参评建筑的总得分。需要注意的是，参评建筑的各大类得分需满足 40% 的最低分值门槛。

中国低碳建筑评价体系　办公

选择下拉菜单中的指标项得分
内置权重，不可修改
指标大类得分
指标大类加权得分

指标大类	指标项	指标项评分（1 2 3 4 5）	权重	最高分值	大类得分
节地与室外环境	门槛：6		0.15	15	8.49
	公共交通	2	0.31	1.55	2.83
	环境噪声	1	0.20	1	
	室外风环境	5	0.27	1.35	
	减少热岛效应	3	0.22	1.1	
节能与能源利用	门槛：9.6		0.24	24	15.456
	自然资源直接利用	4	0.25	1.25	3.22
	最低运行能耗设计	2	0.51	2.55	
	可再生能源利用	5	0.24	1.2	
节水与水资源利用	门槛：6		0.15	15	9
	减少用水	3	0.58	2.9	3
	非传统水源利用率	3	0.42	2.1	
节材与材料资源利用	门槛：4.4		0.11	11	5.896
	材料资源利用	3	0.32	1.6	2.68
	旧材料再利用	5	0.26	1.3	
	延长建筑寿命	1	0.42	2.1	
室内环境质量	门槛：6.8		0.17	17	11.424
	室内空气质量	4	0.33	1.65	3.36
	室内热环境	4	0.33	1.65	
	室内声环境	1	0.15	0.75	
	室内光环境	3	0.19	0.95	
全球环境影响	门槛：7.2		0.18	18	0
	建筑生命周期碳减排	0	1.00	5	0
设计与创新	无门槛		1.00	10	4
	设计与创新	2	1.00	5	2
总分	$x=\sum_{j=1}^{6}\sum_{i=1}^{n} W_j \cdot w_{ij} \cdot x_{ij}+10$			110	54.266

图 7-7　天津地区新建办公建筑特征标签工具评分表

1 “建筑生命周期碳减排”指标项的评分标准详见本书 7.3.5 节；其余指标项的评分标准详见：李涛 . 基于性能表现的中国绿色建筑评价体系研究 [D]. 天津大学，2012：149-164.

为了直观显示参评建筑的评价结果，本文采用“雷达图”表现各指标大类的性能水平；采用“柱状图”表现强制性指标——建筑生命周期各阶段碳排放水平。由于柱状图的表达简单直观，现仅对雷达图进行深入探讨。

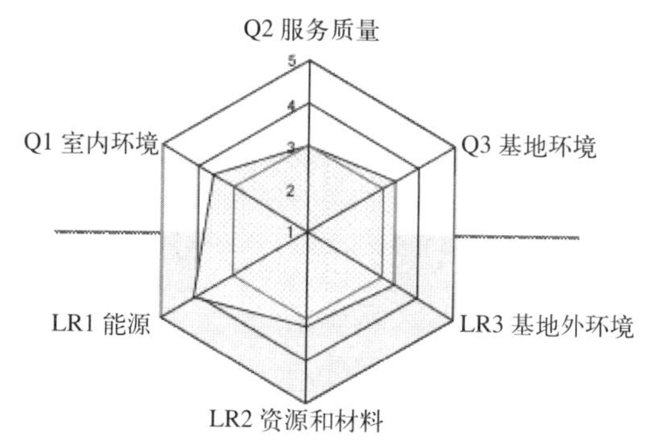

图 7-8 CASBEE 指标大类得分雷达图

（资料来源：CASBEE for New Construction Technical Manual 2010）

图 7-8 是 CASBEE 评价结果采用的雷达图，这是最常用的雷达图形式。在该图中可以清晰地看到各指标大类的得分情况，以及在 5 分制的情况下它们的变化趋势，即哪个类别得分相对较低。从图中的实例可以看出，LR1 的得分最高，Q1 次之，Q2、Q3、LR2、LR3 的得分略低。

但是，这样的雷达图上并没有显示出各指标大类的权重信息，即无法直观看出它们对于建筑环境性能的贡献度。例如，权重较小的指标大类即便得分很高，对于建筑整体性能的改善效果并不那么显著。因此，清华大学田蕾[1]在常规雷达图的基础上做了调整，将权重信息纳入其中。调整步骤如下：

1）常规雷达图上表示各指标大类得分的轴线作为主轴（图 7-9 上的粗实线），在每两条主轴之间建立一条副轴（图 7-9 上的细实线），副轴上标注相邻两个指标大类的权重因子（细实线上的 × 标记）。

2）将每个指标大类主轴上的得分点、相邻副轴上该指标大类的权重标记点以及中心原点相连，构成一个封闭区域（图 7-10 上的阴影区域），每个指标大类围合区域面积的大小反映了该指标大类对参评建筑整体性能的影响程度。图 7-10 中的实例可以明显看出，该参评建筑虽然“节材”大类的得分较高，但从它所占的阴影区域面积来看，对于建筑整体性能改善的影响程度远不及“节能”和“室外环境”大类，说明权重因子较小的指标大类对于建筑整体性能改善的贡献度最小。

---

1 田蕾. 建筑环境性能综合评价体系研究 [M]. 南京：东南大学出版社，2009.

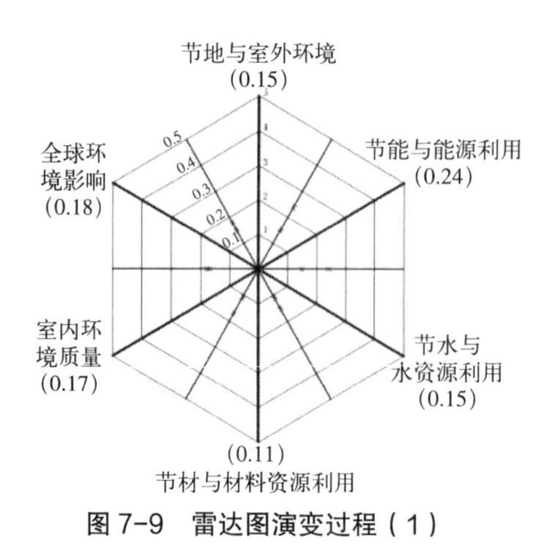

图 7-9　雷达图演变过程（1）

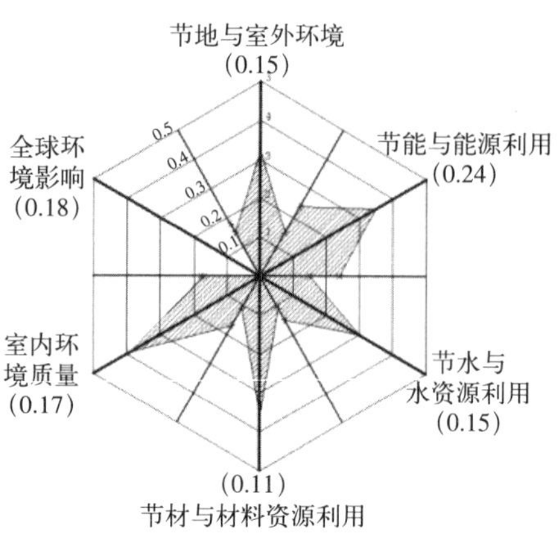

图 7-10　雷达图演变过程（2）

7.3.7　评价软件开发

为了方便使用者操作，本文基于EXCEL，进一步开发了整合碳排放评价的中国绿色建筑评价软件及其辅助工具建筑生命周期碳排放核算软件。本节对两款软件的模块构成做简要介绍。

7.3.7.1　建筑碳排放LCA工具开发

由于建筑生命周期碳排放计算数据繁多、过程复杂，且国内尚无公开发布、符合国情的专业核算软件。本文基于ISO14040 LCA方法学，选用适合我国地域特点的CO_2排放因子等研究数据，开发了建筑生命周期核算软件（建筑碳排放LCA工具）。建筑碳排放LCA工具包括基本信息输入、各阶段碳排放核算和核算结果输出三部分。首先在主界面（图7-11）输入参评建筑基本信息，选择地域、建筑类型和建筑性质；然后在核算界面（图7-12）输入建材种类、用量、运输距离、运行期能耗、回收利用率等参数，软件随之自动计算出参评建筑生命周期碳排放量；最后在评价结果输出界面（图7-13）显示参评建筑建材生产与运输、建筑施工、建筑运行、建筑排除、废料回收与处理和绿化固碳生命周期各阶段的碳排放量（柱状图）以及参评建筑碳排放水平（仪表图）。建筑碳排放LCA工具的使用详见本书7.4节试评价案例。

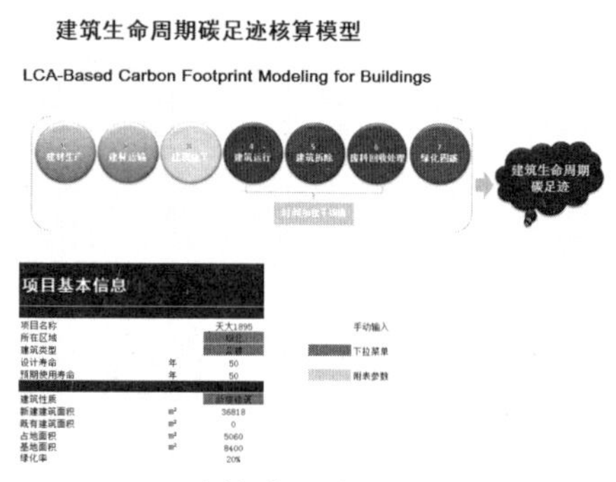

图 7-11　建筑碳排放LCA工具主界面
（资料来源：作者自绘）

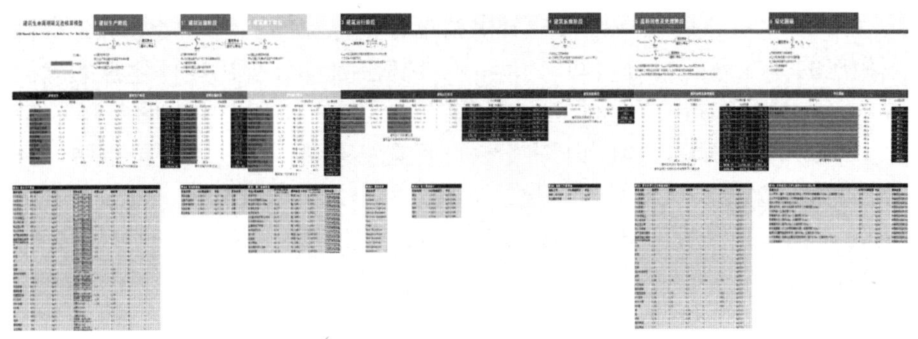

图 7-12　建筑碳排放 LCA 工具核算表

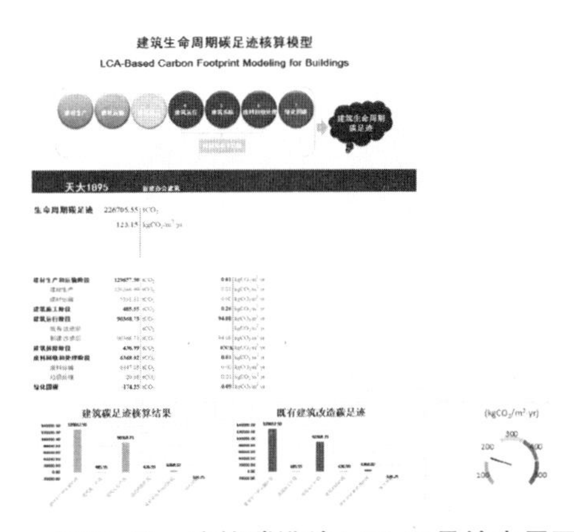

图 7-13　建筑碳排放 LCA 工具输出界面

7.3.7.2　整合碳排放评价的中国绿色建筑评价软件开发

整合碳排放评价的中国绿色建筑评价体系软件的操作界面包括基本信息输入、评分表和评价结果输出三部分。首先在主界面输入参评建筑的基本信息，根据地域、建筑类型和生命周期阶段选项挑选适用的评价工

评价工具			下拉菜单	项目效果图
			手动输入	
地域	建筑气候分区			
	城市			
工具类型（生命周期阶段）				
建筑类型				
项目基本信息				
项目位置				
用地面积	m^2			
原有建筑面积	m^2			
新建建筑面积	m^2			
设计停车位	个			
层数				
结构				
容积率				
建筑密度				

图 7-14　评价软件主界面

具（图 7-14）；然后在指标打分表中根据各指标项的性能或措施得分率输入相应的 1~5 分的得分（图 7-15）；软件随之自动计算出参评建筑的大类得分、大类加权得分和总得分，计算结果显示在评分表中（图 7-16）；最后，在评价结果输出界面以图表形式直观表达参评建筑的评价等级、核心性能值、各指标大类对参评建筑环境的综合影响以及各指标项得分（图 7-17）。整合碳排放评价的中国绿色建筑评价软件的应用详见本书 7.4.2 节试评价案例。

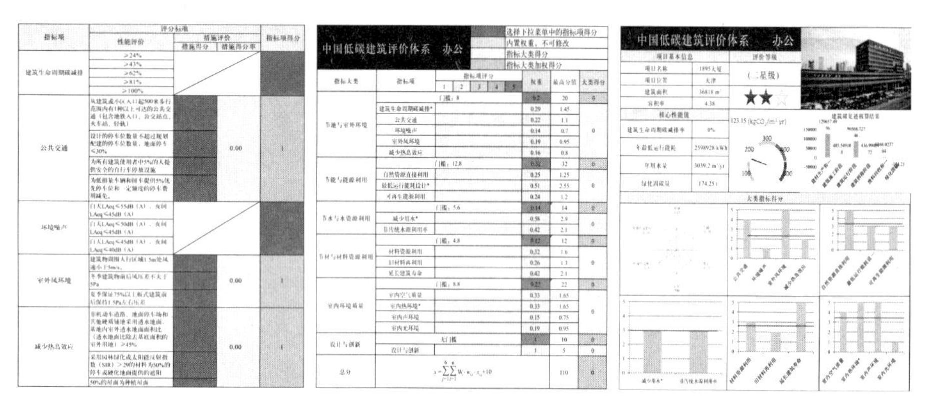

图 7-15　指标打分表　　图 7-16　评价软件评分表　图 7-17　评价软件评价结果表

7.4　实证研究

7.4.1　评价流程

至此，整合碳排放评价的中国绿色建筑评价体系框架已搭建完成，框架主体包括输入模块、评价模块、输出模块与调整模块（图 7-18）。

首先，在输入模块的主界面中输入建筑基本信息，如建筑类型、项目位置、建筑面积、结构体系、容积率等，根据这些基本信息和评价目的选择适用的评价工具。不同评价工具关联一套独立的指标库、权重因子、评级基准和建筑碳排放 LCA 计算参数等。这些联动的数据以数据库形式内置在评价体系软件的调整模块中，用户不可更改。

其次，在输入模块的指标打分表中，根据建筑性能表现或所满足的绿色措施，按照指标项评分标准打分。采用特征标签工具对参评建筑进行预认证评价时，指标项性能评价所需的建筑能耗和生命周期碳排放量采用专业软件模拟。常用的专业能耗软件如 DesignBuilder、DOE-2 和 EnergyPlus 等；建筑生命周期碳排放量计算采用本文开发的建筑碳排放 LCA 工具，用户在该软件中输入参评建筑的建材用量、能源消耗等参数，可快速得到参评建筑的生命周期碳排放量。

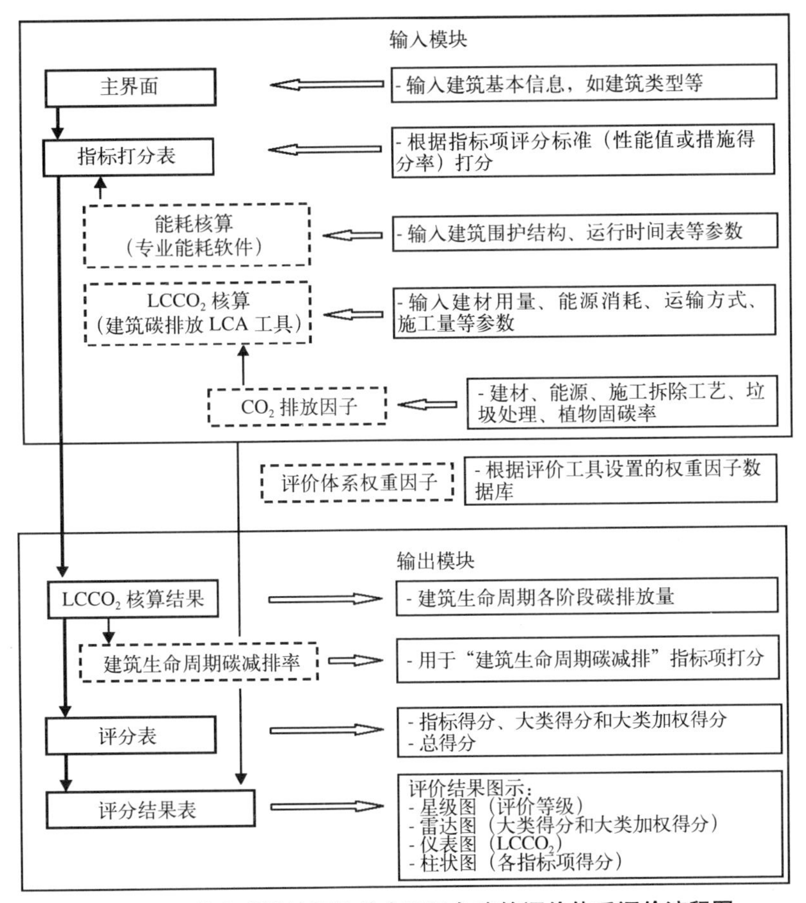

图 7-18　整合碳排放评价的中国绿色建筑评价体系评价流程图

随后，评价软件在输出模块的评分表根据各指标项得分自动计算出指标大类得分、大类加权得分和参评建筑总得分。

最终，评价结果以图表形式直观显示在输出模块的评价结果表中，包括以星级图显示的建筑评价等级，以雷达图显示的指标大类和大类加权得分，以仪表图显示的 $LCCO_2$ 排放量和以柱状图显示的各指标项得分。本书 7.4.2 节中将以天津大学 1895 建筑创意大厦为例，应用整合碳排放评价的中国绿色建筑评价体系框架下的天津地区新建办公建筑特征标签工具及建筑碳排放 LCA 工具，对“建筑生命周期碳减排”指标项进行试评价。

7.4.2　天津大学 1895 建筑创意大厦

天津大学 1895 建筑创意大厦位于天津市南开区鞍山西道，天津大学北侧，2011 年 5 月正式运行，主要用于天津大学建筑设计规划研究总院的办公及设计研发，总建筑面积 3.68 万 m^2，高 43.4m，建筑结构为钢筋混凝土框架结构。首先，在天津地区新建办公建筑特征标签工具软件中输入项目基本信息（表 7-29）。

天大1895项目基本信息 **表7-29**

评价工具			下拉菜单	项目效果图
			手动输入	
地域	建筑气候分区	寒冷地区		
	城市	天津		
工具类型（生命周期阶段）		标签工具		
建筑类型		办公建筑		
项目基本信息				
项目位置		天津		
用地面积	m^2	8400		
原有建筑面积	m^2	0		
新建建筑面积	m^2	36818		
设计停车位	个	282		
层数		10		
结构		钢筋混凝土		
容积率		4.38		
建筑密度		60.24%		

其次，在建筑碳排放 LCA 工具中输入项目基本信息、主要建材概预算清单、施工量、运行能耗、拆除量及垃圾处理量（图 7-19~ 图 7-22）。其中，建筑运行阶段能耗采用 Design Builder 模拟获得（图 7-23）。

从图 7-20 可以看到，天津大学 1895 建筑创意大厦单位建筑面积年 CO_2 排放量为 106.62kg，虽然超过了新建大型办公建筑建筑 120kgCO_2/m^2.yr 的基准值，但建筑生命周期碳减排率仅为 11.15%，未达到本研究中“建筑生命周期碳减排”指标项评分标准一星门槛 24% 的低限要求（表 7-28），故该指标项无奖励得分，且建筑整体不能进行评价体系星级认证。

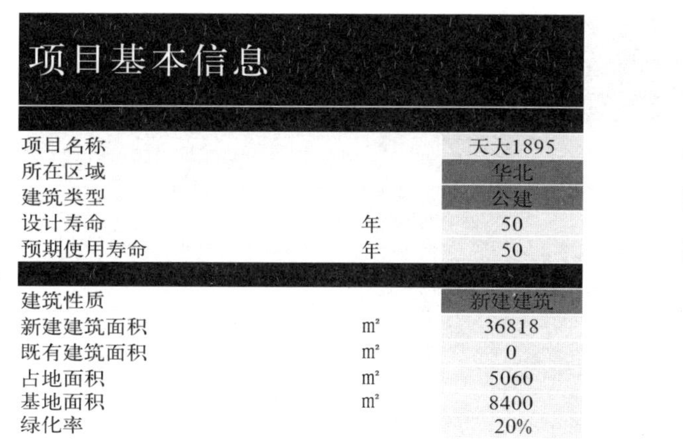

项目基本信息		
项目名称		天大1895
所在区域		华北
建筑类型		公建
设计寿命	年	50
预期使用寿命	年	50
建筑性质		新建建筑
新建建筑面积	m²	36818
既有建筑面积	m²	0
占地面积	m²	5060
基地面积	m²	8400
绿化率		20%

图 7-19　建筑碳排放 LCA 工具输入模块界面

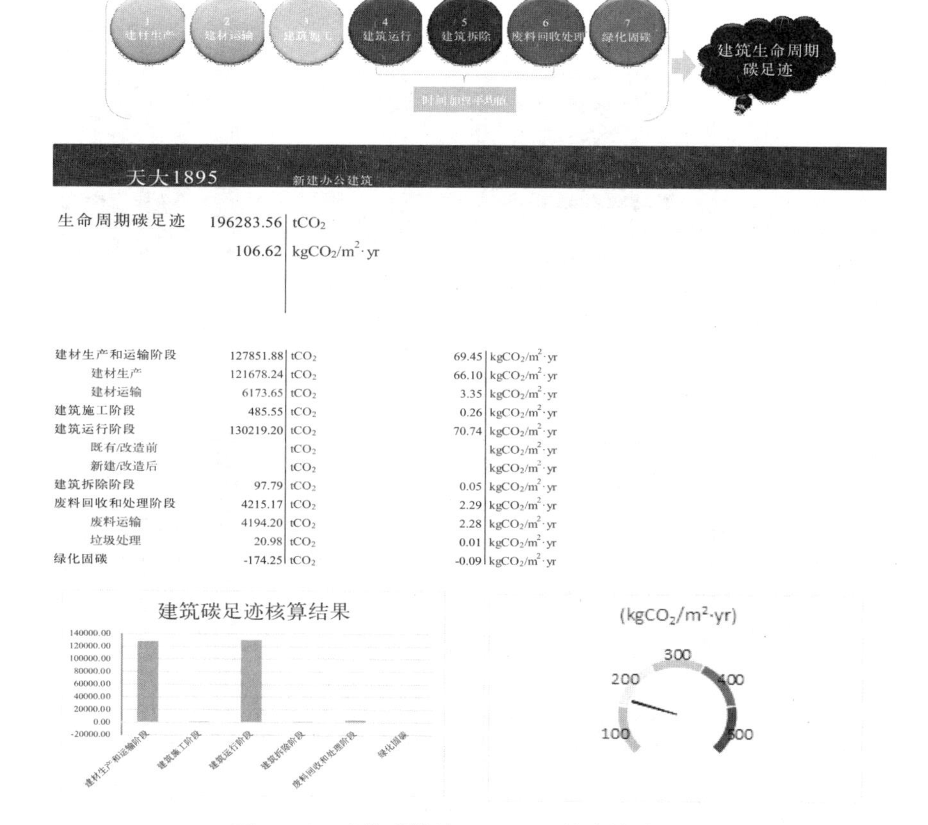

生命周期碳足迹	196283.56	tCO_2		
	106.62	$kgCO_2/m^2 \cdot yr$		
建材生产和运输阶段	127851.88	tCO_2	69.45	$kgCO_2/m^2 \cdot yr$
建材生产	121678.24	tCO_2	66.10	$kgCO_2/m^2 \cdot yr$
建材运输	6173.65	tCO_2	3.35	$kgCO_2/m^2 \cdot yr$
建筑施工阶段	485.55	tCO_2	0.26	$kgCO_2/m^2 \cdot yr$
建筑运行阶段	130219.20	tCO_2	70.74	$kgCO_2/m^2 \cdot yr$
既有/改造前		tCO_2		$kgCO_2/m^2 \cdot yr$
新建/改造后		tCO_2		$kgCO_2/m^2 \cdot yr$
建筑拆除阶段	97.79	tCO_2	0.05	$kgCO_2/m^2 \cdot yr$
废料回收和处理阶段	4215.17	tCO_2	2.29	$kgCO_2/m^2 \cdot yr$
废料运输	4194.20	tCO_2	2.28	$kgCO_2/m^2 \cdot yr$
垃圾处理	20.98	tCO_2	0.01	$kgCO_2/m^2 \cdot yr$
绿化固碳	-174.25	tCO_2	-0.09	$kgCO_2/m^2 \cdot yr$

图 7-20　建筑碳排放 LCA 工具输出模块界面

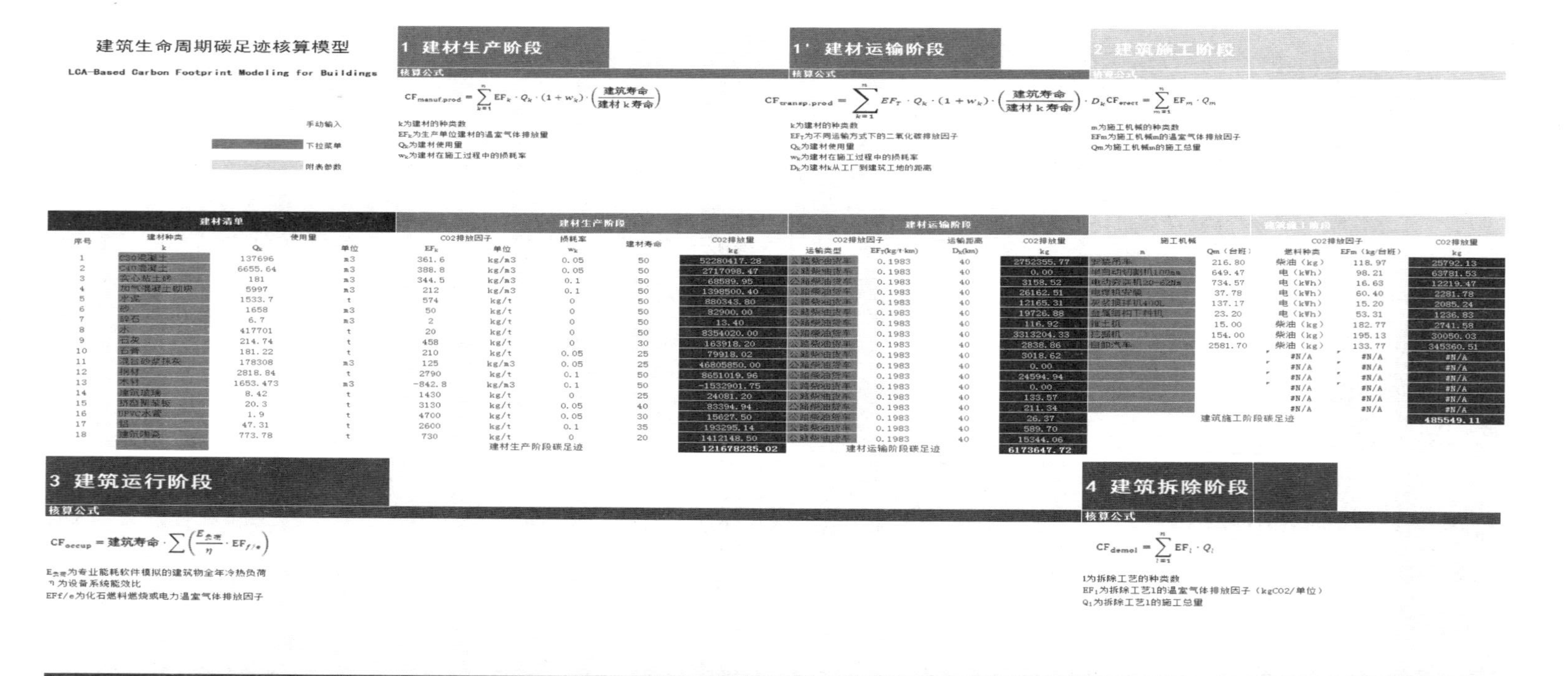

图 7-21　建筑碳排放 LCA 工具核算模块界面（建材生产、运输、建筑施工、运行、拆除阶段）

（资料来源：作者自绘）

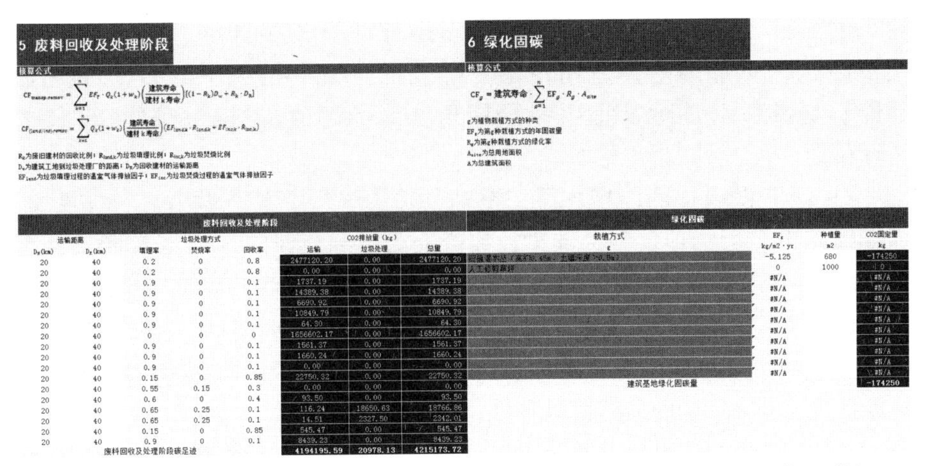

图 7-22　建筑碳排放 LCA 工具核算模块界面（废料回收及处理，绿化固碳）

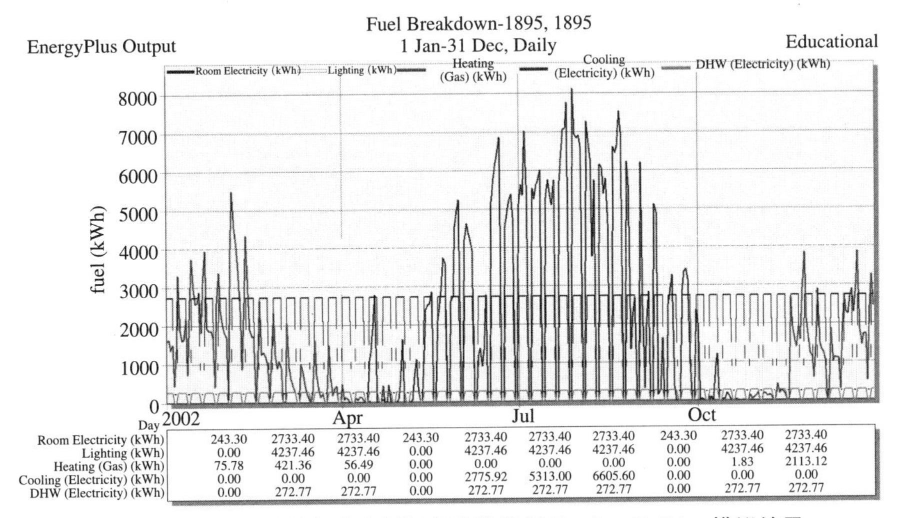

图 7-23　1895 建筑创意大厦运行阶段能耗 Design Builder 模拟结果

7.5　本章小结

基于第六章研究成果，本章构建了“整合碳排放评价的中国绿色建筑评价体系”框架，并在该体系框架下，针对天津地区新建办公建筑类型，开发了适用于设计阶段评价的“天津地区新建办公建筑特征标签工具”。相较于国标《绿色建筑评价标准》2006 版，整合碳排放评价的中国绿色建筑评价体系在以下几个方面进行了优化与完善。

1）整体框架层面，采用了分地域、分建筑类型和分生命周期阶段的开发模式。相较于《绿色建筑评价标准》2006 版适用于住宅、办公建筑的设计、运行阶段评价，整合碳排放评价的中国绿色建筑评价体系框架结构更加清晰、适用范围更加全面。统一框架下的多个评价工具能够更具针对性地从全生命周期角度对参评建筑进行全过程的指导与评价。

2）评价视域层面，增加了“全球环境影响”指标大类和“建筑生命周期碳减排”指标项。整合碳排放评价的中国绿色建筑评价体系将《绿色建筑评价标准》2006版的评价视域扩展到影响全球变暖的建筑碳排放问题；同时详细界定了建筑碳排放指标项的内涵、评价标准和评价方法，定量评价建筑生命周期碳排放性能水平。相较于国内部分基于定性评价的“低碳建筑评价标准”，本研究更具科学性。

3）指标基准层面，根据国内外现有研究数据，将建筑生命周期碳排放基准值暂定为120kgCO_2/（m^2.yr）；同时，详细给出了长期阶段建筑生命周期碳排放指标项基准的研究路线与统计方法。

4）数学模型层面，采用加权和法的数学模型，建立起综合打分体系，并通过专家调查的AHP法确立了天津地区新建办公建筑的独立权重系统，增加了评价体系的灵活性和可扩展性。

5）评价结果层面，相较于《绿色建筑评价标准》星级认证证书的数字表格，整合碳排放评价的中国绿色建筑评价体系综合选择评分表、柱状图、雷达图和仪表图等多种形式，直观反映参评建筑各指标大类的性能水平和相对关系。

6）可操作性层面，开发了基于EXCEL的建筑碳排放LCA工具和整合碳排放评价的中国绿色建筑评价体系软件（天津地区新建办公建筑特征标签工具）。相较于《绿色建筑评价标准》2006版的纸质评价过程，评价软件将大量数据和计算过程集成在软件内核，评价过程简洁易懂，提高了评价体系的可操作性，特别是方便了不熟悉建筑碳排放核算以及绿色建筑评价的用户进行自评，从而促进了评价体系的使用与推广。

总之，整合碳排放评价的中国绿色建筑评价体系建立在性能评价的基础上，将绿色建筑的评价视域扩展到建筑生命周期碳排放，通过定量评价建筑生命周期碳排放性能表现，降低了以往低碳建筑评价的主观性，为我国低碳建筑的发展及相关财税政策的制定提供了可靠依据。

第八章 结语与展望

8.1 论文工作总结

低碳建筑评价体系在我国出现的时间虽不长，但由于它是保障低碳建筑发展的基础，故引起学术界、政府部门、媒体及公众的广泛关注，出现了若干标榜“低碳建筑评价”的标准、手册或文献。然而，目前我国学界还缺乏对国内外低碳建筑评价体系发展现状、低碳建筑综合评价基本原理以及低碳建筑评价体系构建开发等多角度的系统研究。针对上述空白，本文按照“国内外低碳建筑评价体系发展现状—建筑碳排放核算方法—建筑碳排放基准确定—评价体系权重系统—综合评价理论模型—整合碳排放评价的中国绿色建筑评价体系框架构建—框架下评价工具开发”的线索，在以下三方面展开深入研究。

1）国内外典型低碳建筑评价体系对比分析

对国内外典型的低碳建筑评价体系进行深入、系统的调研，对体系框架、评价视域、评估流程、评价结果、建筑碳排放评价指标项及其评分标准等具体问题进行详细分析，梳理了国内外典型低碳建筑评价体系的发展现状与特征，找出我国低碳建筑评价体系的现存问题。进而，深入探讨构架低碳建筑评价体系的关键性问题——碳排放核算方法、碳排放指标基准和评价体系权重系统，理清其概念、分类、方法学框架及实际应用，提出符合我国低碳建筑发展现状的评价体系研究方法。

2）综合评价体系理论模型研究

通过对国内外典型低碳建筑评价体系的全面分析，以及各评价体系框架内关键要素的系统研究，探讨了一个综合评价体系理论模型应具有的基本特征。本研究将评价体系理论模型分为“体系框架”和“评价工具”两个层次。在体系框架层面，探讨了系统规则与系统要素，系统要素包括指标集、数学模型、指标基准、权重系统、评级基准和评价结果等问题；在评价工具层面，探讨了评价工具群在地域、建筑类型、生命周期阶段三个维度上的开发模式，其中，特别研究了生命周期维度上三类评价工具（标签工具、设计辅助工具和决策辅助工具）的结构特征及相互关系，这些评价工具彼此之间相互补充，形成完备、整合的链条。

3）整合碳排放评价的中国绿色建筑评价体系构建

基于上述两部分研究成果，对我国《绿色建筑评价标准》2006 版进行优化再开发，构建整合碳排放评价的中国绿色建筑评价体系框架，针对天津地区地域特点，在框架下开发了天津地区新建办公建筑特征标签工具。详细制定了符合我国国情的评价体系框架、评价视域、数学模型、评级基准、权重系统、评价结果表达、建筑碳排放评价方法及评价基准。同时，为增强整合碳排放评价的中国绿色建筑评价体系的可操作性，开发了基于 EXCEL 的评价体系软件及其辅助工具——建筑碳排放 LCA 工具。最后，以天津大学 1895 建筑创意大厦为例，应用评价软件对天津地区新建办公建筑特征标签工具进行了实证研究，验证了整合碳排放评价的中国绿色建筑评价体系及其评价工具的科学性与实用性。

8.2 创新点

本文的主要创造性工作如下：

1）尝试构建了整合碳排放评价的中国绿色建筑评价体系框架

在对国内外低碳建筑评价体系发展现状的研究基础上，提出完善我国《绿色建筑评价标准》的碳排放评价视域，以综合评价体系理论模型为指导，构建了整合碳排放评价的中国绿色建筑评价体系框架。并且，在该体系框架下针对天津地域特点和办公建筑类型，开发了适用于设计阶段评价的“天津地区新建办公建筑特征标签工具”。该标签工具详细界定了评价视域、数学模型、指标基准、权重系统、评级基准和评价结果表达方式。

2）尝试构建了符合我国国情的建筑生命周期碳排放核算模型

在对国际上碳足迹核算方法及标准研究的基础上，根据 ISO14040 的 LCA 方法学框架，构建了适用于建筑生命周期碳排放评价的核算模型，核算模型包括建材生产与运输、建筑施工、建筑运行与维护、建筑拆除、废料回收与处理五个生命周期阶段，同时考虑了基地内绿化固碳的影响。此外，核算模型还提供了全球变暖潜值、碳排放因子、延迟排放时间加权系数等多种计算参数。

3）开发了评价体系软件和建筑碳排放 LCA 核算软件

本文基于 EXCEL 开发了“整合碳排放评价的中国绿色建筑评价体系软件”，及其辅助工具——用于建筑碳排放指标项评价的“建筑碳排放 LCA 核算软件”，旨在便于不熟悉绿色建筑与碳排放评价的用户自评估，推广本文提出的“整合碳排放评价的中国绿色建筑评价体系”。

4）提出了评价参数“建筑生命周期碳减排率”

整合碳排放评价的中国绿色建筑评价体系中，提出采用参数“建筑生命周期碳减排率”评价“建筑生命周期碳减排”指标项。相较于绝对值“建筑生命周期碳排放量”，相对值“建筑生命周期碳减排率”有两个优势：一是便于按地域、建筑类型或生命周期阶段灵活调整指标评价的基准；二是减排率反映了参评建筑减碳表现的难易程度，且该指标项的评分标准不会受到指标基准变化的影响。

8.3 后续工作展望

任何新事物的发展都需要经历一个漫长的、逐步完善成熟的过程，低碳建筑评价体系的研究也是如此。现阶段，国际上认可度高、应用广泛的低碳建筑评价体系，均是在原有绿色建筑评价体系框架保持不变的基础上，逐步扩充其低碳评价视域，渐进发展而来的。长远来看，低碳建筑评价体系是一个涉及多专业、多角度、定量化的复杂系统问题，目前，还没有一个低碳建筑评价体系可以完美地解决所有低碳建筑评价问题。鉴于时间和条件所限，本文建立整合碳排放评价的中国绿色建筑评价体系的过程中，尚存以下问题有待进一步地探寻和完善。

1）建立完备的低碳建筑评价体系指标库。本文提出的整合碳排放评价的中国绿色建筑评价体系是在《绿色建筑评价标准》2006 版的基础上补充发展而来，这符合国内外现阶段低碳建筑评价体系发展的实际情况。随着低碳建筑评价研究的不断深入，还需要以低碳建筑为评价对象建立完备的低碳建筑评价指标库，进而筛选相关性较高的低碳建筑指标集，使低碳建筑评价体系的评价视域更具针对性。

2）权重组的扩充。权重系统的确立涉及多领域、多专业，在今后评价体系权重数据库的开发中，应逐步优化专家挑选机制及赋权方法，最终建立针对我国不同地区及建筑类型的完善权重组。

3）建筑信息数据库。我国亟须以国家或行业协会主导，大量收集实际案例的运行及评价数据，建立起国家层面的建筑信息数据库并对数据库进行制度化的定期更新。这将有助于了解我国建筑性能（包括碳排放等）的真实分布情况，并作为评价体系指标相关性分析、基准确定或验证、评价等级分布、地域版本开发等进一步优化研究的基础。

4）建筑碳排放核算方法与碳排放数据库。评价建筑碳排放指标项的核心是量化。建筑过程中涉及的范围十分繁杂，各国自然环境、法律规范、建造方式和技术水平均不相同，目前国际上还没有统一的建筑碳排放核算标准。因此亟须统一符合我国国情的建筑碳排放核算方法，建立作为数据支撑的建筑碳排放基础数据库，从主要建材用量、运距、能耗、寿命、多因素碳排放因子、多因素环境影响数据等角度进行大量的数据收集与统计分析，从而提高建筑碳排放的评价精度，实现评价结果的横向比较。

5）设计辅助工具开发。建筑设计人员适用的设计辅助工具是国内低碳建筑研究领域一个比较大的空白。目前建筑碳排放量化方法和各类操作简便的模拟软件的迅速发展，为设计辅助工具的开发提供了有利条件。

附录 A

SAP 2009 version 9.90 (March 2010)

SAP WORKSHEET (Version 9.90)

1. Overall dwelling dimensions

	Area (m^2)			Average storey height (m)			Volume (m^3)	
Basement		(1a)	×		(2a)	=		(3a)
Ground floor		(1b)	×		(2b)	=		(3b)
First floor		(1c)	×		(2c)	=		(3c)
Second floor		(1d)	×		(2d)	=		(3d)
Third floor		(1e)	×		(2e)	=		(3e)
Other floors *(repeat as necessary)*		(1n)	×		(2n)	=		(3n)

Total floor area TFA = (1a)+(1b)+(1c)+(1d)+(1e)...(1n) = [ ] (4)

Dwelling volume (3a)+(3b)+(3c)+(3d)+(3e)...(3n) = [ ] (5)

2. Ventilation rate

	main heating		secondary heating		other		total		m^3 per hour	
Number of chimneys		+		+		=		× 40 =		(6a)
Number of open flues		+		+		=		× 20 =		(6b)
Number of intermittent fans								× 10 =		(7a)
Number of passive vents								× 10 =		(7b)
Number of flueless gas fires								× 40 =		(7c)

Air changes per hour

Infiltration due to chimneys, flues, fans, PSVs (6a)+(6b)+(7a)+(7b)+(7c) = [ ] ÷ (5) = [ ] (8)

If a pressurisation test has been carried out or is intended, proceed to (17), otherwise continue from (9) to (16)

Number of storeys in the dwelling (n_s) [ ] (9)

Additional infiltration [(9) – 1] × 0.1 = [ ] (10)

Structural infiltration: *0.25 for steel or timber frame or 0.35 for masonry construction* [ ] (11)

if both types of wall are present, use the value corresponding to the greater wall area (after deducting areas of openings); if equal use 0.35

If suspended wooden floor, *enter 0.2 (unsealed) or 0.1 (sealed)*, else enter 0 [ ] (12)

If no draught lobby, enter 0.05, else enter 0 [ ] (13)

Percentage of windows and doors draught stripped [ ] (14)

Window infiltration 0.25 - [0.2 × (14) ÷ 100] = [ ] (15)

Infiltration rate (8) + (10) + (11) + (12) + (13) + (15) = [ ] (16)

Air permeability value, q_{50}, expressed in cubic metres per hour per square metre of envelope area [ ] (17)

If based on air permeability value, then (18) = [(17) ÷ 20]+(8), otherwise (18) = (16) [ ] (18)

Air permeability value applies if a pressurisation test has been done, or a design or specified air permeability is being used

Number of sides on which dwelling is sheltered [ ] (19)

Shelter factor (20) = 1 - [0.075 × (19)] = [ ] (20)

Infiltration rate incorporating shelter factor (21) = (18) × (20) = [ ] (21)

Infiltration rate modified for monthly wind speed:

Monthly average wind speed from Table 7

	Jan	Feb	Mar	Apr	May	Jun	Jul	Aug	Sep	Oct	Nov	Dec	
$(22)_m$ =	$(22)_1$	$(22)_2$	$(22)_3$	$(22)_4$	$(22)_5$	$(22)_6$	$(22)_7$	$(22)_8$	$(22)_9$	$(22)_{10}$	$(22)_{11}$	$(22)_{12}$	

Wind Factor $(22a)_m = (22)_m \div 4$

$(22a)_m$ =	$(22a)_1$	$(22a)_2$	$(22a)_3$	$(22a)_4$	$(22a)_5$	$(22a)_6$	$(22a)_7$	$(22a)_8$	$(22a)_9$	$(22a)_{10}$	$(22a)_{11}$	$(22a)_{12}$	

Adjusted infiltration rate (allowing for shelter and wind speed) = $(21) \times (22a)_m$

$(22b)_m$ =	$(22b)_1$	$(22b)_2$	$(22b)_3$	$(22b)_4$	$(22b)_5$	$(22b)_6$	$(22b)_7$	$(22b)_8$	$(22b)_9$	$(22b)_{10}$	$(22b)_{11}$	$(22b)_{12}$	

Calculate effective air change rate for the applicable case:

If mechanical ventilation: air change rate through system 0.5 (23a)

If exhaust air heat pump using Appendix N, (23b) = (23a) × F_{mv} (equation (N4)) , otherwise (23b) = (23a) (23b)

If balanced with heat recovery: efficiency in % allowing for in-use factor (from Table 4h) = (23c)

a) If balanced mechanical ventilation with heat recovery (MVHR) $(24a)_m = (22b)_m + (23b) \times [1 - (23c) \div 100]$

$(24a)_m$ =	$(24a)_1$	$(24a)_2$	$(24a)_3$	$(24a)_4$	$(24a)_5$	$(24a)_6$	$(24a)_7$	$(24a)_8$	$(24a)_9$	$(24a)_{10}$	$(24a)_{11}$	$(24a)_{12}$	(24a)

b) If balanced mechanical ventilation without heat recovery (MV) $(24b)_m = (22b)_m + (23b)$

$(24b)_m$ =	$(24b)_1$	$(24b)_2$	$(24b)_3$	$(24b)_4$	$(24b)_5$	$(24b)_6$	$(24b)_7$	$(24b)_8$	$(24b)_9$	$(24b)_{10}$	$(24b)_{11}$	$(24b)_{12}$	(24b)

c) If whole house extract ventilation or positive input ventilation from outside

if $(22b)_m < 0.5 \times (23b)$, then (24c) = (23b); otherwise $(24c) = (22b)_m + 0.5 \times (23b)$

$(24c)_m$ =	$(24c)_1$	$(24c)_2$	$(24c)_3$	$(24c)_4$	$(24c)_5$	$(24c)_6$	$(24c)_7$	$(24c)_8$	$(24c)_9$	$(24c)_{10}$	$(24c)_{11}$	$(24c)_{12}$	(24c)

d) If natural ventilation or whole house positive input ventilation from loft

if $(22b)_m \geq 1$, then $(24d)_m = (22b)_m$ otherwise $(24d)_m = 0.5 + [(22b)_m^2 \times 0.5]$

$(24d)_m$ =	$(24d)_1$	$(24d)_2$	$(24d)_3$	$(24d)_4$	$(24d)_5$	$(24d)_6$	$(24d)_7$	$(24d)_8$	$(24d)_9$	$(24d)_{10}$	$(24d)_{11}$	$(24d)_{12}$	(24d)

Effective air change rate - enter (24a) or (24b) or (24c) or (24d) in box (25)

$(25)_m$ =	$(25)_1$	$(25)_2$	$(25)_3$	$(25)_4$	$(25)_5$	$(25)_6$	$(25)_7$	$(25)_8$	$(25)_9$	$(25)_{10}$	$(25)_{11}$	$(25)_{12}$	(25)

If Appendix Q applies in relation to air change rate, the effective air change rate is calculated via Appendix Q and use the following instead:

Effective air change rate from Appendix Q calculation sheet:

$(25)_m$ =	$(25)_1$	$(25)_2$	$(25)_3$	$(25)_4$	$(25)_5$	$(25)_6$	$(25)_7$	$(25)_8$	$(25)_9$	$(25)_{10}$	$(25)_{11}$	$(25)_{12}$	(25)

3. Heat losses and heat loss parameter

Items in the table below are to be expanded as necessary to allow for all different types of element e.g. 4 wall types. The κ-value is the heat capacity per unit area, see Table 1e

Element	Gross area, m^2	Openings m^2	Net area A, m^2	U-value W/m^2K	= A × U W/K	κ-value $kJ/m^2{\cdot}K$	A × κ kJ/K	
Door				×				(26)
Window				× * below =				(27)
Roof window				× * below =				(27a)
Basement floor				× =				(28)
Ground floor				× =				(28a)
Exposed floor				× =				(28b)
Basement wall		-	=	× =				(29)
External wall		-	=	× =				(29a)
Roof		-	=	× =				(30)
Total area of external elements ΣA, m^2			(31)					
Party wall				× =				(32)

(party wall U-value from Table 3.6, κ according to its construction)

Element	Net area	κ-value	A × κ	
Party floor				(32a)
Party ceiling				(32b)
Internal wall **				(32c)
Internal floor				(32d)
Internal ceiling				(32e)

* *for windows and roof windows, use effective window U-value calculated using formula 1/[(1/U-value)+0.04] as given in paragraph 3.2*
** *include the areas on both sides of internal walls and partitions*

Fabric heat loss, W/K = Σ (A × U) (26)…(30) + (32) = (33)

Heat capacity C_m = Σ(A × κ) (28)…(30) + (32) + (32a)…(32e) = (34)

Thermal mass parameter (TMP = C_m ÷ TFA) in kJ/m^2K = (34) ÷ (4) = (35)

For design assessments where the details of the construction are not known precisely the indicative values of TMP in Table 1f can be used instead of a detailed calculation. Also TMP calculated separately can be used in (35).

Thermal bridges : Σ (L × Ψ) calculated using Appendix K (36)

if details of thermal bridging are not known (36) = 0.15 × (31)

Total fabric heat loss (33) + (36) = (37)

Ventilation heat loss calculated monthly $(38)_m$ = 0.33 × $(25)_m$ × (5)

	Jan	Feb	Mar	Apr	May	Jun	Jul	Aug	Sep	Oct	Nov	Dec	
$(38)_m$ =	$(38)_1$	$(38)_2$	$(38)_3$	$(38)_4$	$(38)_5$	$(38)_6$	$(38)_7$	$(38)_8$	$(38)_9$	$(38)_{10}$	$(38)_{11}$	$(38)_{12}$	(38)

Heat transfer coefficient, W/K $(39)_m$ = (37) + $(38)_m$

$(39)_m$ =	$(39)_1$	$(39)_2$	$(39)_3$	$(39)_4$	$(39)_5$	$(39)_6$	$(39)_7$	$(39)_8$	$(39)_9$	$(39)_{10}$	$(39)_{11}$	$(39)_{12}$	

Average = $\Sigma(39)_{1\ldots12}/12$= (39)

Heat loss parameter (HLP), W/m^2K $(40)_m$ = $(39)_m$ ÷ (4)

$(40)_m$ =	$(40)_1$	$(40)_2$	$(40)_3$	$(40)_4$	$(40)_5$	$(40)_6$	$(40)_7$	$(40)_8$	$(40)_9$	$(40)_{10}$	$(40)_{11}$	$(40)_{12}$	

Average = $\Sigma(40)_{1\ldots12}/12$= (40)

Number of days in month (Table 1a)

	Jan	Feb	Mar	Apr	May	Jun	Jul	Aug	Sep	Oct	Nov	Dec	
$(41)_m$ =	$(41)_1$	$(41)_2$	$(41)_3$	$(41)_4$	$(41)_5$	$(41)_6$	$(41)_7$	$(41)_8$	$(41)_9$	$(41)_{10}$	$(41)_{11}$	$(41)_{12}$	(41)

4. Water heating energy requirement

kWh/year

Assumed occupancy, N (42)

if TFA > 13.9, $N = 1 + 1.76 \times [1 - \exp(-0.000349 \times (TFA - 13.9)^2)] + 0.0013 \times (TFA - 13.9)$

if TFA ≤ 13.9, N = 1

Annual average hot water usage in litres per day $V_{d,average} = (25 \times N) + 36$ (43)

Reduce the annual average hot water usage by 5% if the dwelling is designed to achieve a water use target of not more that 125 litres per person per day (all water use, hot and cold)

Hot water usage in litres per day for each month $V_{d,m}$ = factor from Table 1c × (43)

	Jan	Feb	Mar	Apr	May	Jun	Jul	Aug	Sep	Oct	Nov	Dec
$(44)_m$ =	$(44)_1$	$(44)_2$	$(44)_3$	$(44)_4$	$(44)_5$	$(44)_6$	$(44)_7$	$(44)_8$	$(44)_9$	$(44)_{10}$	$(44)_{11}$	$(44)_{12}$

Total = $\Sigma(44)_{1...12}$ = (44)

Energy content of hot water used - calculated monthly = $4.190 \times V_{d,m} \times n_m \times \Delta T_m / 3600$ kWh/month (see Tables 1b, 1c, 1d)

$(45)_m$ =	$(45)_1$	$(45)_2$	$(45)_3$	$(45)_4$	$(45)_5$	$(45)_6$	$(45)_7$	$(45)_8$	$(45)_9$	$(45)_{10}$	$(45)_{11}$	$(45)_{12}$

Total = $\Sigma(45)_{1...12}$ = (45)

If instantaneous water heating at point of use (no hot water storage), enter "0" in boxes (46) to (61)

For community heating include distribution loss whether or not hot water tank is present

Distribution loss $(46)_m = 0.15 \times (45)_m$

$(46)_m$ =	$(46)_1$	$(46)_2$	$(46)_3$	$(46)_4$	$(46)_5$	$(46)_6$	$(46)_7$	$(46)_8$	$(46)_9$	$(46)_{10}$	$(46)_{11}$	$(46)_{12}$	(46)

Water storage loss:

a) If manufacturer's declared loss factor is known (kWh/day): (47)

Temperature factor from Table 2b (48)

Energy lost from water storage, kWh/day (47) × (48) = (49)

b) If manufacturer's declared cylinder loss factor is not known :

Cylinder volume (litres) including any solar storage within same cylinder (50)

If community heating and no tank in dwelling, enter 110 litres in box (50)

Otherwise if no stored hot water (this includes instantaneous combi boilers) enter '0' in box (50)

Hot water storage loss factor from Table 2 (kWh/litre/day) (51)

If community heating see section 4.3

Volume factor from Table 2a (52)

Temperature factor from Table 2b (53)

Energy lost from water storage, kWh/day (50) × (51) × (52) × (53) = (54)

Enter (49) or (54) in (55) (55)

Water storage loss calculated for each month $(56)_m = (55) \times (41)_m$

$(56)_m$ =	$(56)_1$	$(56)_2$	$(56)_3$	$(56)_4$	$(56)_5$	$(56)_6$	$(56)_7$	$(56)_8$	$(56)_9$	$(56)_{10}$	$(56)_{11}$	$(56)_{12}$	(56)

If cylinder contains dedicated solar storage, $(57)_m = (56)_m \times [(50) - (H11)] \div (50)$, else $(57)_m = (56)_m$ where (H11) is from Appendix H

$(57)_m$ =	$(57)_1$	$(57)_2$	$(57)_3$	$(57)_4$	$(57)_5$	$(57)_6$	$(57)_7$	$(57)_8$	$(57)_9$	$(57)_{10}$	$(57)_{11}$	$(57)_{12}$	(57)

Primary circuit loss (annual) from Table 3 (58)

Primary circuit loss for each month $(59)_m = (58) \div 365 \times (41)_m$

(modified by factor from Table H5 if there is solar water heating and a cylinder thermostat)

$(59)_m$ =	$(59)_1$	$(59)_2$	$(59)_3$	$(59)_4$	$(59)_5$	$(59)_6$	$(59)_7$	$(59)_8$	$(59)_9$	$(59)_{10}$	$(59)_{11}$	$(59)_{12}$	(59)

Combi loss for each month from Table 3a, 3b or 3c (enter "0" if not a combi boiler)

$(61)_m$ =	$(61)_1$	$(61)_2$	$(61)_3$	$(61)_3$	$(61)_3$	$(61)_3$	$(61)_3$	$(61)_3$	$(61)_3$	$(61)_3$	$(61)_3$	$(61)_{12}$	(61)

Total heat required for water heating calculated for each month $(62)_m = 0.85 \times (45)_m + (46)_m + (57)_m + (59)_m + (61)_m$

$(62)_m$ =	$(62)_1$	$(62)_2$	$(62)_3$	$(62)_4$	$(62)_5$	$(62)_6$	$(62)_7$	$(62)_8$	$(62)_9$	$(62)_{10}$	$(62)_{11}$	$(62)_{12}$	(62)

Solar DHW input calculated using Appendix G or Appendix H (negative quantity) (enter "0" if no solar contribution to water heating)
(add additional lines if FGHRS and/or WWHRS applies, see Appendix G)

$(63)_m$ =	$(63)_1$	$(63)_2$	$(63)_3$	$(63)_4$	$(63)_5$	$(63)_6$	$(63)_7$	$(63)_8$	$(63)_9$	$(63)_{10}$	$(63)_{11}$	$(63)_{12}$	(63)

Output from water heater for each month, kWh/month $(64)_m = (62)_m + (63)_m$

$(64)_m$ =	$(64)_1$	$(64)_2$	$(64)_3$	$(64)_4$	$(64)_5$	$(64)_6$	$(64)_7$	$(64)_8$	$(64)_9$	$(64)_{10}$	$(64)_{11}$	$(64)_{12}$	

Total per year (kWh/year) = $\Sigma(64)_{1...12}$ = (64)

if $(64)_m < 0$ then set to 0

Heat gains from water heating, kWh/month $0.25 \times [0.85 \times (45)_m + (61)_m] + 0.8 \times [(46)_m + (57)_m + (59)_m]$

$(65)_m$ =	$(65)_1$	$(65)_2$	$(65)_3$	$(65)_4$	$(65)_5$	$(65)_6$	$(65)_7$	$(65)_8$	$(65)_9$	$(65)_{10}$	$(65)_{11}$	$(65)_{12}$	(65)

include $(57)_m$ in calculation of $(65)_m$ only if cylinder is in the dwelling or hot water is from community heating

5. Internal gains (see Table 5 and 5a)

	Jan	Feb	Mar	Apr	May	Jun	Jul	Aug	Sep	Oct	Nov	Dec	
Metabolic gains (Table 5), Watts													
$(66)_m$ =	$(66)_1$	$(66)_2$	$(66)_3$	$(66)_4$	$(66)_5$	$(66)_6$	$(66)_7$	$(66)_8$	$(66)_9$	$(66)_{10}$	$(66)_{11}$	$(66a)_{12}$	(66)
Lighting gains (calculated in Appendix L, equation L9 or L9a), also see Table 5													
$(67)_m$ =	$(67)_1$	$(67)_2$	$(67)_3$	$(67)_4$	$(67)_5$	$(67)_6$	$(67)_7$	$(67)_8$	$(67)_9$	$(67)_{10}$	$(67)_{11}$	$(67)_{12}$	(67)
Appliances gains (calculated in Appendix L, equation L13 or L13a), also see Table 5													
$(68)_m$ =	$(68)_1$	$(68)_2$	$(68)_3$	$(68)_4$	$(68)_5$	$(68)_6$	$(68)_7$	$(68)_8$	$(68)_9$	$(68)_{10}$	$(68)_{11}$	$(68)_{12}$	(68)
Cooking gains (calculated in Appendix L, equation L15 or L15a), also see Table 5													
$(69)_m$ =	$(69)_1$	$(69)_2$	$(69)_3$	$(69)_4$	$(69)_5$	$(69)_6$	$(69)_7$	$(69)_8$	$(69)_9$	$(69)_{10}$	$(69)_{11}$	$(69)_{12}$	(69)
Pumps and fans gains (Table 5a)													
$(70)_m$ =	$(70)_1$	$(70)_2$	$(70)_3$	$(70)_4$	$(70)_5$	$(70)_6$	$(70)_7$	$(70)_8$	$(70)_9$	$(70)_{10}$	$(70)_{11}$	$(70)_{12}$	(70)
Losses e.g. evaporation (negative values) (Table 5)													
$(71)_m$ =	$(71)_1$	$(71)_2$	$(71)_3$	$(71)_4$	$(71)_5$	$(71)_6$	$(71)_7$	$(71)_8$	$(71)_9$	$(71)_{10}$	$(71)_{11}$	$(71)_{12}$	(71)
Water heating gains (Table 5)													
$(72)_m$ =	$(72)_1$	$(72)_2$	$(72)_3$	$(72)_4$	$(72)_5$	$(72)_6$	$(72)_7$	$(72)_8$	$(72)_9$	$(72)_{10}$	$(72)_{11}$	$(72)_{12}$	(72)
Total internal gains = $(66)_m + (67)_m + (68)_m + (69)_m + (70)_m + (71)_m + (72)_m$													
$(73)_m$ =	$(73)_1$	$(73)_2$	$(73)_3$	$(73)_4$	$(73)_5$	$(73)_6$	$(73)_7$	$(73)_8$	$(73)_9$	$(73)_{10}$	$(73)_{11}$	$(73)_{12}$	(73)

6. Solar gains

Solar gains are calculated using solar flux from Table 6a and associated equations to convert to the applicable orientation. Rows (74) to (82) are used 12 times, one for each month, repeating as needed if there is more than one window type,

	Access factor Table 6d		Area m²		Solar flux W/m²		$g_\perp$ Specific data or Table 6b		FF Specific data or Table 6c		Gains (W)	
North		×		×		× 0.9 ×		×		=		(74)
Northeast		×		×		× 0.9 ×		×		=		(75)
East		×		×		× 0.9 ×		×		=		(76)
Southeast		×		×		× 0.9 ×		×		=		(77)
South		×		×		× 0.9 ×		×		=		(78)
Southwest		×		×		× 0.9 ×		×		=		(79)
West		×		×		× 0.9 ×		×		=		(80)
Northwest		×		×		× 0.9 ×		×		=		(81)
Rooflights	1.0	×		×		× 0.9 ×		×		=		(82)

Solar gains in watts, calculated for each month $(83)_m = \Sigma(74)_m ...(82)_m$

$(83)_m$ =	$(83)_1$	$(83)_2$	$(83)_3$	$(83)_4$	$(83)_5$	$(83)_6$	$(83)_7$	$(83)_8$	$(83)_9$	$(83)_{10}$	$(83)_{11}$	$(83)_{12}$	(83)

Total gains – internal and solar $(84)_m = (73)_m + (83)_m$, watts

$(84)_m =$	$(84)_1$	$(84)_2$	$(84)_3$	$(84)_4$	$(84)_5$	$(84)_6$	$(84)_7$	$(84)_8$	$(84)_9$	$(84)_{10}$	$(84)_{11}$	$(84)_{12}$	(84)

7. Mean internal temperature (heating season)

Temperature during heating periods in the living area from Table 9, T_{h1} (°C) | 21 | (85)

Utilisation factor for gains for living area, $\eta_{1,m}$ (see Table 9a)

	Jan	Feb	Mar	Apr	May	Jun	Jul	Aug	Sep	Oct	Nov	Dec	
$(86)_m =$	$(86)_1$	$(86)_2$	$(86)_3$	$(86)_4$	$(86)_5$	$(86)_6$	$(86)_7$	$(86)_8$	$(86)_9$	$(86)_{10}$	$(86)_{11}$	$(86)_{12}$	(86)

Mean internal temperature in living area T_1 *(follow steps 3 to 7 in Table 9c)*

$(87)_m =$	$(87)_1$	$(87)_2$	$(87)_3$	$(87)_4$	$(87)_5$	$(87)_6$	$(87)_7$	$(87)_8$	$(87)_9$	$(87)_{10}$	$(87)_{11}$	$(87)_{12}$	(87)

Temperature during heating periods in rest of dwelling from Table 9, T_{h2} (°C)

$(88)_m =$	$(88)_1$	$(88)_2$	$(88)_3$	$(88)_4$	$(88)_5$	$(88)_6$	$(88)_7$	$(88)_8$	$(88)_9$	$(88)_{10}$	$(88)_{11}$	$(88)_{12}$	(88)

Utilisation factor for gains for rest of dwelling, $\eta_{2,m}$ (see Table 9a)

$(89)_m =$	$(89)_1$	$(89)_2$	$(89)_3$	$(89)_4$	$(89)_5$	$(89)_6$	$(89)_7$	$(89)_8$	$(89)_9$	$(89)_{10}$	$(89)_{11}$	$(89)_{12}$	(89)

Mean internal temperature in the rest of dwelling T_2
(follow steps 8 to 9 in Table 9c, if two main heating systems see further notes in Table 9c)

$(90)_m =$	$(90)_1$	$(90)_2$	$(90)_3$	$(90)_4$	$(90)_5$	$(90)_6$	$(90)_7$	$(90)_8$	$(90)_9$	$(90)_{10}$	$(90)_{11}$	$(90)_{12}$	(90)

Living area fraction f_{LA} = Living area ÷ (4) = | | (91)

Mean internal temperature (for the whole dwelling) $= f_{LA} \times T_1 + (1 - f_{LA}) \times T_2$

$(92)_m =$	$(92)_1$	$(92)_2$	$(92)_3$	$(92)_4$	$(92)_5$	$(92)_6$	$(92)_7$	$(92)_8$	$(92)_9$	$(82)_{10}$	$(92)_{11}$	$(92)_{12}$	(92)

Apply adjustment to the mean internal temperature from Table 4e, where appropriate

$(93)_m =$	$(93)_1$	$(93)_2$	$(93)_3$	$(93)_4$	$(93)_5$	$(93)_6$	$(93)_7$	$(93)_8$	$(93)_9$	$(93)_{10}$	$(93)_{11}$	$(93)_{12}$	(93)

8. Space heating requirement

Set T_i to the mean internal temperature obtained at step 11 of Table 9b, so that $T_{i,m}=(93)_m$ and re-calculate the utilisation factor for gains using Table 9a

	Jan	Feb	Mar	Apr	May	Jun	Jul	Aug	Sep	Oct	Nov	Dec	
Utilisation factor for gains, η_m:													
$(94)_m =$	$(94)_1$	$(94)_2$	$(94)_3$	$(94)_4$	$(94)_5$	$(94)_6$	$(94)_7$	$(94)_8$	$(94)_9$	$(94)_{10}$	$(94)_{11}$	$(94)_{12}$	(94)
Useful gains, $\eta_m G_m$, W $= (94)_m \times (84)_m$													
$(95)_m =$	$(95)_1$	$(95)_2$	$(95)_3$	$(95)_4$	$(95)_5$	$(95)_6$	$(95)_7$	$(95)_8$	$(95)_9$	$(95)_{10}$	$(95)_{11}$	$(95)_{12}$	(95)
Monthly average external temperature from Table 8													
$(96)_m =$	$(96)_1$	$(96)_2$	$(96)_3$	$(96)_4$	$(96)_5$	$(96)_6$	$(96)_7$	$(96)_8$	$(96)_9$	$(96)_{10}$	$(96)_{11}$	$(96)_{12}$	(96)
Heat loss rate for mean internal temperature, L_m , W $=[(39)_m \times [(93)_m - (96)_m]$													
$(97)_m =$	$(97)_1$	$(97)_2$	$(97)_3$	$(97)_4$	$(97)_5$	$(97)_6$	$(97)_7$	$(97)_8$	$(97)_9$	$(97)_{10}$	$(97)_{11}$	$(97)_{12}$	(97)
Space heating requirement for each month, kWh/month $= 0.024 \times [(97)_m - (95)_m] \times (41)_m$													
$(98)_m =$	$(98)_1$	$(98)_2$	$(98)_3$	$(98)_4$	$(98)_5$	$(98)_6$	$(98)_7$	$(98)_8$	$(98)_9$	$(98)_{10}$	$(98)_{11}$	$(98)_{12}$	

Total per year (kWh/year) = $\Sigma(98)_{1...5,10...12}$ = | | (98)

Space heating requirement in kWh/m²/year (98) ÷ (4) = | | (99)

For range cooker boilers where efficiency is obtained from the Boiler Efficiency Database or manufacturer's declared value, multiply the results in $(98)_m$ by $(1 - \Phi_{case}/\Phi_{water})$ where Φ_{case} is the heat emission from the case of the range cooker at full load (in kW); and Φ_{water} is the heat transferred to water at full load (in kW). Φ_{case} and Φ_{water} are obtained from the database record for the range cooker boiler or manufacturer's declared values. Where there are two main heating systems, this applies if the range cooker boiler is system 1 or system 2.

8c. Space cooling requirement

Calculated for June, July and August. See Table 10b

	Jan	Feb	Mar	Apr	May	Jun	Jul	Aug	Sep	Oct	Nov	Dec	
Heat loss rate L_m (calculated using 24°C internal temperature and external temperature from Table 10)													
$(100)_m$ =	0	0	0	0	0	$(100)_6$	$(100)_7$	$(100)_8$	0	0	0	0	(100)
Utilisation factor for loss η_m													
$(101)_m$ =	0	0	0	0	0	$(101)_6$	$(101)_7$	$(101)_8$	0	0	0	0	(101)
Useful loss, $\eta_m L_m$ (Watts) = $(100)_m \times (101)_m$													
$(102)_m$ =	0	0	0	0	0	$(102)_6$	$(102)_7$	$(102)_8$	0	0	0	0	(102)
Gains (internal gains as for heating except that column (A) of Table 5 is always used; solar gains calculated for applicable weather region based on Table 10, not Table 6a)													
$(103)_m$ =	0	0	0	0	0	$(103)_6$	$(103)_7$	$(103)_8$	0	0	0	0	(103)
Space cooling requirement for month, whole dwelling, continuous (kWh) = $0.024 \times [(103)_m - (102)_m] \times (41)_m$ set $(104)_m$ to zero if $(104)_m < 3 \times (98)_m$ with $(98)_m$ calculated using weather data from Table 10													
$(104)_m$ =	0	0	0	0	0	$(104)_6$	$(104)_7$	$(104)_8$	0	0	0	0	

Total = $\Sigma(104)_{6..8}$ = ☐ (104)

Cooled fraction — f_C = cooled area ÷ (4) = ☐ (105)

	Jan	Feb	Mar	Apr	May	Jun	Jul	Aug	Sep	Oct	Nov	Dec
Intermittency factor (Table 10b)												
$(106)_m$	0	0	0	0	0	$(106)_6$	$(106)_7$	$(106)_8$	0	0	0	0

Total = $\Sigma(106)_{6..8}$ = ☐ (106)

	Jan	Feb	Mar	Apr	May	Jun	Jul	Aug	Sep	Oct	Nov	Dec
Space cooling requirement for month = $(104)_m \times (105) \times (106)_m$												
$(107)_m$	0	0	0	0	0	$(107)_6$	$(107)_7$	$(107)_8$	0	0	0	0

Total = $\Sigma(107)_{6..8}$ = ☐ (107)

Space cooling requirement in kWh/m²/year — (107) ÷ (4) = ☐ (108)

8f. Fabric Energy Efficiency (calculated only under special conditions, see section 11)

Fabric Energy Efficiency — (99) + (108) = ☐ (109)

9a. Energy requirements – Individual heating systems including micro-CHP

For any space heating, space cooling or water heating provided by community heating use the alternative worksheet 9b.

Space heating:

Fraction of space heat from secondary/supplementary system (Table 11)	*"0" if none*		(201)
Fraction of space heat from main system(s)	(202) = 1 – (201) =		(202)
Fraction of main heating from main system 2	*if no second main system enter "0"*		(203)
Fraction of total space heat from main system 1	(204) = (202) × [1 – (203)] =		(204)
Fraction of total space heat from main system 2	(205) = (202) × (203) =		(205)

Efficiency of main space heating system 1 (in %) [ ] (206)
(from database or Table 4a/4b, adjusted where appropriate by the amount shown in the 'space efficiency adjustment' column of Table 4c; for gas and oil boilers see 9.2.1)

If there is a second main system complete (207)
Efficiency of main space heating system 2 (in %) [ ] (207)
(from database or Table 4a/4b, adjusted where appropriate by the amount shown in the 'space efficiency adjustment' column of Table 4c; for gas and oil boilers see 9.2.1)

Efficiency of secondary/supplementary heating system, % *(from Table 4a or Appendix E)* [ ] (208)

Cooling System Energy Efficiency Ratio (see Table 10c) [ ] (209)

	Jan	Feb	Mar	Apr	May	Jun	Jul	Aug	Sep	Oct	Nov	Dec	kWh/year
Space heating requirement (calculated above)	$(98)_1$	$(98)_2$	$(98)_3$	$(98)_4$	$(98)_5$	0	0	0	0	$(98)_{10}$	$(98)_{11}$	$(98)_{12}$	

Space heating fuel (main heating system 1), kWh/month
$(211)_m = (98)_m \times (204) \times 100 \div (206)$

$(211)_m$	$(211)_1$	$(211)_2$	$(211)_3$	$(211)_4$	$(211)_5$	0	0	0	0	$(211)_{10}$	$(211)_{11}$	$(211)_{12}$	

Total (kWh/year) $=\Sigma(211)_{1...5,10...12}=$ [ ] (211)

Space heating fuel (main heating system 2), kWh/month, omit if no second main heating system
$(213)_m = (98)_m \times (205) \times 100 \div (207)$

$(213)_m$	$(213)_1$	$(213)_2$	$(213)_3$	$(213)_4$	$(213)_5$	0	0	0	0	$(213)_{10}$	$(213)_{11}$	$(213)_{12}$	

Total (kWh/year) $=\Sigma(213)_{1...5,10...12}=$ [ ] (213)

Space heating fuel (secondary), kWh/month
$(215)_m = (98)_m \times (201) \times 100 \div (208)$

$(215)_m$	$(215)_1$	$(215)_2$	$(215)_3$	$(215)_4$	$(215)_5$	0	0	0	0	$(215)_{10}$	$(215)_{11}$	$(215)_{12}$	

Total (kWh/year) $= \Sigma(215)_{1...5,10...12}=$ [ ] (215)

Water heating

Output from water heater (calculated above)

$(64)_1$	$(64)_2$	$(64)_3$	$(64)_4$	$(64)_5$	$(64)_6$	$(64)_7$	$(64)_8$	$(64)_9$	$(64)_{10}$	$(64)_{11}$	$(64)_{12}$

Efficiency of water heater (216)

(From database or Table 4a/4b, adjusted where appropriate by the amount shown in the 'DHW efficiency adjustment' column of Table 4c, for gas and oil boilers use the summer efficiency, see 9.2.1)

if water heating by a hot-water-only boiler, $(217)_m$ = value from database record for boiler or Table 4a

otherwise if gas/oil boiler main system used for water heating, $(217)_m$ = value calculated for each month using equation (8) in section 9.2.1

otherwise if separate hot water only heater (including immersion) $(217)_m$ = applicable value from Table 4a

otherwise (other main system 1 or 2 used for water heating) $(217)_m$ = (216)

$(217)_m$ =	$(217)_1$	$(217)_2$	$(217)_3$	$(217)_4$	$(217)_5$	$(217)_6$	$(217)_7$	$(217)_8$	$(217)_9$	$(217)_{10}$	$(217)_{11}$	$(217)_{12}$	(217)

Fuel for water heating, kWh/month

$(219)_m = (64)_m \times 100 \div (217)_m$

$(219)_m$	$(219)_1$	$(219)_2$	$(219)_3$	$(219)_4$	$(219)_5$	$(219)_6$	$(219)_7$	$(219)_8$	$(219)_9$	$(219)_{10}$	$(219)_{11}$	$(219)_{12}$

Total = $\Sigma(219a)_{1...12}$ = (219)

(for a DHW-only community scheme use (305), (306) and (310a) or (310b), with (304a)=1.0 or (304b)=1.0, instead of (219)

Space cooling

Space cooling fuel, kWh/month

$(221)_m = (107)_m \div (209)$

$(221)_m$	0	0	0	0	0	$(221)_6$	$(221)_7$	$(221a)_8$	0	0	0	0

Total = $\Sigma(221)_{6...8}$ = (221)

Annual totals	kWh/year	kWh/year	
Space heating fuel used, main system 1		(211)	
Space heating fuel used, main system 2		(213)	
Space heating fuel used, secondary		(215)	
Water heating fuel used		(219)	
Space cooling fuel used (if there is a fixed cooling system, if not enter 0)		(221)	
Electricity for pumps, fans and electric keep-hot (Table 4f):			
mechanical ventilation fans - balanced, extract or positive input from outside			(230a)
warm air heating system fans			(230b)
central heating pump			(230c)
oil boiler pump			(230d)
boiler flue fan			(230e)
maintaining electric keep-hot facility for gas combi boiler			(230f)
pump for solar water heating			(230g)
Total electricity for the above, kWh/year	sum of (230a)...(230g) =		(231)
Electricity for lighting (calculated in Appendix L)			(232)
Energy saving/generation technologies (Appendices M ,N and Q)			
Electricity generated by PVs (Appendix M) (negative quantity)			(233)
Electricity generated by wind turbine (Appendix M) (negative quantity)			(234)
Electricity used or net electricity generated by micro-CHP (Appendix N) (negative if net generation)			(235)

Appendix Q items: annual energy (items not already included on a monthly basis)	Fuel	kWh/year	
Appendix Q, <item 1 description>			
energy saved or generated (enter as negative quantity)			(236a)
energy used (positive quantity)			(237a)

Appendix Q, <item 2 description>

energy saved or generated (enter as negative quantity)			(236b)
energy used (positive quantity)			(237b)

(continue this list if additional items)

10a. Fuel costs – Individual heating systems including micro-CHP

	Fuel kWh/year		Fuel price (Table 12)		Fuel cost £/year	
Space heating - main system 1	(211)	×		× 0.01 =		(240)
Space heating - main system 2	(213)	×		× 0.01 =		(241)
Space heating - secondary	(215)	×		× 0.01 =		(242)
Water heating (electric off-peak tariff)						
High-rate fraction (Table 13, or Appendix F for electric CPSU)				(243)		
Low-rate fraction	1.0 – (243) =			(244)		
High-rate cost	(219) × (243)	×		× 0.01 =		(245)
Low-rate cost	(219) × (244)	×		× 0.01 =		(246)
Water heating cost (other fuel)	(219)	×		× 0.01 =		(247)
(for a DHW-only community scheme use (342a) or (342b) instead of (247)						
Space cooling	(221)	×		× 0.01 =		(248)
Pumps, fans and electric keep-hot	(231)	×		× 0.01 =		(249)
(if off-peak tariff, list each of (230a) to (230g) separately as applicable and apply fuel price according to Table 12a						
Energy for lighting	(232)	×		× 0.01 =		(250)
Additional standing charges (Table 12)						(251)
Energy saving/generation technologies	(233) to (235) as applicable, repeat line (252) as needed					
<description>	one of (233) to (235)	×		× 0.01 =		(252)
Appendix Q items: repeat lines (253) and (254) as needed						
<description>, energy saved	one of (236a) etc	×		× 0.01 =		(253)
<description>, energy used	one of (237a) etc	×		× 0.01 =		(254)
Total energy cost			(240)...(242) + (245)...(254) =			(255)

11a. SAP rating – Individual heating systems including micro-CHP

Energy cost deflator (Table 12):		0.47	(256)
Energy cost factor (ECF)	[(255) × (256)] ÷ [(4) + 45.0] =		(257)
SAP rating (Section 13)			(258)

12a. CO_2 emissions – Individual heating systems including micro-CHP

	Energy kWh/year		Emission factor kg CO_2/kWh		Emissions kg CO_2/year	
Space heating - main system 1	(211)	×		=		(261)
Space heating - main system 2	(213)	×		=		(262)
Space heating - secondary	(215)	×		=		(263)
Energy for water heating	(219)	×		=		(264)
(for a DHW-only community scheme use (361) to (373) instead of (264)						
Space and water heating	(261) + (262) + (263) + (264)			=		(265)
Space cooling	(221)	×		=		(266)
Electricity for pumps, fans and electric keep-hot	(231)	×		=		(267)
Electricity for lighting	(232)	×		=		(268)
Energy saving/generation technologies	(233) to (235) as applicable, repeat line (269) as needed					
<description>	one of (233) to (235)	×		=		(269)
Appendix Q items repeat lines (270) and (271) as needed						
<description>, energy saved	one of (237a) etc	×		=		(270)
<description>, energy used	one of (237a) etc	×		=		(271)
Total CO_2, kg/year			sum of (265)...(271)	=		(272)
Dwelling CO_2 Emission Rate			(272) ÷ (4)	=		(273)
EI rating (section 14)						(274)

13a. Primary energy – Individual heating systems including micro-CHP

Same as 12a using primary energy factor instead of CO_2 emission factor to give primary energy in kWh/year

Community heating

9b. Energy requirements – Community heating scheme

This part is used for space heating, space cooling or water heating provided by a community scheme.

Fraction of space heat from secondary/supplementary heating (Table 11)	*"0" if none*		(301)
Fraction of space heat from community system	1 – (301) =		(302)

The community scheme may obtain heat from several sources. The procedure allows for CHP and up to four other heat sources; the latter includes boilers, heat pumps, geothermal and waste heat from power stations. See Appendix C.

Fraction of heat from community CHP	*(fractions obtained from operational records or plant design specification; omit line if not applicable)*		(303a)
Fraction of community heat from heat source 2			(303b)
Fraction of community heat from heat source 3			(303c)
Fraction of community heat from heat source 4			(303d)
Fraction of community heat from heat source 5			(303e)
Fraction of total space heat from community CHP =	(302) × (303a)		(304a)
Fraction of total space heat from community heat source 2 <description>	(302) × (303b) =		(304b)
Fraction of total space heat from community heat source 3 <description>	(302) × (303c) =		(304c)
Fraction of total space heat from community heat source 4 <description>	(302) × (303d) =		(304d)
Fraction of total space heat from community heat source 5 <description>	(302) × (303e) =		(304e)
Factor for control and charging method (Table 4c(3)) for community space heating			(305)
Factor for charging method (Table 4c(3)) for community water heating			(305a)
Distribution loss factor (Table 12c) for community heating system			(306)

Space heating

		kWh/year	
Annual space heating requirement		(98)	
Space heat from CHP	(98) × (304a) × (305) × (306) =		(307a)
Space heat from heat source 2	(98) × (304b) × (305) × (306) =		(307b)
Space heat from heat source 3	(98) × (304c) × (305) × (306) =		(307c)
Space heat from heat source 4	(98) × (304d) × (305) × (306) =		(307d)
Space heat from heat source 5	(98) × (304e) × (305) × (306) =		(307e)
Efficiency of secondary/supplementary heating system in % *(from Table 4a or Appendix E)*			(308)
Space heating fuel for secondary/supplementary system	(98) × (301) × 100 ÷ (308) =		(309)

Water heating

Annual water heating requirement		(64)	
If DHW from community scheme:			
Water heat from CHP	(64) × (303a) × (305a) × (306) =		(310a)
Water heat from heat source 2	(64) × (303b) × (305a) × (306) =		(310b)
Water heat from heat source 3	(64) × (303c) × (305a) × (306) =		(310c)
Water heat from heat source 4	(64) × (303d) × (305a) × (306) =		(310d)
Water heat from heat source 5	(64) × (303e) × (305a) × (306) =		(310e)
If DHW by immersion or instantaneous heater within dwelling:			
Efficiency of water heater			(311)
Water heated by immersion or instantaneous heater	(64) × 100 ÷ (311) =		(312)
Electricity used for heat distribution	0.01 × [(307a)...(307e) + (310a)...(310e)] =		(313)
Cooling System Energy Efficiency Ratio			(314)
Space cooling (if there is a fixed cooling system, if not enter 0)	= (107) ÷ (314) =		(315)
Electricity for pumps and fans within dwelling (Table 4f):			
mechanical ventilation - balanced, extract or positive input from outside			(330a)

附录 B

整合碳排放评价的中国绿色建筑评价体系之权重专家调查问卷

尊敬的专家：

您好！

首先感谢您在百忙之中参加本问卷调查。该问卷是本人博士论文的重要组成部分，包含专家基本信息及权重调查两个部分。您所提供的信息对于我们获得一个客观的指标权重体系将会十分宝贵，衷心感谢您对中国低碳建筑发展的关注以及对本次调研工作的支持！

祝您工作顺利、身体健康！

高源

天津大学建筑学院 博士研究生

邮箱：Lacey.125@163.com

第一部分：受访者信息

以下开始调查问卷，请在您认为合适的栏内打（√）

1. 职称：
2. 性别：□ 男　　□ 女
3. 您的专业领域：

   □ 建筑学　□ 规划　□ 景观　□ 结构　□ 暖通　□ 给排水

   □ 电气　□ 材料　□ 建筑物理　□ 其他______
4. 您的工作性质：

   □ 政府部门　□ 设计院　□ 高校科研机构　□ 绿色建筑咨询机构

   □ 绿色建筑评审机构　□ 建设单位（甲方）　□ 社会团体

   □其他 ______
5. 您在建筑领域的从业时间：

   □ 3 年以下　□ 3 ～ 5 年　□ 5 ～ 10 年　□ 10 年以上
6. 您从事低碳建筑相关工作或研究时间：

   □ 3 年以下　□ 3 ～ 5 年　□ 5 ～ 10 年　□ 10 年以上

7. 您知道以下哪些绿色建筑评价体系（可多选）：

☐ LEED（美国） ☐ BREEAM（英国） ☐ CASBEE（日本）

☐ SBTool（加拿大） ☐ DGNB（德国） ☐《可持续住宅法案》（英国）

☐《中国绿色低碳住区技术评估手册》

☐《绿色建筑评价标准》 ☐《绿建标章》（台湾地区） ☐其他____

第二部分：二级权重调查

本次权重调查的范围针对天津地区新建办公建筑特征标签工具，适于用设计阶段预评估。下表是《绿色建筑评价标准》调整后的框架，原有控制项作为参评门槛条件，在此框架中不再列出。

评价体系框架与考察内容 表1

指标大类	指标项	考察内容
节地与室外环境	公共交通	鼓励公共交通和自行车，减少小汽车数量
	环境噪声	减少室外噪声影响，获得良好的声环境
	室外风环境	减少不利的风环境
	减少热岛效应	控制室外透水地面比率，降低城市热岛效应
节能与能源利用	自然资源直接利用	鼓励自然通风、采光、遮阳等被动设计手段，通过评估专家对被动设计进行考核
	最低运行能耗设计	对建筑的整体运行能耗进行模拟评估，鼓励最低能耗的设计
	可再生能源利用	考察可再生能源利用率，鼓励因地制宜地利用可再生能源
节水与水环境利用	减少用水	考察建筑的节水率，鼓励采取各种措施减少用水量
	非传统水源利用率	考察非传统水源利用率，鼓励利用雨水和中水等非传统水源
节材与材料资源利用	材料资源利用	考察设计中使用材料的含能占总材料含能的比例，鼓励降低材料含能设计
	旧材料再利用	考察设计中能够重复利用和回收材料的含能占总材料含能的比例
	延长建筑寿命	鼓励建筑采用高性能材料和结构体系，提高结构和空间的灵活性
室内空气质量	室内空气质量	鼓励自然通风，获得良好室内空气质量
	室内热环境	将室内温湿度控制在人体舒适的合理范围，防止结露
	室内声环境	提高围护结构隔声性能，防止噪声影响
	室内光环境	室内空间具有良好的视野和光线，光环境满足人工作和生活需要
全球环境影响	建筑生命周期碳减排	降低建筑生命周期各阶段的碳排放量

由于天津地区新建办公建筑评价体系之前已完成一轮专家权重调查，本次调研仅对调整后的一级权重系统，以及“节地与室外环境”指标大类的类内二级权重系统进行专家问卷调查。

1. 指标大类一级权重调查

（请对表格每行左右两边的指标单独比较，在您判断的相对重要程度上打“√”）

指标大类判断矩阵　　表2

	非常重要	很重要	重要	稍重要	一样重要	稍重要	重要	很重要	非常重要	
	9:1	7:1	5:1	3:1	1:1	1:3	1:5	1:7	1:9	
全球环境影响										节地与室外环境
全球环境影响										节能与能源利用
全球环境影响										节水与水资源利用
全球环境影响										节材与材料资源利用
全球环境影响										室内空气质量
节地与室外环境										节能与能源利用
节地与室外环境										节水与水资源利用
节地与室外环境										节材与材料资源利用
节地与室外环境										室内空气质量
节能与能源利用										节水与水资源利用
节能与能源利用										节材与材料资源利用
节能与能源利用										室内空气质量
节水与水资源利用										节材与材料资源利用
节水与水资源利用										室内空气质量
节材与材料资源利用										室内空气质量

2.“节地与室外环境”类内二级权重调查

（请对表格每行左右两边的指标单独比较，在您判断的相对重要程度上打“ √”）

指标大类判断矩阵 表3

	非常重要	很重要	重要	稍重要	一样重要	稍重要	重要	很重要	非常重要	
	9:1	7:1	5:1	3:1	1:1	1:3	1:5	1:7	1:9	
公共交通										室外环境噪声
公共交通										室外风环境
公共交通										减少热岛效应
室外环境噪声										室外风环境
室外环境噪声										减少热岛效应
室外风环境										减少热岛效应

参考文献

[1] Lowe R. Defining and meeting the carbon constraints of the 21st century[J]. Building Research & Information, 2000, 28(3): 159-175.

[2] Sorrell S. Making the link: Climate policy and the reform of the UK construction industry[J]. Energy Policy, 2003, 31(9): 865-878.

[3] Stern N. The economics of climate change[J]. The American Economic Review, 2008: 1-37.

[4] Dinan T. Policy options for reducing CO_2 emissions[C]. Congress of the US, Congressional Budget Office, 2008.

[5] Seyfang G. Grassroots innovations in low-carbon housing[J]. Centre for Social and Economic Research into the Global Environment, WP ECM, 2008: 08-05.

[6] Skea J. Cold comfort in a high carbon society?[J]. 2009.

[7] Moloney S, Horne R E, Fien J. Transitioning to low carbon communities—from behaviour change to systemic change: Lessons from Australia[J]. Energy Policy, 2010, 38(12): 7614-7623.

[8] Gomi K, Ochi Y, Matsuoka Y. A systematic quantitative backcasting on low-carbon society policy in case of Kyoto city[J]. Technological Forecasting and Social Change, 2011, 78(5): 852-871.

[9] Department for Communities, Local Government, Building a Greener Future: Policy Statement for Target of Zero Carbon Homes by 2016, 2007.

[10] Hernandez P, Kenny P. From net energy to zero energy buildings: Defining life cycle zero energy buildings (LC-ZEB)[J]. Energy and Buildings, 2010, 42(6): 815-821.

[11] Fabre G. The Low-Carbon Buildings Standard 2010[M]. Guillaume FABRE, 2009.

[12] Zhu X F, Lv D W. Discussion about Calculation Principle of Carbon Emission in Low-Carbon Architectures[J]. Advanced Materials Research, 2011, 213: 302-305.

[13] Li B, Fu F F, Zhong H, et al. Research on the computational model for carbon emissions in building construction stage based on BIM[J]. Structural Survey, 2012, 30(5): 411-425.

[14] Ng S T, Chen Y, Wong J M W. Variability of building environmental assessment tools on evaluating carbon emissions[J]. Environmental Impact Assessment Review, 2013, 38: 131-141.

[15] Motawa I, Carter K. Sustainable BIM-based Evaluation of Buildings[J]. Procedia-Social and Behavioral Sciences, 2013, 74: 116-125.

[16] Seinre E, Kurnitski J, Voll H. Quantification of environmental and economic impacts for main categories of building labeling schemes[J]. Energy and Buildings, 2014, 70: 145-158.

[17] Wackernagel M, Rees W E. Our ecological footprint: Reducing human impact on the

earth[M]. New Society Publishers, 2013.
[18] Finkbeiner M. Carbon footprinting—opportunities and threats[J]. The International Journal of Life Cycle Assessment, 2009, 14(2): 91-94.
[19] Wiedmann T, Minx J. A definition ofcarbon footprint [J]. Ecological Economics Research Trends, 2007, 2: 55-65.
[20] Hammond G. Time to give due weight to the'carbon footprint'issue[J]. Nature, 2007, 445(7125): 256-256.
[21] European Commission. "Carbon footprint: What it is and how to measure it[R]." 2007-04-15.
[22] Hertwich E G, Peters G P. Carbon footprint of nations: A global, trade-linked analysis[J]. Environmental Science & Technology, 2009, 43(16): 6414-6420.
[23] Baldo G L, Marino M, Montani M, et al. The carbon footprint measurement toolkit for the EU Ecolabel[J]. The International Journal of Life Cycle Assessment, 2009, 14(7): 591-596.
[24] Andrews S L D. A classification of carbon footprint methods used by companies[D]. Massachusetts Institute of Technology, Engineering Systems Division, 2009.
[25] Kenny T, Gray N F. Comparative performance of six carbon footprint models for use in Ireland[J]. Environmental Impact Assessment Review, 2009, 29(1): 1-6.
[26] Feldmann K, Trautner S, Meedt O. Innovative disassembly strategies based on flexible partial destructive tools[J]. Annual Reviews in Control, 1999, 23: 159-164.
[27] Matthews H S, Hendrickson C T, Weber C L. The importance of carbon footprint estimation boundaries[J]. Environmental Science & Technology, 2008, 42(16): 5839-5842.
[28] Wassily Leontief. Quantitative Input-Output Relations in the Economic System. Review of Economic Statistics, 1936, 18: 105-125.
[29] Munksgaard J, Wier M, Lenzen M, et al. Using Input-Output Analysis to Measure the Environmental Pressure of Consumption at Different Spatial Levels[J]. Journal of Industrial Ecology, 2005, 9(1-2): 169-185.
[30] Druckman A, Jackson T. The carbon footprint of UK households 1990–2004: A socio-economically disaggregated, quasi-multi-regional input–output model[J]. Ecological Economics, 2009, 68(7): 2066-2077.
[31] Jackson T, Papathanasopoulou E, Bradley P, et al. Attributing Carbon Emissions to Functional Household Needs: A pilot framework for the UK[C]//International Conference on Regional and Urban Modelling, Brussels, Belgium. 2006: 1-2.
[32] Lee W L, Chau C K, Yik F W H, et al. On the study of the credit-weighting scale in a building environmental assessment scheme[J]. Building and Environment, 2002, 37(12): 1385-1396.
[33] Climate change 2007-the physical science basis: Working group I contribution to the fourth assessment report of the IPCC[M]. Cambridge University Press, 2007.
[34] 能源之星官网：http://www.energystar.gov
[35] ISO/TC59/SC3N459. Building and constructed assets – Sustainable building – General

principles[S].
[36] ISO/TC59/SC17N236. Building construction-Sustainability in building construction-Sustainability indicators[S].
[37] IPCC. Climate Change 2001:Mitigation，Contribution of Working Group III to the Third Assessment Report of the Intergovernmental Panel on Climate Change ［M］. UK：Cambridge University Press，2001.
http://www. mohurd. gov. cn/hytj/dtyxx/zfhcxjsbxx/200804/t20080423_160502. htm, 2006.
[38] 住房和城乡建设部《绿色建筑评价标准》（GB/T 50378-2006） [S].2006.
[39] https://www.gov.uk/government/publications/the-water-efficiency-calculator-for-new-dwellings. Britain：The Communities and Local Government，《The Water Efficiency Calculator for new dweltings》 [EBIOL].2009.9.
http://codeassessors.lifetimehomes.org.uk/pages/lth_criteria.html
[41] Code for Sustainable Homes—Technical guide [M]. Britain：The Communities and Local Gov，2009.
[42] 朱洪祥 . 德国 DGNB 可持续建筑评估认证体系 [J]. 建设科技 , 2010 (18): 78-79.
[43] 陈文颖 , 高鹏飞 , 何建坤 . 二氧化碳减排对中国未来 GDP 增长的影响 [J]. 清华大学学报 : 自然科学版 , 2004, 44(6): 744-747.
[44] 张磊 , 倪静 , 陈志刚等 . 国内外绿色建筑测评体系的分析 [J]. 建筑节能 , 2013 (1): 50-54.
[45] 卢求 . 论德国 DGNB 对于完善和发展可持续建筑的意义 [J]. 中国住宅设施, 2013 (1): 92-95.
[46] 刘志新 , 李永安 , 刘学来 . 绿色建筑及其评价标准 [J]. 建筑热能通风空调 , 2012, 31(6): 48-51.
[47] 卢求 . 探求“低碳”建筑的中国发展之路 [J]. 城市开发 , 2009 (12): 46-47.
[48] 倪轶兰 . 以德国为例居住区评价体系初探 [J]. 中外建筑 , 2011 (11): 57-59.
[49] 朱玲 , 刘鑫 . 中德绿色建筑评价标准之思考 [J]. 新建筑 , 2013 (1): 148-151.
[50] 刘嘉迅 . 基于“future living”项目对低碳居住建筑设计的研究 [D]. 沈阳 : 沈阳建筑大学 , 2012.
[51] 许佳 . 以德国“FOB 项目”为切入点的低碳办公建筑设计研究 [D]. 沈阳 : 沈阳建筑大学 , 2012.
[52] 李鹍 , 宋晔皓 . 打造环境友好的住宅英国“可持续住宅法案”探析 [J]. 动感 (生态城市与绿色建筑), 2010 (1): 58-61.
[53] 索健 , 张挺 , 胡懿睿 . 当代欧盟住宅存量更新范例及其设计手法研究 [J]. 建筑学报 , 2013 (3): 22-27.
[54] 张春子 , Genovese P V. 国际低碳可持续住宅评价体系比较研究 [J]. 工业建筑 , 2012, 42(007): 65-68.
[55] 陈冰 , 康健 . 零碳排放住宅 : 金斯潘住宅案例分析 [J]. 世界建筑 , 2010 (2): 60-63.
[56] 王朝红 , 王建军 . 英国《 可持续住宅标准》介绍与思考 [J]. 新建筑 , 2012 (4): 46-51.
[57] 胡芳芳 , 王元丰 . 中国绿色住宅评价标准和英国可持续住宅标准的比较 [J]. 建筑科

学, 2011, 27(2): 8-13.
[58] 洪志国, 李焱. 层次分析法中高阶平均随机一致性指标 (RI) 的计算 [J]. 计算机工程与应用, 2002, 38(12): 45-47.
[59] 运迎霞, 唐燕. 对生态住区评估系统中权重问题的思考 [J]. 城市规划汇刊, 2004 (2): 81-84.
[60] 严静, 龙惟定. 关于绿色建筑评价体系中权重系统的研究 [J]. 建筑科学, 2009 (2): 16-19.
[61] 钟田力, 刘猛. 国内外绿色工业建筑评价权重体系对比分析 [J]. 土木建筑与环境工程, 2012, 12 (34): 1-3.
[62] 张国祯. 建构生态校园评价体系及指标权重 [D]. 上海: 同济大学, 2006.
[63] 施骞, 徐莉燕. 绿色建筑评价体系分析 [J]. 同济大学学报: 社会科学版, 2007, 18(2): 112-117.
[64] 杨文. 我国绿色建筑评价体系的探索研究 [D]. 重庆: 重庆大学, 2008.
[65] 伊香, 贺俊治, 彭渤 等. 建筑物环境效率综合评价体系 CASBEE 最新进展 [J]. 动感 (生态城市与绿色建筑), 2010, 3: 20-23.
[66] 华佳. 浅析日本 CASBEE 评价体系 [J]. 住宅产业, 2012 (5): 46-47.
[67] 孙佳媚, 杜晓洋, 周术 等. 日本建筑物综合环境效率评价体系引介 [J]. 山东建筑大学学报, 2007, 22(1): 31-34.
[68] 陈洪波, 储诚山, 王新春 等. 北方采暖地区居住建筑低碳标准研究 [J]. 中国人口资源与环境, 2013, 23(2): 58-65.
[69] 吴春岐, 余晓龙. 房地产业低碳化发展背景下低碳建筑标准的法制化 [J]. 中国房地产, 2010 (012): 55-56.
[70] 谢厚礼, 杨元华, 赵辉 等. 国家与重庆市绿色建筑评价标准对比分析 [J]. 建设科技, 2012 (8): 36-38.
[71] 姚德利, 陈通. 生态城市理念下低碳建筑评价指标体系的构建 [J]. 中国人口. 资源与环境, 2012, 5(22): 268-271.
[72] 吴俊杰, 马秀琴, 黄超 等. 天津中新生态城绿色建筑评价体系及节能效益研究 [J]. 河北工业大学学报, 2011, 4(40): 42-45.
[73] 张仕廉, 王珏, 刘珺. 我国低碳建筑市场体系研究 [J]. 经济纵横, 2010 (9): 59-62.
[74] 李丛笑. 我国绿色建筑标识评定概况及相关标准政策 [J]. 住宅产业, 2012 (7): 49-54.
[75] 薛菲, 何力. 倡导低碳生活, 解析"碳足迹" [J]. 中国高新技术企业, 2012 (36): 136-138.
[76] 叶祖达. 城市规划: 从"碳足迹"开始 [J]. 建设科技, 2009 (15): 46-48.
[77] 陈操操, 刘春兰, 田刚 等. 城市温室气体清单评价研究 [J]. 环境科学, 2010, 11: 2780-2787.
[78] 魏小清, 李念平, 张絮涵. 大型公共建筑碳足迹框架体系研究 [J]. 建筑节能, 2011 (3): 26-28.
[79] 赵沛楠. 低碳评估: 量化建筑碳排放 [J]. 中国投资, 2010 (3): 90-92.
[80] 张小玲. 公建节能引入碳排放权交易市场机制可行性探讨 [J]. 建设科技, 2011 (12): 14-16.

[81] 朱越杰，陈磊，周树恂．基于碳足迹计算的开发区低碳发展战略——以曹妃甸开发区为例 [J]. 改革与战略，2011, 27(7): 118-121.
[82] 张智慧，尚春静，钱坤．建筑生命周期碳排放评价 [J]. 建筑经济，2010 (2): 44-46.
[83] 张春霞，章蓓蓓，黄有亮 等．建筑物能源碳排放因子选择方法研究 [J]. 建筑经济，2010 (10): 106-109.
[84] 顾朝林，谭纵波，刘宛 等．气候变化，碳排放与低碳城市规划研究进展 [J]. 城市规划学刊，2009, 3: 38-45.
[85] 俞建峰，钱建明．碳足迹标准的解读与分析 [J]. 认证技术，2011 (2): 68-69.
[86] 蒋婷．碳足迹评价标准概述 [J]. 信息技术与标准化，2010 (011): 15-18.
[87] 宋敏．中国绿色城市建设研究——基于家庭碳排放的测算分析 [J]. 中国矿业大学学报：社会科学版，2011, 12(4): 45-55.
[88] 帅小根．建设项目“隐性”环境影响评价的量化研究 [D]. 武汉：华中科技大学，2009.
[89] 加春燕，马峰，李鹏辉 等．低碳建筑的定量化评价 [J]. 北京工业职业技术学院学报，2012, 11(2): 18-22.
[90] 龙惟定，张改景，梁浩 等．低碳建筑的评价指标初探 [J]. 暖通空调，2010, 40(3): 6-11.
[91] 李启明，欧晓星．低碳建筑概念及其发展分析 [J]. 建筑经济，2010 (2): 41-43.
[92] 孙雪．低碳建筑评价及对策研究 [D]. 天津：天津财经大学，2011.
[93] 王建平，王丛莹，杨三超．低碳建筑使用阶段评价体系浅议 [J]. 建筑节能，2011 (4): 62-65.
[94] 姜昧茗，周世义．低碳建筑与低碳标准化的建立 [J]. 低碳世界，2011 (1): 48-50.
[95] 蔡筱霜．基于 LCA 的低碳建筑评价研究 [D]. 无锡：江南大学，2011.
[96] 张晓清，朱跃钊，陈红喜 等．基于解释结构模型 (ISM) 的低碳建筑指标体系分析 [J]. 商业时代，2011 (12): 120-121.
[97] 张仕廉，李腾，李鹏 等．基于系统思想的低碳建筑实现模式探讨 [J]. 建筑节能，2010 (7): 34-37.
[98] 张博，陈国谦，陈彬．甲烷排放与应对气候变化国家战略探析 [J]. 中国人口资源与环境，2012, 22(7): 8-14.
[99] 张陶新，周跃云，芦鹏．中国城市低碳建筑的内涵与碳排放量的估算模型 [J]. 湖南工业大学学报，2011, 25(001): 77-80.
[100] 林湖．多联产 CCS 的全生命周期综合评价与系统集成研究 [D]. 北京：中国科学院研究生院（工程热物理研究所），2010.
[101] 徐冰．基于多层级网络结构特征的规划设计结构研究 [D]. 天津：天津大学，2012.
[102] 谷立静．基于生命周期评价的中国建筑行业环境影响研究 [D]. 北京：清华大学，2009.
[103] 杨倩苗．建筑产品的全生命周期环境影响定量评价 [D]. 天津：天津大学，2009.
[104] 卢娜．土地利用变化碳排放效应研究 [D]. 南京：南京农业大学，2011.
[105] 王众．中国二氧化碳捕捉与封存 (CCS) 早期实施方案构建及评价研究 [D]. 成都：成都理工大学，2012.
[106] 王霞．住宅建筑生命周期碳排放研究 [D]. 天津：天津大学，2012.

[107] 清华大学建筑节能研究中心 . 中国建筑节能年度发展研究报告 2013[M]. 北京 : 中国建筑工业出版社 , 2013.
[108] 清华大学建筑节能研究中心 . 中国建筑节能年度发展研究报告 2010[M]. 北京 : 中国建筑工业出版社 , 2010.
[109] 田蕾 . 建筑环境性能综合评价体系研究 [M]. 南京 : 东南大学出版社 , 2009.
[110] 耿涌 , 董会娟 , 郗凤明 等 . 应对气候变化的碳足迹研究综述 [J]. 中国人口资源与环境 , 2010, 20 (10): 6-12.
[111] 杨玉峰 , 苗韧 , 陈子佳 等 .《世界能源展望 2009》对我国的启示 [J]. 中国能源 , 2009, 31(11): 24-25.
[112] 住房和城乡建设部科技发展促进中心 . 绿色建筑评价技术指南 [M]. 北京 : 中国建筑工业出版社 , 2012.
[113] 蔡博峰 . 低碳城市规划 [M]. 北京 : 化学工业出版社 , 2011.
[114] 陈国谦 等 . 建筑碳排放系统计量方法 [M]. 北京 : 新华出版社 , 2010.
[115] 绿色建筑论坛 . 绿色建筑评估 [M]. 北京 : 中国建筑工业出版社 , 2009.
[116] 李兵 . 低碳建筑技术体系与碳排放测算方法研究 [D]. 武汉 : 华中科技大学 , 2012.
[117] 魏峥 . 公共建筑能耗基准工具的研究 [D]. 北京 : 中国建筑科学研究院 , 2011.
[118] 冯悦怡 , 张力小 . 城市节能与碳减排政策情景分析——以北京市为例 [J]. 资源科学 , 2012, 34(3): 541-550.
[119] 康一亭 . 公共建筑能耗基准评价方法研究 [D]. 成都 : 西华大学 , 2012.
[120] 曹勇 , 魏峥 , 刘辉 等 . 德国 VDI 3807 标准对我国能耗定额的启示 [J]. 建设科技 , 2012 (22): 78-81.
[121] 陈洪波 , 谢丹 , 储诚山 等 . 万通低碳建筑标准研究 [M]. 北京 : 中国环境科学出版社 , 2012.
[122] 于随然 , 陶璟 . 产品全生命周期设计与评价 [M]. 北京 : 科学出版社 , 2012.
[123] 胡达明 . 南方地区居住建筑节能 65% 目标的可行性探讨及技术分析 [J]. 海峡科学 , 2010 (10): 72-74.
[124] 秦小娜 . 天津市医疗卫生类建筑能效交易基准线研究 [D]. 天津 : 天津大学 , 2012.
[125] 郑晓卫 , 潘毅群 , 黄治钟 等 . 国内外建筑能耗基准评价工具的研究与应用 [J]. 上海节能 , 2006, 6(3): 1-35.
[126] 姚健 . 居住建筑节能 65% 研究——以宁波为例 [J]. 暖通空调 , 2009, 39(10): 79-81.
[127] 胡豫杰 , 张志刚 , 肖姝颖 . 天津商业建筑能耗分析及能耗基准确定 [J]. 煤气与热力 , 2012, 32(9): 14-17.
[128] 日本可持续建筑协会 . 建筑物综合环境性能评价体系 [M]. 北京 : 中国建筑工业出版社 , 2005.
[129] 中国社会科学院城市发展与环境研究所 . 重构中国低碳城市评价指标体系：方法学研究与应用指南 [M]. 北京 : 社会科学文献出版社 , 2013.
[130] 刘婧 . 我国节能与低碳的交易市场机制研究 [M]. 上海 : 复旦大学出版社 , 2010.
[131] 赵哲身 . 英国办公楼能耗使用基准综述和对我国建筑物能耗宏观管理对策的建议 [J]. 智能建筑 , 2006 (2): 19-23.
[132] 文精卫 , 杨昌智 . 公共建筑能效基准及能效评价 [J]. 煤气与热力 , 2008, 28(11): 12-15.

[133] 魏峥，邹瑜，王虹．英国公共建筑能耗基准评价方法对我国建筑能耗定额方法的启示 [J]. 建筑科学 , 2011, 27(10): 7-12.
[134] 李骏龙，由世俊，张欢 等．天津市办公建筑能效交易基准线研究 [J]. 建筑科学 , 2012, 28(10): 29-33.
[135] 许威，罗淑湘，徐晨晖 等．北京地区农村建筑节能评定基准建筑确定方法 [J]. 建筑技术 , 2010, 41(5): 403-405.
[136] 郑晓卫，潘毅群，黄治钟 等．基于建筑能耗数据库的建筑能耗基准评价工具的研究与应用 [J]. 节能与环保 , 2007 (12): 10-12.
[137] 崔成．清洁发展机制中项目基准线确定方法 [J]. 中国能源 , 2002 (9): 27-31.
[138] 阙泽利．日本《建筑基准法》修订后之第一类甲醛释放建筑材料介绍 [J]. 中国人造板 , 2009, 16(1): 37-38.
[139] 张神树，高辉．德国低 / 零能耗建筑实例解析 [M]. 北京：中国建筑工业出版社 , 2007.
[140] 李彦．欧盟及英国低碳政策考察 [J]. 宏观经济管理 , 2013 (3): 87-89.
[141] 刘红勇，郑俊巍，林诚．低碳建筑利益相关方动态关系分析 [J]. 中国工程科学 , 2013, 14(12): 94-99.
[142] 刘笑萍，任思新，谢家平．低碳建筑模式的国际经验比较研究 [J]. 生态经济 , 2012 (11): 96-101.
[143] 杨榕，宋凌，马欣伯．国外和港台地区绿色建筑政策法规概述与启示 [J]. 住宅产业 , 2012 (7): 10-14.
[144] 政府间气候变化专门委员会．2006 年 IPCC 国家温室气体清单指南 [S]. 日本：日本全球环境战略研究所 , 2006.
[145] GB/T 2589-2008. 综合能耗计算通则 [S]. 北京：中国标准出版社 , 2008.
[146] 中国电力年鉴编辑委员会．中国电力年鉴 2008[M]. 北京：中国电力出版社 , 2008.
[147] 李涛．基于性能表现的中国绿色建筑评价体系研究 [D]. 天津：天津大学 , 2012.
[148] 李涛，刘丛红．LEED 与《绿色建筑评价标准》结构体系对比研究 [J]. 建筑学报 , 2011(3): 75-78.
[149] 高源．寒冷地区居住建筑全生命周期节能策略研究——以天津为例 [D]. 天津：天津大学 , 2011.
[150] 高源，刘丛红．基于生命周期评价的居住建筑被动式节能设计研究——以天津市高层点式住宅设计为例 [J]. 建筑节能 , 2013(09): 32-37.
[151] 2012 中国区域电网基准线排放因子 [R]. 中国发展改革委气候司 , 2012.
[152] 刘翠翠．发展低碳建筑的政策完善研究 [D]. 长沙：湖南大学 , 2011.
[153] 彭磷基．发展低碳建筑需要政策引导 [J]. 城市住宅 , 2011 (4): 43-44.
[154] 任力．低碳经济与中国经济可持续发展 [J]. 社会科学家 , 2009, 2(009): 2.
[155] 姜虹，李俊明．中国发展低碳建筑的困境与对策 [J]. 中国人口资源与环境 , 2011, 20(12): 72-75.
[156] 刘翠翠．发展低碳建筑的政策完善研究 [D]. 长沙：湖南大学 , 2011.
[157] 彭磷基．发展低碳建筑需要政策引导 [J]. 城市住宅 , 2011 (4): 43-44.
[158] 任力．低碳经济与中国经济可持续发展 [J]. 社会科学家 , 2009, 2(9): 47-50.
[159] 许珍．我国城市低碳建筑发展缓慢的原因分析 [J]. 城市问题 , 2012(5): 50-53.